计算机技术与计算思维

主　编　李　化　罗文佳　徐鸿雁
副主编　陈　婷　陈小宁　谢欣岑　麻进玲
参　编　郭　进　范佳伟　裴剑辉　郑茗桓
　　　　黄　霞　褚福银　陶虹妃　刘　丹
　　　　吴耀耀　李　怡

机械工业出版社

本书采用"项目导向，任务驱动"的方式进行编写，共8个项目，包括初识计算机、计算机网络、信息检索技术、计算思维、数据处理与展示、多媒体技术与新媒体应用、软件工程、前沿技术。每个项目含有教学目标和教学重难点；每个项目又分若干个任务，每个任务按"任务描述—任务分析—任务实现—知识拓展—训练任务"的顺序编写。本书注重实践，兼顾理论知识的介绍，内容讲解循序渐进、突出重点、易学易懂。

本书可作为高等院校相关专业计算机应用基础课程的教材，也可以作为计算机基础知识的培训教材或自学教材。

图书在版编目（CIP）数据

计算机技术与计算思维 / 李化，罗文佳，徐鸿雁主编 . —北京：机械工业出版社，2023.8（2024.8重印）

ISBN 978-7-111-73539-7

Ⅰ. ①计… Ⅱ. ①李… ②罗… ③徐… Ⅲ. ①计算机技术 – 高等学校 – 教材 Ⅳ. ① TP3

中国国家版本馆 CIP 数据核字（2023）第 128914 号

机械工业出版社（北京市百万庄大街 22 号　邮政编码 100037）

策划编辑：张雁茹　　　　　　责任编辑：张雁茹　王振国
责任校对：贾海霞　张　征　　封面设计：张　静
责任印制：任维东
天津嘉恒印务有限公司印刷
2024 年 8 月第 1 版第 3 次印刷
184mm×260mm・13.25 印张・351 千字
标准书号：ISBN 978-7-111-73539-7
定价：45.00 元

电话服务　　　　　　　　网络服务
客服电话：010-88361066　　机 工 官 网：www.cmpbook.com
　　　　　010-88379833　　机 工 官 博：weibo.com/cmp1952
　　　　　010-68326294　　金　书　网：www.golden-book.com
封底无防伪标均为盗版　　机工教育服务网：www.cmpedu.com

前言 Preface

在当今数字化时代，计算机技术和计算思维已经成为人们必须掌握的专业知识，从个人计算机到手机，从互联网到人工智能，计算机技术和计算思维已经深入到人们生活的方方面面。本书旨在帮助读者了解计算机技术和计算思维的基本概念、原理及应用，并提供相关的实践案例和练习，帮助读者掌握计算机技术和计算思维的核心能力，进而应用于工作和生活中。

本书以实际任务为驱动，以解决问题为导向，通过工作内容构建教学情景，教师在"做中教"，学生在"做中学"，实现教、学、做的统一。同时，工作任务的设计突出大学生学习、生活场景，在给出任务描述和任务分析后提供实现任务的具体操作步骤，然后提炼出完成任务所涉及的主要知识点，最后配有相应的训练任务进行巩固练习。本书内容的选取兼顾全国计算机等级考试二级公共基础知识，配套教学资源丰富，便于教师组织教学。

全书共 8 个项目，由若干任务组成。内容涵盖计算机基础知识、计算机网络、信息检索技术、计算思维、数据处理与展示、多媒体技术与新媒体应用、软件工程、前沿技术等。以小智进入大学遇到的问题为主线，围绕如何解决这些问题，以及用到的知识来展开，注重学生分析问题和解决问题能力的培养。

本书由李化、罗文佳、徐鸿雁担任主编，负责全书的总体策划与统稿、定稿工作；陈婷、陈小宁、谢欣岑、麻进玲担任副主编；参加本书编写的还有郭进、范佳伟、裴剑辉、郑茗桓、黄霞、褚福银、陶虹妃、刘丹、吴耀耀和李怡。另外，西南财经大学天府学院的多位老师为本书提供了许多帮助。在此，编者对以上人员致以最诚挚的谢意。本书在编写过程中，参考了大量文献资料，在此向这些文献资料的作者深表感谢。

本书有幸获得全国高等院校计算机基础教育研究会课题立项（项目编号：2023-AFCEC-458），这不仅是对本书编写团队工作的高度认可，也是对我们未来继续深化计算机基础教育研究的激励与鞭策。我们将以此为契机，不断探索创新，努力提升计算机基础教育的质量和水平。

由于时间仓促和水平所限，书中难免有不足之处，敬请各位专家、读者批评指正，以便在今后的修订中加以改进。

编　者

目录 Contents

前　言

项目 1　初识计算机 ……………… 1

　　任务 1　认识计算机 ……………… 1

　　任务 2　认识 Windows 11 操作系统 … 10

　　任务 3　管理计算机 ……………… 16

项目 2　计算机网络 ……………… 26

　　任务 1　接入 Internet ……………… 26

　　任务 2　数据加密 ……………… 39

项目 3　信息检索技术 ……………… 43

　　任务　信息检索 ……………… 43

项目 4　计算思维 ……………… 59

　　任务 1　计算思维及其应用 ……… 59

　　任务 2　算法与数据结构 ………… 69

　　任务 3　程序设计基础 …………… 77

　　任务 4　数据建模 ……………… 86

项目 5　数据处理与展示 ………… 93

　　任务 1　Excel 数据处理 …………… 93

　　任务 2　Python 数据处理 ………… 100

　　任务 3　Tableau 数据可视化 ……… 108

　　任务 4　Python 数据可视化 ……… 114

项目 6　多媒体技术与新媒体应用 124

　　任务 1　认识多媒体和多媒体技术 … 124

　　任务 2　多媒体音频处理 ………… 135

　　任务 3　多媒体图像处理 ………… 154

　　任务 4　多媒体视频处理 ………… 167

　　任务 5　新媒体与自媒体技术应用 … 176

项目 7　软件工程 ……………… 183

　　任务　软件工程基础 …………… 183

项目 8　前沿技术 ……………… 192

　　任务　前沿技术应用 …………… 192

参考文献 ……………… 207

项目 1
初识计算机

Project 1

当今世界，计算机广泛应用于各行各业，早已成为人们学习与工作不可缺少的工具。它既可以进行科学计算，又可以用于学习、工作、生活和娱乐，还具有存储记忆功能。那么，计算机是怎样工作的？它又是由哪些部分组成的？本项目将介绍计算机的产生和发展，综述计算机的组成，解析计算机的工作原理等。

☞ 教学目标

1. 了解计算机的诞生和发展。
2. 掌握计算机系统的组成。
3. 掌握计算机的工作原理。
4. 掌握微型计算机系统及主要性能指标。

🔔 教学重难点

1. 计算机系统的组成。
2. 计算机的工作原理。
3. 计算机的主要性能指标。

任务 1　认识计算机

电子计算机是一种能自动、高速、正确地完成数值计算、数据处理、实时控制等功能的电子设备。随着社会的进步与发展，计算机已广泛应用到军事、科研、经济、文化等各个领域，成为人们工作、学习、生活中一个不可缺少的工具。了解计算机的发展史，熟悉它的运行机制，是学好计算机必备的基础。

📖 任务描述

小智刚刚考上大学，因为学习的需要，需要购买一台计算机；但小智同学对计算机的性能和配置不是很了解，不知如何选购。他准备先认识计算机的主要部件，了解计算机的工作原理，然后掌握计算机的选购方法，选购一台适合自己使用的计算机。

✍ 任务分析

要完成本项目的工作任务，首先应该仔细观察计算机的外观，如屏幕、键盘、鼠标、电源

1

按钮、复位按钮、状态指示灯，以及 USB 接口、type-C 接口、音频接口等；其次需要观察计算机内部，认识主板、CPU、存储器、显卡、网卡、声卡等，了解主要部件的性能指标；最后学会连接常用的外部设备，如连接键盘、鼠标、打印机等，并进行计算机的启动和关闭操作。

📖 任务实现

常见的个人计算机如图 1-1 所示。

图 1-1 常见的个人计算机

1. 观察外部设备

（1）显示器 显示器是计算机最主要的输出设备，它能将计算机的运算结果以图像或文字的形式直接显示在屏幕上。显示器分为 CRT 显示器和 LCD 液晶显示器，如图 1-2 所示。随着 LCD 图像质量的进一步提升，价格逐渐降低，LCD 液晶显示器已经取代了 CRT 显示器成为市场上的主流产品。

a) CRT显示器   b) LCD液晶显示器

图 1-2 显示器

显示器的重要技术指标如下：

1）屏幕尺寸。LCD 显示器的尺寸是指液晶面板的对角线尺寸，以 in（英寸）为单位（1in=2.54cm），主流的屏幕尺寸有 19in、23in、27in 等，笔记本计算机屏幕尺寸为 12.2in、13.3in、14.1in、15.6in 等。

在选择显示器屏幕尺寸时，一般要按照自己的需求：对于看电影较多的人，要选择显示器屏幕尺寸大一些的好；对于经常出差的人，小尺寸的笔记本计算机更轻便、小巧，也灵活，比较适用。当然，特殊作用的选择上有更具体的要求。

2）分辨率。如果把文字或图形放大，会发现它们是由许许多多的"点"组成的，这些点称为像素。分辨率就是显示器所能显示的像素个数。分辨率越高，显示的文字和图像越清晰。目前常见的显示器分辨率为 1024×768 像素、1920×1080 像素、2240×1400 像素等。

3）刷新率。刷新率是指每秒屏幕刷新的次数。刷新率越高，所显示的图像就越稳定，人的眼睛就感觉越舒服。一般要求显示器在 1024×768 像素的分辨率达到 75Hz 以上的刷新率，才能达到不闪烁和不伤眼睛的效果。

（2）键盘　键盘是最常用也是最主要的输入设备，如图1-3所示。通过键盘可以将英文字母、汉字、数字、标点符号等输入到计算机中，从而向计算机发出命令、输入数据等。目前，普遍使用的键盘有101键、104键、108键几种。键盘有USB接口有线键盘和基于蓝牙技术的无线键盘。

a) 键盘　　　　　　　　　　　　b) USB接口

图1-3　键盘及USB接口

（3）鼠标　鼠标也是计算机不可缺少的设备，常见的鼠标有有线鼠标和无线鼠标，如图1-4所示。有线鼠标的接口有PS/2和USB两种类型，目前应用较多的是USB接口。

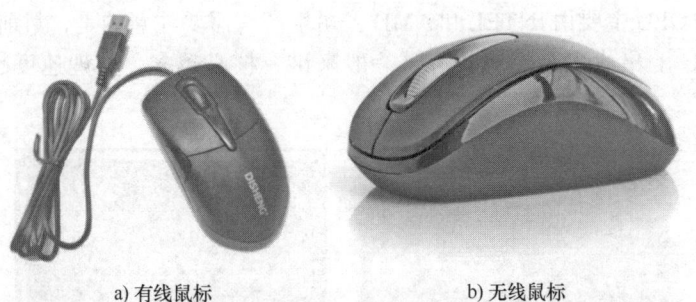

a) 有线鼠标　　　　　　　　　　b) 无线鼠标

图1-4　常见鼠标

（4）其他外部设备　计算机可以连接很多外部设备，例如打印机、扫描仪、摄像头、音响、绘图仪等。其中打印机是打印文字和图像的设备，常见的打印机有针式打印机、喷墨打印机、激光打印机，其中家庭应用最多的是喷墨打印机和激光打印机，如图1-5所示。

a) 针式打印机　　　　　b) 喷墨打印机　　　　　c) 激光打印机

图1-5　常见的打印机

2. 观察主机机箱及内部设备

（1）主板　主板是一个提供各种插槽和系统总线及扩展总线的电路板，如图1-6所示。主板上的插槽用来安装组成计算机的各部件，而主板上的总线可实现各部件之间的通信。目前国内一线主板品牌有华硕、微星、技嘉等。主板的兼容性、扩展性及基本输入输出系统技术是衡量主板性能的重要指标，从主机箱的背面可以看到主板的各种接口。

图 1-6　常见的主板

（2）CPU　中央处理器（CPU）主要包括运算器和控制器，是计算机的核心部件，统一调度各硬件协同工作。CPU 的运行速度直接决定整台计算机的运行速度，是重点考虑的部件之一。目前市场上常见的CPU 主要由 INTEL 和 AMD公司生产。需要注意的是，目前 CPU 基本是多核，也就是在一个 CPU 上集成多个运算核心。一般来讲，核心越多，处理速度越快。常见的 CPU 如图 1-7 所示。

a) INTEL CPU

b) AMD CPU

图 1-7　常见的 CPU

（3）内存储器　在计算机系统内部，内存储器（内存）是仅次于 CPU 的最重要部件之一，是计算机工作过程中存储数据信息的地方。内存越大，计算机的处理能力就越强。常见的内存储器如图 1-8 所示。

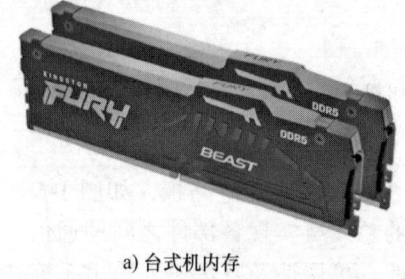
a) 台式机内存

b) 笔记本计算机内存

图 1-8　常见的内存储器

（4）硬盘　硬盘是计算机主要的存储媒介之一，硬盘是存储程序和数据的设备，平时用于存储文件。目前常见的硬盘分为机械硬盘和固态硬盘，如图 1-9 所示。

a) 机械硬盘　　　　　　　　　　　　b) 固态硬盘

图 1-9　常见硬盘

（5）显卡　显卡是显示器与主机相连的接口设备，其作用是将主机的数字信号转换为模拟信号，并在显示器上显示出来。一般普通用户使用集成在主板上的显卡即可，对显示质量要求较高的用户（如大型图形图像处理、大型游戏玩家等），可以选择质量较好的独立显卡。独立显卡如图 1-10 所示。

通过观察，小智同学了解了笔记本计算机的基本构成，熟悉了各个部件的参数意义，明确了选购的基本知识及注意事项。首先确定价格，在价格合理的范围内，选择自己喜欢的尺寸及品牌，然后再查看配置及参数，购买外设，完成采购。购买时需要关注如下几点：

图 1-10　独立显卡

1）明确用途和预算。购买笔记本计算机之前，先要明确自己的用途，再结合自己的预算来选购笔记本计算机。

首先需要明确自己的用途，所购买的笔记本计算机到底是做什么用？举个例子，如果是玩大型游戏，无疑是需要游戏本，因为游戏本在 CPU 性能、显卡性能以及散热性能方面更好，当然售价自然会高点，一般建议 5000 元起步。如果只是简单的上网、学习、办公、上网课、看视频等，这样的要求无疑对笔记本计算机配置要求不高，所以通常选择轻薄本就可以了，一般3000 元起步。

预算很重要，谁都知道价格越高性能越好。如果预算不足，例如只有两三千元预算，想要选购一款性能尚可的游戏本是完全不现实的。

2）借助电商平台选择笔记本计算机。明确了自己的预算和用途之后，可以借助电商平台来选购笔记本计算机。只是借助平台选购，并非让您直接在上面购买。例如京东，我们打开京东网站之后，搜索"笔记本计算机"可以搜索到不同品牌、不同价位以及不同配置的笔记本计算机。这里笔记本计算机是一个大类，还可以进一步细化，例如商务本、轻薄本、游戏本等。针对自己的预算来进行进一步的筛选，例如购买一款游戏本，所承受的预算在 6000 ~ 7000 元，在价位框中填入"6000 ~ 7000"，单击"确定"，这时候电商平台将为您推荐 6000 ~ 7000 元价位的笔记本计算机，这样就缩小了选购的范围。

大家选购笔记本计算机时需要记住的是，屏幕、CPU、显卡一定要慎重考虑，要仔细查看参数，了解各部件的性能，这些部件在后期一般无法升级；即使可以升级，散热性能也可能无法满足要求，所以通常很少升级重要硬件，而内存、硬盘后期可以升级。一般笔记本计算机都预留了升级空间。

如果有自己心仪的品牌，例如知名的联想、惠普、戴尔、华硕、外星人等品牌，可以单击品牌进行再一次的筛选，这时可选范围更小了，也就更容易选购了。

知识拓展

1. 计算机的诞生

世界上第一台电子计算机 ENIAC 是在 1946 年的美国宾夕法尼亚大学诞生的，是美国为了满足计算弹道需要而研制的。这台计算机占地面积约 170m²，使用了约 18000 只电子管，重量约 30t，功耗为 170kW，运算速度为 5000 次 /s 的加法运算，造价约为 487000 美元。

2. 计算机的发展

（1）电子管计算机（1946—1958 年）　第一代计算机是电子管计算机，其基本特征是采用电子管作为计算机的逻辑元件，主存储器采用汞延迟线、阴极射线示波管静电存储器、磁鼓、磁芯，外存储器采用的是磁带；软件方面采用的是机器语言、汇编语言。每秒运算速度仅为几千次，内存容量仅几 KB，应用领域以军事和科学计算为主，其代表机型有 IBM650\IBM790 等。

（2）晶体管计算机（1958—1964 年）　第二代计算机是晶体管计算机，其基本特征是逻辑元件逐步由电子管改为晶体管，主存储器使用的器件大都是有铁氧磁性材料制成的磁芯存储器，外存储器有磁带、磁盘；软件方面出现了操作系统，如 FORTRAN、COBOL、ALOGL 等高级语言。与第一代计算机相比，晶体管计算机体积小、能耗低、可靠性高、运算速度大大提高，应用领域以科学计算和事务处理为主，并开始进入工业控制领域；代表机型有 IBM7094、CDC7600 等。

（3）集成电路计算机（1964—1970 年）　第三代计算机是集成电路计算机，其基本特征是逻辑元件采用中、小规模集成电路（MSI、SSI），主存储器仍采用磁芯；软件方面出现了分时操作系统以及结构化、规模化程序设计方法。其特点是速度更快（一般为每秒数百万次至数千万次），而且可靠性有了显著提高，价格进一步下降，产品走向了通用化、系列化和标准化等。应用领域开始进入文字处理和图形图像处理领域。其代表机型有 IBM360 等。

（4）大规模集成电路计算机（1970 年至今）　第四代计算机是大规模集成电路计算机，其基本特征是逻辑元件采用大规模和超大规模集成电路（LSI 和 VLSI）；软件方面出现了数据库管理系统、网络管理系统和面向对象语言等。

1971 年，世界上第一台微处理器在美国硅谷诞生，开创了微型计算机的新时代。应用领域从科学计算、事务管理、过程控制逐步走向家庭。1981 年，智能计算机出现，它是一种有知识、会学习、能推理的计算机，具有理解自然语言、声音、文字和图像及说话的能力，可以利用已有的和不断学习到的知识，进行思维、联系、推理并得出结论，能解决复杂问题。进入 21 世纪，计算机技术发展更为迅速，产品不断升级换代。未来的计算机将向巨型化、微型化、网络化、智能化、多媒体等方向发展。人们正在基于新材料、新技术努力探索研发新一代计算机，如量子计算机、激光计算机、分子计算机、DNA 计算机等。

3. 计算机在我国的发展

1956 年制定的《十二年科学技术发展规划》中，就把计算机列为发展科学技术的重点之一，并在 1957 年筹建中国第一个计算技术研究所。

20 世纪 60 年代中期，我国进入第二代电子计算机时代。当时研究和生产的计算机有 441B、109、119 机等，主要用于原子弹、氢弹研究的科学计算。

20 世纪 70 年代，我国先后生产或研制成功的第三代中型计算机有 655、150、013、151、260 等，研制和生产的小型计算机有 DJS100 系列、DJS130 系列和 DJS180 系列等。

20 世纪 80 年代，我国第一台亿次巨型机"银河"号研制成功。1992 年，国防科技大学研制成功 10 亿次/s 的银河-Ⅱ巨型计算机。1997 年，国防科技大学又研制成功 130 亿次/s 的银河-Ⅲ巨型计算机，系统的综合技术达到国际先进水平。曙光公司的"曙光"系列和联想公司的"深腾"系列高性能计算机，标志着我国巨型计算机技术已经达到世界先进水平。

我国目前公布的运行速度最快的计算机是"神威·太湖之光"，神威·太湖之光由我国国家并行计算机工程技术研究中心研制，安装在国家超级计算无锡中心，运算速度峰值达 12.5 亿亿次/s，持续性能达到 9.3 亿亿次/s，为我国获得多个世界第一，意义深远。

4. 计算机的特点及应用领域

（1）计算机的特点　计算机的特点是自动运行程序，运算速度快，运算精度高，具有记忆和逻辑判断能力，可靠性高等。

（2）主要应用领域

1）数值计算（科学计算）：计算机最早被用于数值计算领域（主要是军事）。目前，数值计算领域主要包含计算量大而且计算复杂的场合，如各学科基础理论研究、人造卫星的轨迹计算、气象预报等。

2）数据处理（信息处理）：数据处理是利用计算机对大量数据进行收集、传输、分类、查询、统计、加工、分析、检索和存储等。数据处理现在是计算机的主要应用领域，主要适用于计算不太复杂，但数据量大、逻辑判断多的场合，如数据报表、人口普查数据分析、图书资料检索等。

3）计算机辅助系统：计算机辅助系统可以帮助人们更好地工作、学习和生活。

4）自动控制：自动控制是指在生产过程中，利用计算机对控制对象进行自动控制和自动调节的工作方式，如自动化生产线、航天器导航等的自动控制。自动控制主要应用于机械、冶金、石油、化工、电力等有关行业，可以降低能耗，提高生产效率，提高产品质量，以及执行单靠人力无法完成的任务。

5）人工智能：人工智能是计算机发展的新领域，主要是利用计算机模拟人类的某些高级思维活动，提高计算机解决实际问题的能力，如智能机器人、语言识别系统、专家系统等。这是计算机应用中最诱人，也是难度最大且研究最活跃的领域之一。

6）计算机网络：计算机网络技术随着计算机技术和通信技术的发展而日趋完善并走向成熟。利用计算机网络可以实现信息传送、交换、传播和资源共享，实现分布式信息处理，提高系统的可靠性和可用性等。

7）多媒体计算机系统：多媒体计算机系统即利用计算机的数字化技术和人机交互技术，将文字、声音、图形、图像、音频、视频和动画等集成处理，提供多种信息表现形式。这一技术广泛应用于电子出版、教学和休闲娱乐领域。

5. 计算机系统的组成

一个完整的计算机系统应包括硬件系统和软件系统两大部分，如图 1-11 所示。

（1）硬件系统　计算机硬件是计算机的物理实体，是指那些看得见、摸得着的计算机器件的总称，是计算机进行工作的物质基础，包含主机与外设。

（2）软件系统　计算机软件是指挥计算机硬件工作的各种程序的集合，它是计算机的灵魂。计算机软件系统可以分为系统软件和应用软件两大类。

1）系统软件：系统软件是指管理和维护计算机资源（包括硬件和软件）的软件。系统软件是计算机系统的必备软件。目前常见的系统软件主要有操作系统、各种语言处理程序、数据库管理系统以及各种工具软件等。

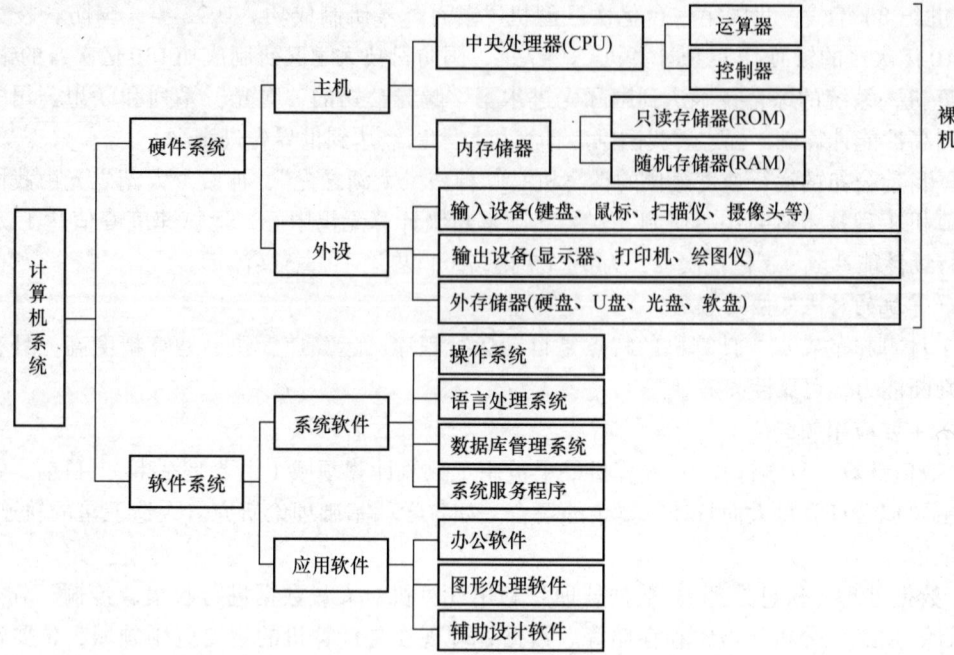

图 1-11　计算机系统的组成

2）应用软件：应用软件专门用于解决某个应用领域中的具体问题，因此，它具有很强的专用性。

6.计算机系统的工作原理

计算机原理由冯·诺依曼与莫尔小组于1943—1946年提出。冯·诺依曼被后人称为"计算机之父"。

1945年，冯·诺依曼首先提出了"存储程序"的概念和二进制原理。后来人们把利用这种概念和原理设计而成的电子计算机称为冯·诺依曼结构计算机。经过几十年的发展，计算机的工作方式、应用领域、体积和价格等方面都与最初的计算机有了很大的区别。将程序和数据事先存放在存储器中，使计算机在工作时能够自动、高效地从存储器中取出指令并加以执行，这就是存储程序的工作方式。存储程序的工作方式使计算机变成了一种自动执行的机器，一旦将程序存入计算机并启动，计算机就可以自动工作，一条一条地执行指令。

计算机使用二进制的原因有以下两个：首先，二进制只有0和1两种状态，可以表示0和1两种状态的电子元器件很多，如开关的接通和断开，晶体管的导通和截止，磁元件的正极和负极，电位电平的低与高等，因此使用二进制对电子元器件来说具有实现的可行性；假如采用十进制，要制造具有10种稳定状态的物理电路，则是非常困难的。其次，二进制数的运算规则简单，使得计算机运算器的硬件结构大大简化，简单易行，同时也便于逻辑判断。

7.计算机中数据的存储方式

（1）数值、字符等信息在计算机中的表现形式　在计算机中存储的信息，不管是数值还是字符都是以特定的进制表示的。

1）数制：数制也称为计数制，是用一组固定的符号和统一的规则来表示数值的方法。人们通常采用的数制有十进制、二进制、八进制和十六进制。学习数制，必须首先掌握数码、基数和位权这3个概念。

2）数码：数码是数制中表示基本数值大小的不同数字符号。例如，二进制有2个数码：0、1。十进制有10个数码：0、1、2、3、4、5、6、7、8、9。十六进制有16个数码：0、1、2、3、

4、5、6、7、8、9、A、B、C、D、E、F。

3）基数：基数是数制所使用数码的个数。例如，二进制的基数是2，十进制的基数为10。

4）位权：位权是数制中某一位上的1所表示数值的大小（所处位置的价值）。例如，在十进制的数123中，1的位权是100，2的位权是10，3的位权是1。

（2）数制间的相互转换

1）十进制数与 R 进制数的相互转换规则如下：

十进制整数转换为 R 进制数：采取"除 R 取余、倒排余数"法，即将十进制数除以 R，得到一个商和余数，再将商除以 R，又得到一个商和一个余数，如此继续下去，直至商为0为止；将每次得到的余数按得到的顺序逆序排列，即为 R 进制整数部分。

十进制纯小数转换为 R 进制数：采取"乘 R 取整、顺序排列"法，即将十进制数小数部分连续乘以 R，保留每次相乘的整数部分，直到小数部分为0或达到精度要求的位数为止；将得到的整数部分按得到的顺序排列，即为 R 进制的小数部分。

R 进制数转换为十进制数：采取"按权展开求和"法。

2）二、八、十六进制数的相互转换规则如下：

二进制数转换为八进制数：以小数点为界，整数部分从右向左每3位分为一组，若不够3位，在左面添0补位；小数部分从左向右每3位一组，不够3位时在右面添0补位，然后将每3位二进制数用1位八进制数表示，即可完成转换。

八进制数转换为二进制数：将每位八进制数用3位二进制数替换，按照原有的顺序排列，即可完成转换。

二进制数转换为十六进制数：以小数点为界，整数部分从右向左每4位分为一组，若不够4位，在左面添0补位；小数部分从左向右每4位一组，不够4位时在右面添0补位，然后将每4位二进制数用1位十六进制数表示，即可完成转换。

十六进制数转换为二进制数：将每位十六进制数用4位二进制数替换，按照原有的顺序排列，即可完成转换。

八进制数和十六进制数的相互转换，可借助二进制数来实现。

（3）数据的存储　数据在存储器中存放，不管是存放在外存还是内存中的数据都是按照一定的规则进行存储的。存储器容量的基本单位是 b 位，也就是1个二进制数据。按照规定，每8个 b（bit，比特）构成1个 B（Byte，字节），当存储器容量很大时可用 KB（千字节）、MB（兆字节）、GB（吉字节）、TB（太字节）等。它们的换算关系如下：

$1TB=1024GB=2^{10}GB$

$1GB=1024MB=2^{10}MB$

$1MB=1024KB=2^{10}KB$

$1KB=1024B=2^{10}B$

$1B=8b$

📑 训练任务

1. 有一名大学新生想购买一台笔记本计算机，满足在校期间基本的学习与娱乐需求，准备投入4000~5000元。要求经过市场调研，给出至少三款笔记本计算机的比较，并说明选择的理由。

2. 如果你有一台笔记本计算机，你想安装什么软件？为什么？

3. 将126.875分别转换为二进制、八进制、十六进制数。

计算机技术与计算思维

任务 2　认识 Windows 11 操作系统

操作系统（Operating System，OS）是计算机的核心系统软件，是管理计算机硬件与软件资源的计算机程序。操作系统提供操作界面使用户与系统进行交互。那么用户可以通过操作界面来操控什么？如何操控？本项目以 Windows 11 操作系统为例，讲解 Windows 11 的用户界面及基本操作。

📖 任务描述

小智同学购买到自己心仪的计算机，已经安装了 Windows 11 操作系统。请帮助他熟悉 Windows 11 操作系统的界面和基本操作，掌握启动和退出应用程序的方法，同时对桌面背景、外观等重新进行设置。

✍ 任务分析

要完成本次任务，首先需要熟悉 Windows 11 的用户界面和基础系统设置。Windows 11 操作系统启动后，用户首先看到的是桌面。桌面主要由图标、桌面背景、任务栏组成，如图 1-12 所示。

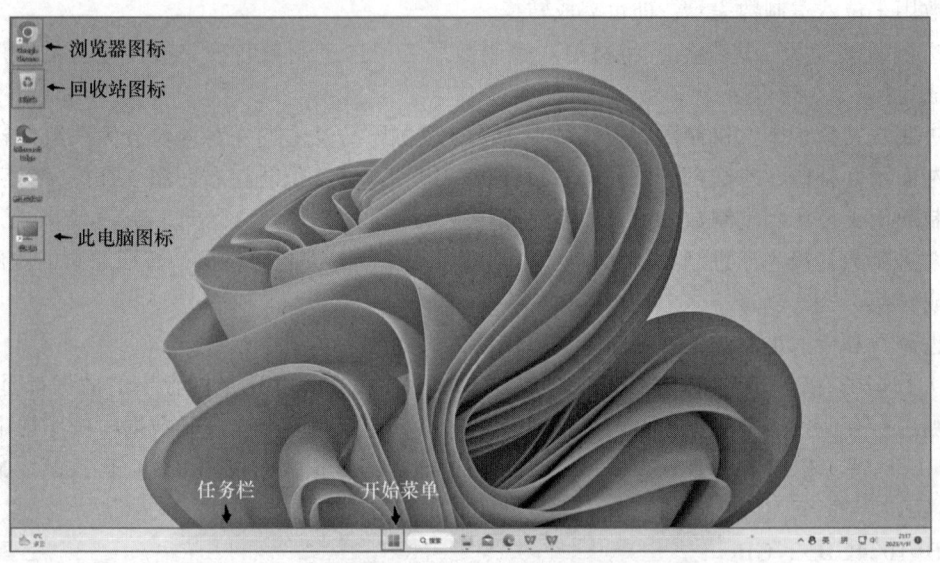

图 1-12　Windows 11 桌面

双击桌面上的图标，可以打开对应的文件、文件夹或者应用程序。单击任务栏的"开始"按钮，选择"设置"，就可以进入系统设置界面。设置界面主要有系统、蓝牙和设备、网络和 Internet、个性化、应用、账户、时间和语言、隐私和安全等选项。首先要了解每个选项都有什么功能，最后才能根据任务进行自定义设置。

📖 任务实现

1."此电脑"图标

"此电脑"英文为"This PC"，如图 1-13 所示。该图标是系统预设的一个系统文件夹，文件夹中包含计算机中所有资源，如磁盘、U 盘、桌面等。在"此电脑"界面可以浏览磁盘中的资源，在一定权限下可以

图 1-13　"此电脑"图标

10

对其进行修改、删除等管理操作。

2."回收站"图标

"回收站"英文为"Recycle Bin"，如图 1-14 所示。该图标是系统预设的一个系统文件夹，主要用来存放用户临时删除的文件资料。存放在回收站的文件可以恢复。但实际上，系统在硬盘中为"回收站"开辟了磁盘空间。要想不可恢复地永久删除文件，可用鼠标右击"回收站"图标，然后在弹出的菜单中单击"属性"，如图 1-15 所示。确认已选中"不将文件移到回收站中，移除文件后立即将其删除"，单击"确定"并退出即可。在此对话框也可更改"回收站"的容量和位置。

图 1-14 "回收站"图标

3."任务栏"

"任务栏"是指位于桌面最下方的小长条，主要由"开始"菜单、"应用程序区"和托盘区、时间显示等组成。Windows 7 及其以后版本系统的任务栏右侧有"显示桌面"功能。

"应用程序区"指正在运行的应用程序会显示在桌面下方的任务栏上，通过鼠标指针可以切换不同的应用程序窗口，也可以关闭窗口。

"托盘区"中显示出的图标是指有些后台运行的程序，例如 QQ、微信等程序。也可以通过右击图标退出程序。

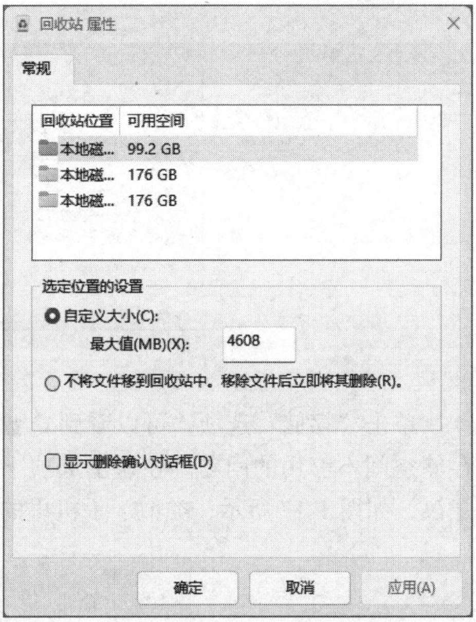

（1）"开始"按钮　"开始"按钮一般位于任务栏，几乎所有的任务，如启动程序、系统设置、运行、搜索等都在这里完成。

单击"开始"按钮，会出现所有应用的可视化图标，包括系统常用程序，例如"计算器""时钟"等。

图 1-15 回收站属性

单击图标可以启用程序，右击图标可对该应用进行设置。如果有程序在"开始"菜单中一时找不到，可以在搜索框中输入要查找的文件名进行搜索。"开始"菜单左下方显示已登录的账户名和账户头像，单击该处可以对账户进行锁定、注销和更改操作。"启动"图标在"开始"菜单右下方，单击该图标会出现一个菜单，包括关机、重启、睡眠和更新。单击"开始"菜单中"设置"选项，就能打开 Windows 设置界面。若固定屏幕中没有"设置"选项，可以使用快捷键 <Win+I> 快速打开 Windows 设置界面，如图 1-16 所示。

（2）系统选项　系统选项里主要控制显示、声音、电源、存储等。单击"显示"选项，出现"亮度和颜色"的标题，标题下方有可拖拽的进度条，取值从左到右由最小值到最大值，亮度也由暗至亮。如果想调整桌面上图标和文字的大小，在界面下方可以修改缩放与布局，该项可以更改文本、应用等项目的大小。还可以对显示器的分辨率进行修改，以适合所连接的显示器。通常会选择分辨率下拉菜单中的最大值，分辨率越高越清晰。

单击左侧"声音"选项，这里主要可以控制耳机输出或者扬声器输出，并且调整系统音量。该选项下也可控制输入设备，可添加新麦克风设备，用于讲话或者录制音频。

单击"电源"选项，可以修改电源模式，根据电源使用的情况和性能来优化设备，也可以设置屏幕睡眠状态。Windows 11 中自带有节电模式可以直接设置，通过限制一些后台活动延长电池使用周期；也可以跟踪电池的使用情况。

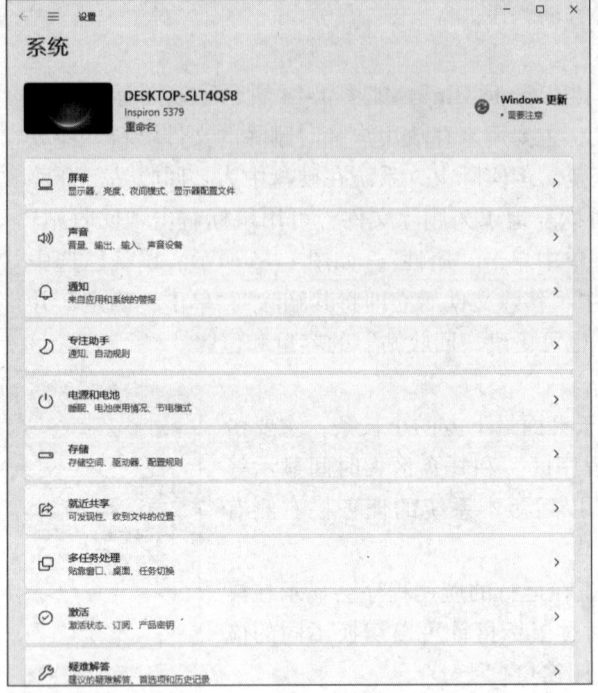

图 1-16 设置界面

单击"存储"选项，可以看到 C 盘的使用情况。在使用笔记本计算机的过程中，经常会有存储空间不够用的问题。在这个选项下，可设置自动释放空间、删除临时文件；也可提供清理建议，如图 1-17 所示，类似于手机里的清理缓存程序。

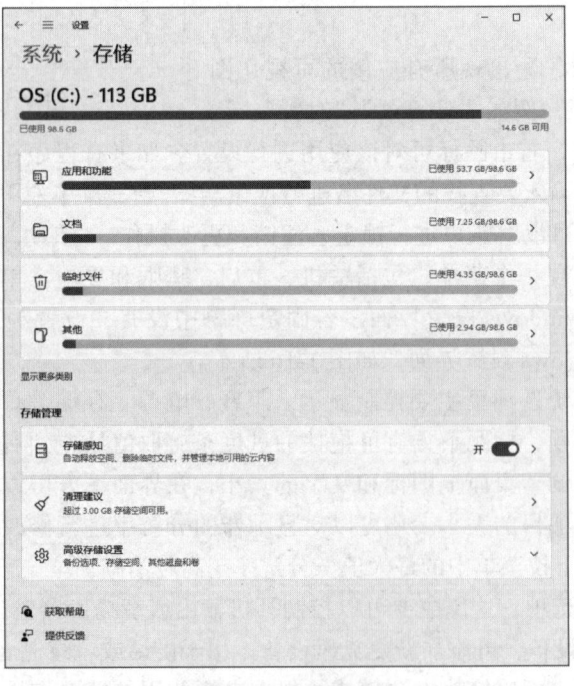

图 1-17 存储界面

（3）"个性化"选项 单击"个性化"选项，界面首先显示当前桌面，下方列出多个不同的主题，每个主题自带桌面背景图片和任务栏的背景颜色，如图 1-18 所示。

初识计算机　　项目1

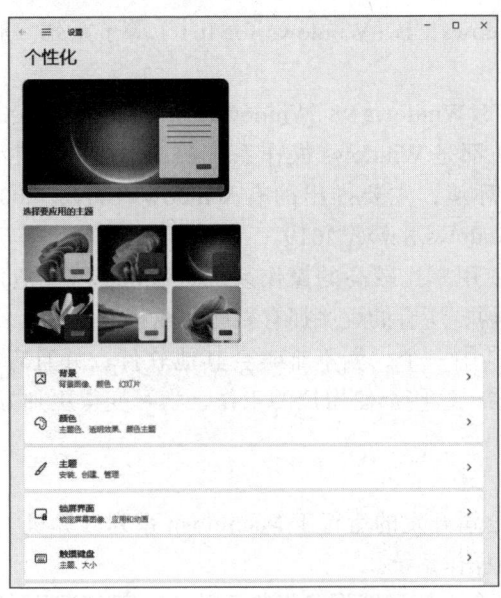

图 1-18　个性化设置界面

如果想自定义背景图片、锁屏界面等，可以单击下方的"背景""锁屏界面"等选项进行更改。其中个性化锁屏界面如图 1-19 所示。

Windows 11 的设置页面与智能手机设置界面相似，操作简单，大部分操作都是所见即所得。

（4）账户[⊖] 选项　单击"账户"选项，可以根据自己的操作习惯和工作需要管理自己的账户。在此界面可以选择登录方式，例如可设置面部识别、指纹识别（部分设备支持）、PIN 码登录、密码登录、安全密钥及图片密码登录，如图 1-20 所示。

图 1-19　个性化锁屏界面

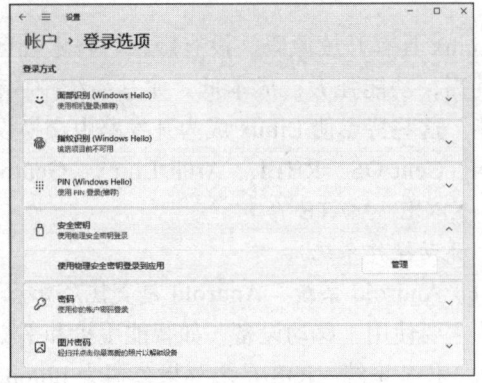

图 1-20　账户设置界面

除了自定义登录方式，Windows 11 还可以通过 Windows 进行备份。备份文件、应用和首选项，以便跨设备对其进行还原。

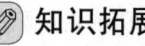 知识拓展

1. Windows 操作系统

Microsoft Windows 是美国微软公司以图形用户界面为基础研发的操作系统，主要运用于计算机、智能手机等设备。共有普通版本、服务器版本（Windows Server）、手机版本（Windows

⊖ 账户为规范名词，而有些计算机系统中使用了"帐户"一词，因此出现文图不一致现象。

13

Phone）、嵌入式版本（Windows CE、Windows for IoT）等子系列，是全球应用最广泛的操作系统之一。

大家熟悉的 Windows 95、Windows 98、Windows 2000、Windows XP、Windows 7、Windows 8、Windows 10 和 Windows 11 都是 Windows 操作系统的成员，它们主要用于家庭用户和个人计算机环境。而针对服务器环境，主要推出的有 Windows Server 2003、Windows Server 2008、Windows Server 2016 和 Windows Server 2019。

Windows 系统是现在使用率比较高的操作系统。Windows 的应用程序大多符合 IBM 公司提出的 CUA 标准。也就是说，所有的程序拥有相同的或相似的基本外观，包括窗口、菜单、工具条等。用户只需要掌握其中一个，就不难学会其他软件；并且现在的多数应用软件都是以 Windows 为基础开发研制的，这些都使用户的工作、学习变得更加方便。它的优点是易用性和应用软件较为丰富。

2. macOS 操作系统

macOS 是一套由苹果公司开发的运行于 Macintosh 系列计算机上的操作系统，是首个在商用领域成功的图形用户界面操作系统。

macOS 是基于 XNU 混合内核的图形化操作系统，一般情况下在普通个人计算机上无法安装。macOS 是苹果计算机的专用操作系统，它的优点是图形处理功能、多媒体功能非常出色，界面美观；但应用软件不够丰富。

3. Linux 操作系统

Linux 是免费使用和自由传播的 UNIX 操作系统，是一个基于 POSIX 和 UNIX 的多用户、多任务，支持多线程和多 CPU 的操作系统。Linux 不仅系统性能稳定，而且是开源软件。其核心防火墙组件性能高效、配置简单，保证了系统的安全。在很多企业网络中，为了追求速度和安全，Linux 不仅仅被网络运维人员当作服务器使用，还被当作网络防火墙。这是 Linux 的一大亮点。

Linux 具有开放源码、没有版权、技术社区用户多等特点。开放源码使用户可以自由裁剪，灵活性高，功能强大，成本低。尤其系统中内嵌网络协议栈，经过适当的配置就可实现路由器的功能。这些特点使 Linux 成为开发路由交换设备的理想开发平台。主要的发行版本有 Ubuntu、Debian、Cent OS、RHEL、Arch Linux、Gentoo 等，可以使用的图形界面有 Budgie、GNOME、KDE、XFCE、MATE 等。

4. 移动操作系统

（1）Android 系统　Android 是美国谷歌公司开发的移动操作系统，又叫"安卓系统"。这套系统主要使用于移动设备，如智能手机和平板计算机等。

（2）iOS 系统　iOS 是由苹果公司为 iPhone 开发的操作系统，主要是给 iPhone、iPod touch 以及 iPad 使用。就像其基于的 Mac OS X 操作系统一样，它也是以 Darwin 为基础的。原本这个系统名为 iPhone OS，直到 2010 年 6 月 7 日 WWDC 大会上宣布改名为 iOS。

（3）华为鸿蒙系统　华为鸿蒙系统（HUAWEI Harmony OS），是华为公司在 2019 年 8 月 9 日于东莞举行华为开发者大会（HDC.2019）上正式发布的操作系统。

华为鸿蒙系统是一款全新的面向全场景的分布式操作系统，创造一个超级虚拟终端互联的世界，将人、设备、场景有机地联系在一起，将消费者在全场景生活中接触的多种智能终端实现极速发现、极速连接、硬件互助、资源共享，用合适的设备提供场景体验。

5. Windows 11 快捷键

键盘快捷键就是使用键盘上某一个或某几个键的组合完成一条功能命令，从而达到提高操作速度的目的。下面为大家介绍一些常用快捷键的使用和功能：

初识计算机　　项目 1

1）Windows 11 新增快捷键，见表 1-1。

表 1-1　Windows 11 新增快捷键

操　作	快捷键
打开操作中心	Win + A
打开通知面板	Win + N
打开小部件面板	Win + W
快速访问 Snap 布局	Win + Z
打开 Microsoft Teams	Win + C

2）Windows 11 文本编辑快捷键，见表 1-2。

表 1-2　Windows 11 文本编辑快捷键

操　作	快捷键
剪切所选项目	Ctrl + X
复制所选项目	Ctrl + C
粘贴所选项目	Ctrl + V
加粗所选文本	Ctrl + B
斜体所选文本	Ctrl + I
为所选文本加下划线	Ctrl + U
移动光标到当前行的开头	Home
移动光标到当前行的结束	End

3）通用 Windows 键盘快捷键，见表 1-3。

表 1-3　通用 Windows 键盘快捷键

操　作	快捷键
在打开的应用程序之间切换	Alt + Tab
关闭活动项，或退出活动应用程序	Alt + F4
锁定你的计算机	Win + L
显示和隐藏桌面	Win + D
执行该字母的命令	Alt + 带下画线的字母
显示所选项目的属性	Alt + Enter
打开活动窗口的快捷菜单	Alt + Spacebar
转到退回	Alt + 左箭头
转到向前	Alt + 右箭头
向上移动一屏	Alt + Page Up
向下移动一屏	Alt + Page Down
关闭活动文档	Ctrl + F4
选择文档或窗口中的所有项目	Ctrl + A
删除所选项目并将其移至回收站	Ctrl + D
刷新活动窗口	Ctrl + R
重做操作	Ctrl + Y

计算机技术与计算思维

（续）

操　作	快捷键
将光标移动到下一个单词的开头	Ctrl + 右箭头
将光标移动到上一个单词的开头	Ctrl + 左箭头
将光标移动到下一段的开头	Ctrl + 下箭头
将光标移动到上一段的开头	Ctrl + 上箭头
使用箭头键在所有打开的应用程序之间切换	Ctrl + Alt + Tab
当组或磁贴在"开始"菜单上处于焦点时，将其向指定方向移动	Alt + Shift + 箭头键
当一个磁贴在"开始"菜单上处于焦点时，将其移动到另一个磁贴中以创建文件夹	Ctrl + Shift + 箭头键
开始菜单打开时调整大小	Ctrl + 箭头键
在窗口或桌面上选择多个单独的项目	Ctrl + 箭头键 + Spacebar
选择一个文本块	Ctrl + Shift 和箭头键
打开启动	Ctrl + Esc
打开任务管理器	Ctrl + Shift + Esc
当多个键盘布局可用时切换键盘布局	Ctrl + Shift
打开或关闭中文输入法编辑器（IME）	Ctrl + Spacebar
显示所选项目的快捷菜单	Shift + F10
删除所选项目而不先将其移动到回收站	Shift + Delete
打开右侧的下一个菜单，或打开一个子菜单	右箭头
打开左侧的下一个菜单，或关闭子菜单	左箭头
停止或离开当前任务	Esc
截取整个屏幕的屏幕截图并将其复制到剪贴板	PrtScn

训练任务

1. 个性化设置锁屏界面。
2. 选择自己喜欢的图片，修改账户头像。
3. 设置节电模式。

任务 3　管理计算机

计算机操作系统是计算机的核心，学会简单的维护与优化可以延长计算机使用年限，提高使用感受。根据个人的实际需求与设备配置选择相应的操作系统版本，可以有效提高使用效率。计算机上的各种信息以文件的形式保存在磁盘上，为了便于使用，需要经常对磁盘上的文件进行维护和整理。

任务描述

小智同学熟悉了 Windows 11 系统的基本操作后，发现自己随意存放的文件总不易找到，并且会有没经自己允许安装了一些不需要或启动了一些不需要启动的软件，自己的 C 盘空间也经常不够用。另外，小智计算机中的一些应用程序并没有针对 Windows 11 系统进行优化，会出现不兼容的现象。请帮助小智同学解决以上问题。

16

初识计算机　　项目 1

🖎 任务分析

要解决以上问题，首先，要了解操作系统的安装方式，选择自己需要的操作系统。其次，了解如何对已经安装的软件进行管理，例如更新、应用卸载等。最后，对文件进行管理，对文件进行分类存放，对重要的文件进行备份。

📖 任务实现

1. 安装 Windows 11 操作系统

（1）制作 U 盘系统盘　首先需要到官网 https://www.microsoft.com/zh-cn/software-download/windows11/ 下载工具创建安装介质（USB 闪存驱动器，DVD 或 ISO 文件）。准备一个至少 8GB 的空 U 盘，避免在安装过程中会删除其中的内容。Windows 11 只能在 64 位 CPU 上运行。要查看计算机是否具有 64 位 CPU，在"设置"/"系统"/"关于"，或者在 Windows 中搜索"系统信息"，然后在"系统类型"下查找。下载完成后运行该程序，阅读适用的声明和许可条款，单击"接受"。单击"下一步"，勾选"为另一台电脑创建安装介质"。单击"下一步"，勾选"对这台电脑使用推荐的选项"，也可以根据自身需求更改。单击"下一步"，在选择要使用的介质步骤，选择"U 盘"。插入准备好的 U 盘，可以看到安装界面显示出你的 U 盘名，单击"下一步"，等待进度达到 100%，U 盘系统盘就制作完成了。

（2）安装　将制作好的 U 盘系统盘插到计算机上，开机后按 <F12> 键选择启动项（如果不是 F12 键请按计算机品牌型号查询开机启动项的快捷键），选择制作好的系统盘，在列表里一般会以 U 盘品牌的名称来显示。接下来，计算机会自动加载 U 盘系统盘。进入系统的安装界面，选择安装语言、时间和货币格式、键盘和输入方法等，单击"下一步"，选择"现在安装"，安装程序就会启动。在安装界面会出现激活 Windows 界面，可选择"我没有产品密钥"，然后需要选择想安装的版本。单击"下一步"，阅读并同意许可条款，继续"下一步"，选择安装类型，这里可以看到有升级和自定义两种方式，若是新装系统，选择自定义进行全新安装。单击"下一步"，这里需要选择操作系统的安装位置，也就是指定 C 盘，单击"下一步"，开始安装。安装时间由硬盘性能来决定，一般是 10min 左右，安装完毕之后会自动重启系统，这时候就可以拔掉 U 盘系统盘了。待系统进行完自动设置及准备工作后，就需要做一些个性化的设置。例如，选择区域、键盘布局、连接网络等。若有微软账号可登录自己的账号，若没有账号可以选择"脱机账户"，并设置脱机账户的名称、密码。Windows 会根据你的选择设置操作系统。待看到桌面，安装就完成了。

2. 软件的安装与管理

（1）软件的安装　大多数软件可以通过官方网站进行下载，这里要注意鉴别所访问的网站是否为官方网站。非官方网站下载可能下载到恶意插件。有些同学会发现通过部分非官方网站下载的软件，在安装时会强制下载其他应用。有可能还会使自己的计算机中毒。

若本人有 Windows 账号，可以通过 Microsoft Store 操作系统自带的应用商店进行下载。这和手机软件下载方式类似。

Windows 11 系统很注重权限问题，会阻止安装一些未知来源的软件。若我们确定安装包是安全的，则可以右击安装包，通过"以管理员身份运行"让软件正常运行。

通常在安装时会弹出"授权协议"窗口，对其中的条款认真阅读后，勾选"我接受"等按钮继续安装。下一步会弹出安装路径窗口，在此窗口单击"浏览文件夹"可自定义安装位置。此时会默认安装在 C 盘，如果计算机 C 盘空间不够，可选择安装在自定义盘。下一步跟着安装向导直至安装完成。下面以安装网易云音乐为例进行讲解，下载页面如图 1-21a 所示。

17

根据操作系统选择下载对应版本的电脑端应用。下载完成后，进入下载文件夹，可以看到网易云音乐安装包，如图1-21b所示，双击执行该文件。

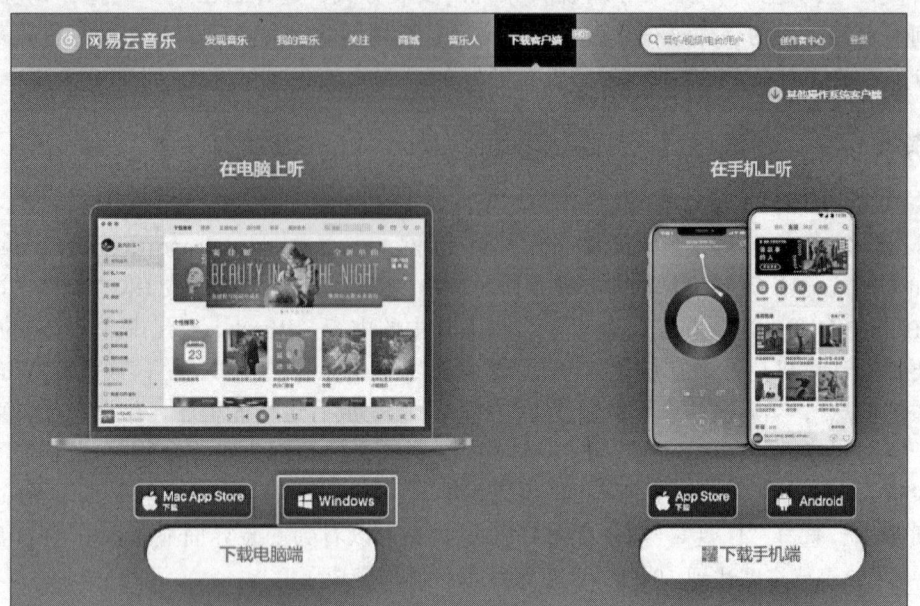

a) 网易云音乐下载页面

NeteaseCloudMusic_Music_official_2.10.4.200396

b) 网易云音乐安装包

图1-21　安装网易云音乐

当弹出安全提示时，请选择"运行"，如图1-22所示。

接下来，进入安装界面，可以选择"立即安装"或者右下角的"自定义安装"。自定义安装时可以更改默认的安装路径。如图1-23所示，将文件安装路径由默认C盘改为D盘，并按自己实际需求勾选下方的选项，确认无误后单击"立即安装"。

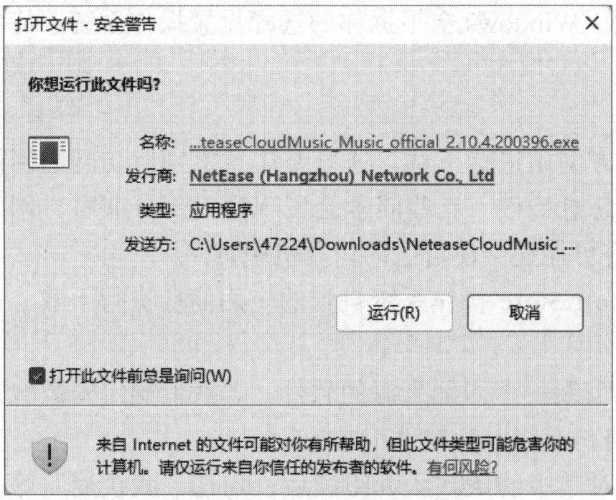

图1-22　安全警告弹窗 　　　　　　　　　图1-23　安装界面

等待进度条由0%至100%，显示"安装完成"，如图1-24所示。

（2）软件的管理 单击任务栏"开始"按钮，选择"设置"选项。在 Windows 11 的系统设置界面中单击"应用"选项，如图 1-25 所示。

图 1-24 安装完成界面

图 1-25 设置应用界面

在弹出的面板中选择"应用和功能"，并在右侧"选择获取应用的位置"项中选择"任何来源"。滚动鼠标下拉列表，单击应用右侧"⋮"，如图 1-26 所示，可以在菜单中选择"修改"或者"卸载"，如图 1-27 所示。有些应用菜单中会出现高级选项，通过高级选项可以管理该应用在后台的运行情况。

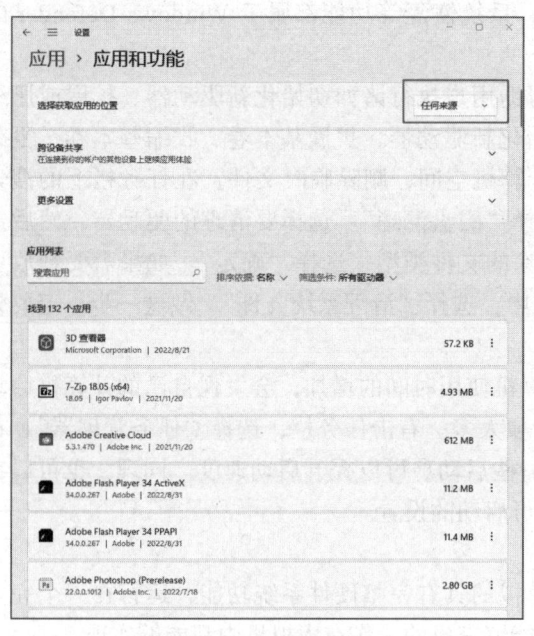

图 1-26 应用界面修改

图 1-27 修复或卸载应用

3. 文件管理

文件管理可以帮助我们高效使用计算机。需要注意的是，不要将数据文件存放在 C 盘，C盘一般作为系统盘，专门存放用于安装系统程序和各种应用软件。下面的案例使用 D 盘举例。日常生活中会产生很多不同类型的文件，例如一些重要学习资料、临时文件等。对文件进行分类存放可以更便于管理个人计算机。

（1）新建文件夹 在 D 盘下建立一个新的文件夹"学习类"，具体步骤如下：双击桌面"此电脑"图标，在打开的窗口中双击 D 盘驱动器图标打开 D 盘窗口；右击鼠标，选择"新建"/"文件夹"命令，此时一个新建文件夹便建好了。右击新生成的文件夹，选择"重命名"，将"新建文件夹"改为"学习类"。

（2）移动文件夹　"学习类"文件夹创建好之后，将所有有关学习的文件资料都存放在该文件夹下，便于以后寻找需要的文件。例如，在 D 盘里有一个命名为"4 级单词 .doc"的文件，可以将其存放在"学习类"文件夹下。可以直接用拖曳的方式改变其存储位置，或者可以右击"4 级单词 .doc"文件选择"剪切"，双击进入"学习类"文件夹下，右击选择"粘贴"即可。

（3）备份文件　对于比较重要的文件，可以将其备份至其他盘或者 U 盘中。需要注意的是，若该文件是需要更新的文件，也需要同步备份文件。例如，小智在编写"校庆策划书 .doc"并将其存放在 D 盘下，此时需要同步给校庆委员会的其他同学。右击该文件，选择"复制"。双击桌面"此电脑"图标，在打开窗口中双击 U 盘驱动器图标打开 U 盘窗口，右击选择"粘贴"。这份文件就备份在 U 盘里了，可以同步给负责校庆的其他同学。

知识拓展

1. Windows 11 优化

（1）Windows Defender　Windows Defender 作为 Windows 自带的防护软件，无须安装，就可以保证大部分用户在正常操作时不会感染病毒。它在计算机中发现恶意软件时会发出警告，可以说它是系统的第一道保护屏障。

包括 Windows 的自动更新、驱动程序检测、系统恢复等功能都属于 Windows Defender 的一部分，可以防御一定程度的病毒。

（2）磁盘管理　Windows 中的磁盘管理可帮助用户执行诸如初始化新驱动器、扩展或压缩卷等高级存储任务。可以使用磁盘管理执行初始化新驱动器、扩展基本卷、收缩基本卷、更改驱动器号、排除磁盘管理故障。如果需要释放计算机空间，删除临时文件：在任务栏上的搜索框中，键入"磁盘清理"，然后从结果列表中选择"磁盘清理"。选择要清理的驱动器，然后选择"确定"。在"要删除的文件"下，选择要删除的文件类型，选择"确定"。如果需要释放更多空间，还可以删除系统文件：在"磁盘清理"中，选择"清理系统文件"。做这一步一定要先去了解系统文件，谨慎操作。

（3）Windows 11 启动项管理　随着用户计算机使用时间的增加，会发现自己的计算机启动速度变得非常慢。这可能是因为计算机开机启动项太多。右击任务栏，选择"任务管理器"。在任务管理器界面选择"启动应用"，自定义禁用一些启动项可以提升启动速度。同理，也可以在此处将禁用的项设置为启用，就可以完成开机即可启动的设置。

2. 虚拟机

（1）什么是虚拟机　虚拟机是指通过软件模拟的具有完整硬件系统功能，运行在一个完全隔离环境中的完整计算机系统，在实体计算机中能够完成的工作在虚拟机中都能够实现。

在计算机中创建虚拟机时，需要将实体机的部分硬盘和内存容量作为虚拟机的硬盘和内存容量，每个虚拟机都有独立的硬盘和操作系统，可以像使用实体机一样对虚拟机进行操作。虚拟机就是虚拟出来的计算机。这个虚拟出来的计算机和真实的计算机几乎完全一样，所不同的是它的硬盘是在一个文件中虚拟出来的，所以用户可以随意修改虚拟机的设置，而不用担心对自己的计算机造成损失。

（2）安装虚拟机　小智发现有几个软件由于没有针对 Windows 11 进行优化，所以在运行时有不兼容的问题。想安装一个虚拟机并在虚拟机中安装 Windows 7 系统来解决软件使用的问题。

首先，在 VMware 官方网站（https://www.vmware.com/cn/products/workstation-pro.html）

下载 VMware Workstation。这是一个虚拟机软件，可以在一台物理机上同时运行多个系统。下载完成后双击 VMware-workstation-full-16.2.4-20089737.exe 文件开始安装。本案例以安装 VMware Workstation 16 Pro 版本为例，双击后弹出安装向导，如图 1-28 所示。按照安装向导指示信息，单击"下一步"。

接下来弹出用户许可协议。请仔细阅读后勾选"我接受许可协议中的条款（A）"，然后单击"下一步"，如图 1-29 所示。

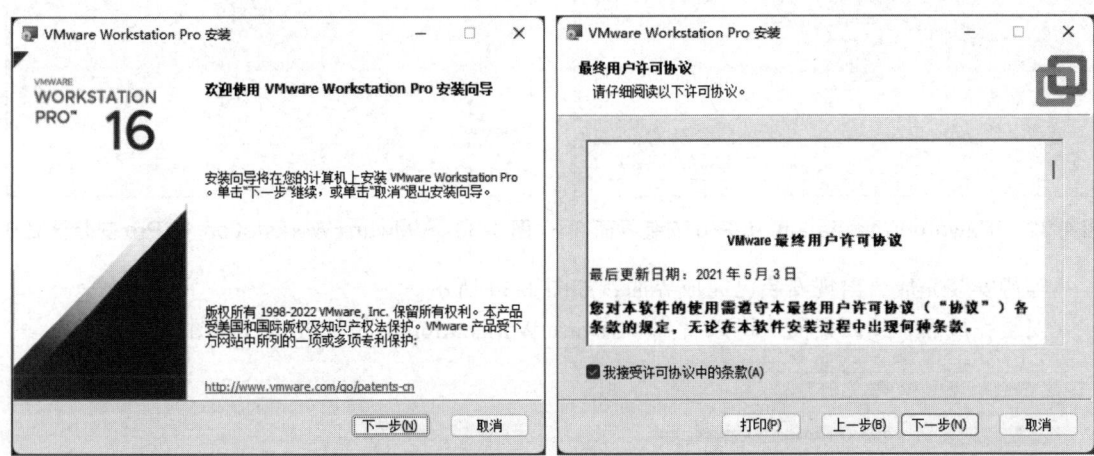

图 1-28　VMware Workstation 16 Pro 安装界面 1　　图 1-29　VMware Workstation 16 Pro 安装界面 2

选择"自定义安装"，安装位置默认在 C 盘。若需要更改路径，请单击"更改"并选择安装位置。勾选"将 VMware Workstation 控制台工具添加到系统 PATH"，单击"下一步"，如图 1-30 所示。

出现用户体验设置界面，此处可以取消勾选"加入 VMware 客户体验提升计划"，如图 1-31 所示。

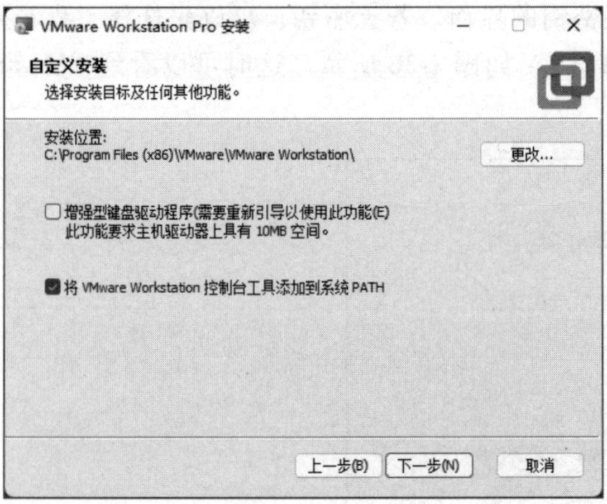

图 1-30　VMware Workstation 16 Pro 安装界面 3 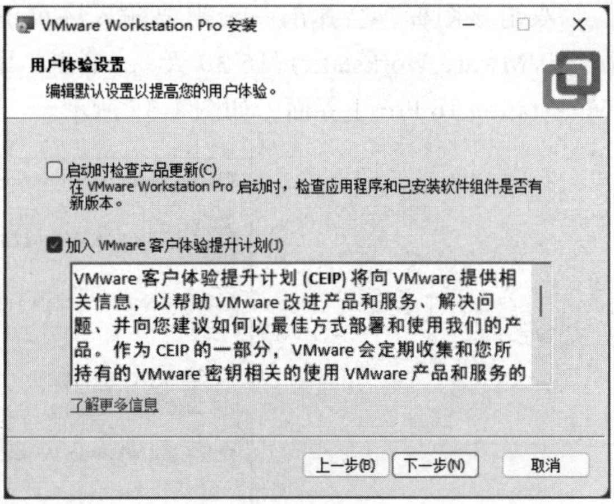　图 1-31　VMware Workstation 16 Pro 安装界面 4

出现在桌面创建快捷方式界面，勾选"桌面"，如图 1-32 所示。系统安装完成后将在桌面建立应用程序快捷方式。

此时安装设置已经完成，单击"安装"即可，如图 1-33 所示。

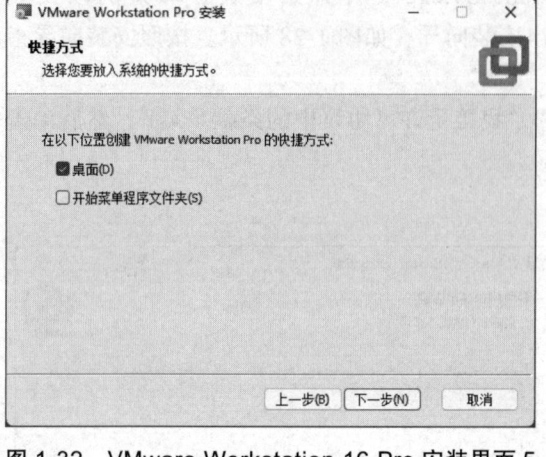 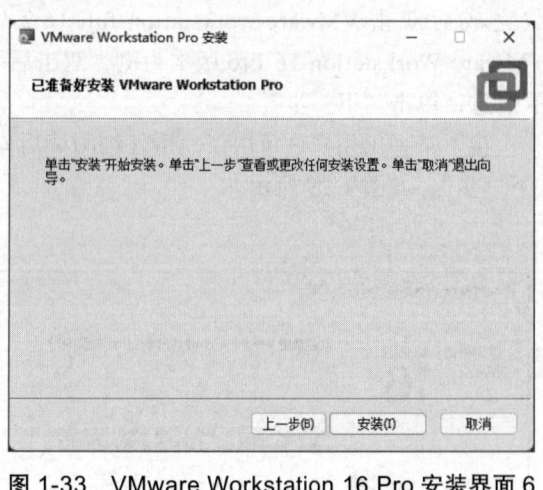

图 1-32　VMware Workstation 16 Pro 安装界面 5　　图 1-33　VMware Workstation 16 Pro 安装界面 6

等待安装完成，出现安装已完成界面，如图 1-34 所示。

安装完成后，返回桌面。可以看到 VMware Workstation 的快捷方式，如图 1-35 所示。

图 1-34　VMware Workstation 16 Pro 安装完成　　图 1-35　VMware Workstation 的快捷方式

双击该图标，会弹出一个需要输入许可证密钥的界面。若无密钥，可以先选择"我希望试用 VMware Workstation 16 30 天"，单击"继续"，如图 1-36 所示。这时可以看到 VMware Workstation 16 Pro 主界面，如图 1-37 所示。

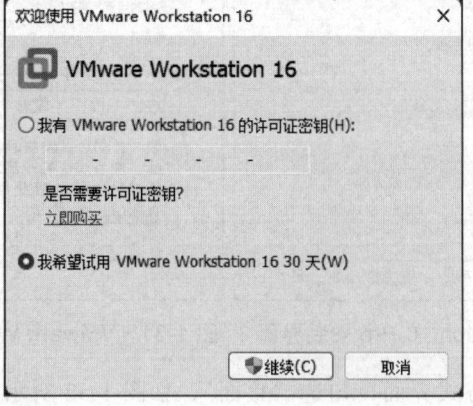

图 1-36　VMware Workstation 16 Pro 许可证密钥

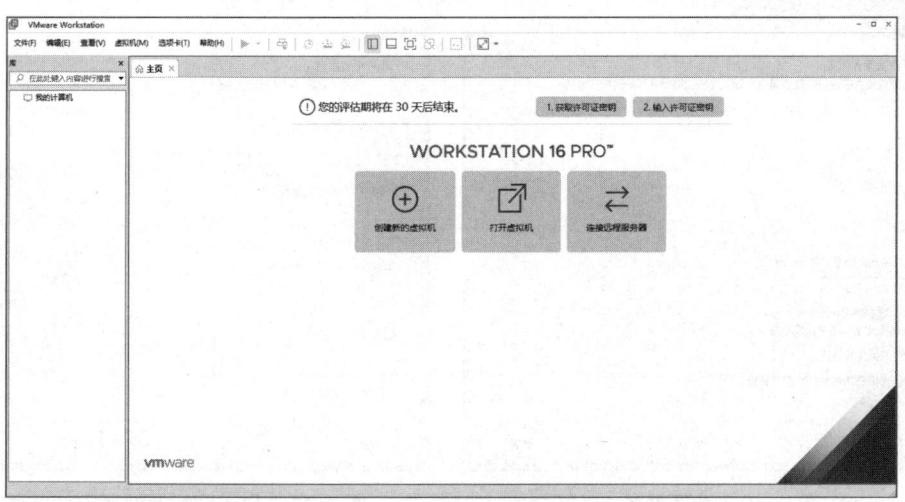

图 1-37　VMware Workstation 16 Pro 主界面

单击"创建新的虚拟机",会出现"新建虚拟机向导"界面,如图 1-38 所示。

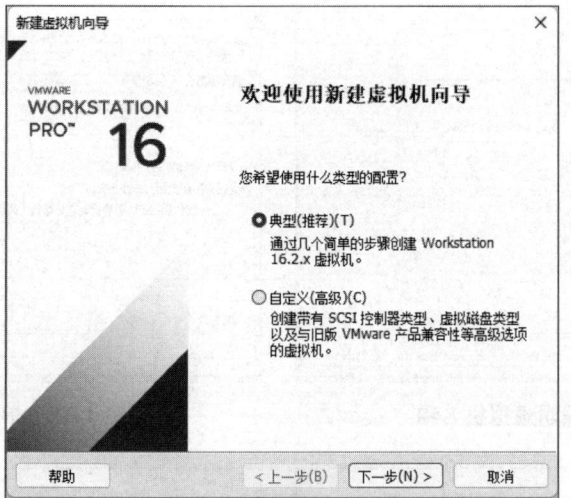

图 1-38　"新建虚拟机向导"界面

同安装 Windows 11 操作系统一样,我们需要下载一个 Windows 7 的镜像文件,如图 1-39 所示。

cn_windows_7_professional_x64_dvd_x15-65791

图 1-39　Windows 7 的镜像文件

双击此镜像文件,弹出"新建虚拟机向导"窗口。在"浏览"里找到下载好 Windows 7 镜像文件的路径。单击"下一步",如图 1-40 所示。

如图 1-41 所示,填入密钥,选择安装的版本(此案例使用 Windows 7 64 位专业版)。

编辑虚拟机名称,单击"下一步",如图 1-42 所示。

出现指定磁盘容量界面,按照图 1-43 所示设置,单击"下一步"。

弹出新界面,单击"完成",如图 1-44 所示。

等待创建,如图 1-45 所示。

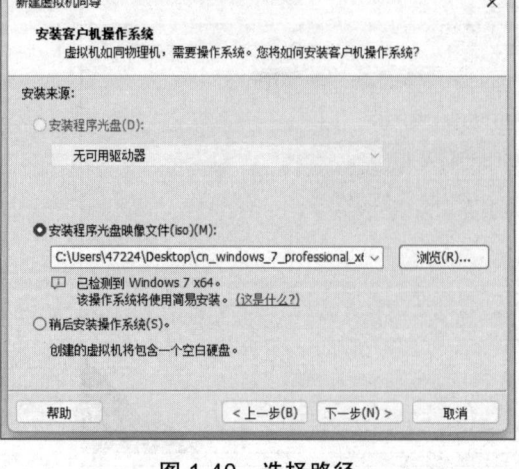

图 1-40 选择路径

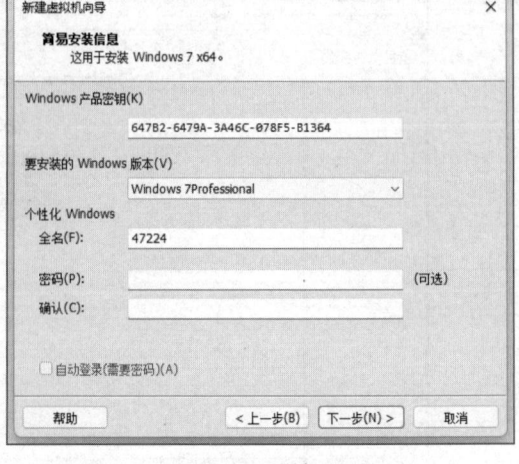

图 1-41 填入密钥及选择安装的版本

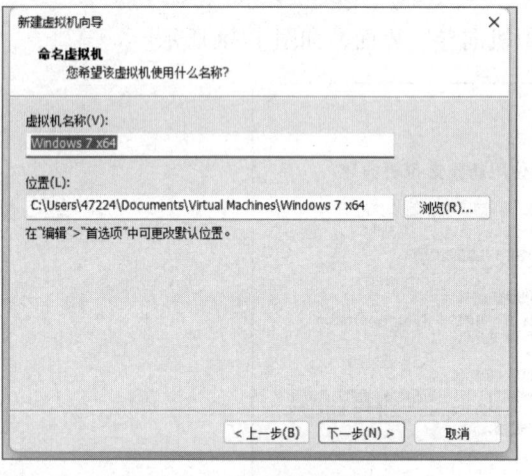

图 1-42 编辑虚拟机名称

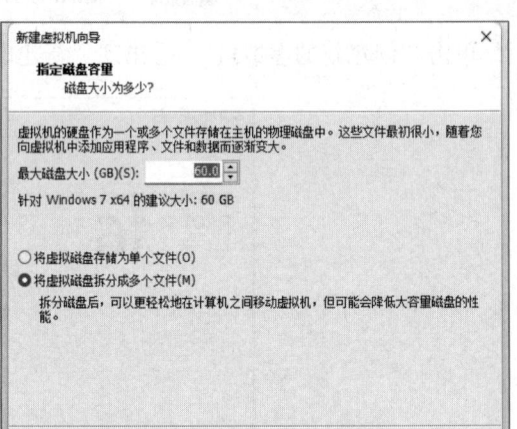

图 1-43 指定磁盘容量

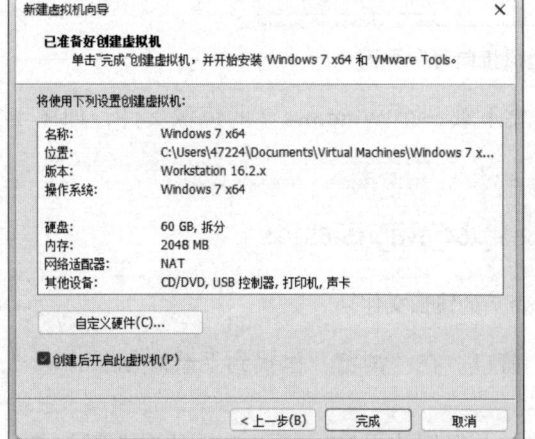

图 1-44 新建虚拟机向导

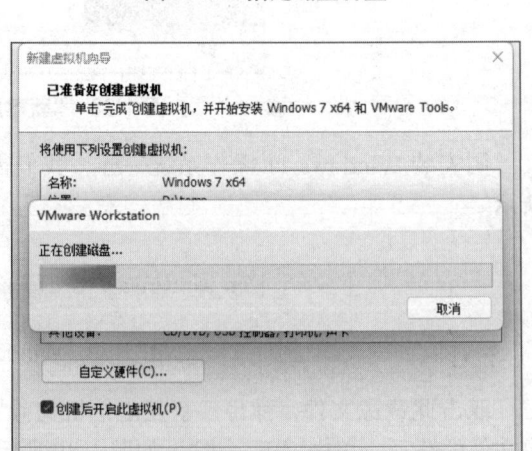

图 1-45 等待创建

　　虚拟机配置文件保存的名称和位置默认就可以了，创建一个新的虚拟磁盘，存储虚拟磁盘，为虚拟机硬件文件选择一个剩余容量较大的分区保存，新建虚拟机完成。开始安装 Windows 7，如图 1-46 所示。

初识计算机　项目 1

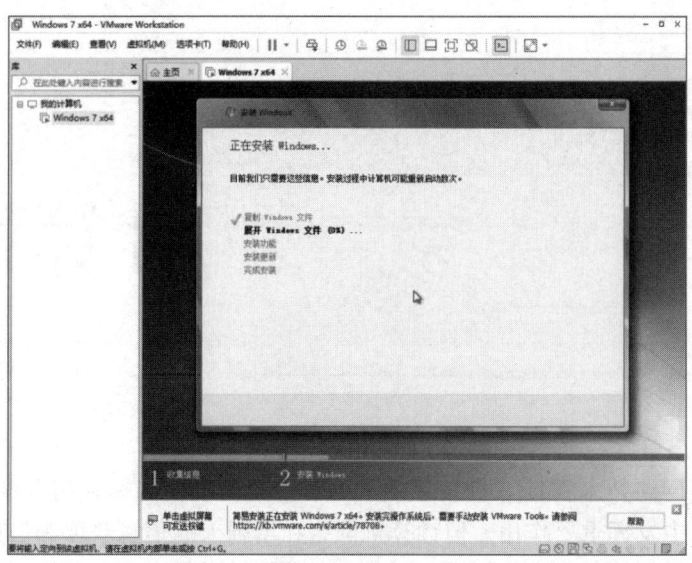

图 1-46　虚拟机安装 Windows 7

完成安装，安装程序正在为首次使用计算机做准备。选择账户用户名，接着进入 Windows 7 的桌面，新的操作系统就安装好了，如图 1-47 所示。

图 1-47　虚拟机安装 Windows 7 完成

训练任务

1. 对自己的计算机进行优化，手动禁止一些应用在后台自动启动，例如 QQ 等。
2. 列举出 5 个常用的应用软件。
3. 安装虚拟机，并选择安装 Windows 7 操作系统。在 Windows 7 下安装应用软件。

Project 2

项目 2

计算机网络

如今，计算机网络技术在计算机技术中占据着重要位置，能够利用自身资源共享的优势，在人们的日常生活中发挥重要作用。但计算机网络在增强人们信息获取和信息沟通便利性的同时，也带来了信息泄露等信息安全问题。因此，必须要针对信息安全问题进行有效处理，以此来提升计算机网络应用的安全性，为社会发展提供有效保障。

📖 教学目标

1. 熟悉计算机网络的基础理论。
2. 能够进行基本的网络设置。
3. 能够进行远程桌面连接和控制。
4. 了解和掌握 Word 文件加密方法。
5. 了解和掌握 WinRAR 数据加密方法。

🔔 教学重难点

1. 网络设置。
2. 远程桌面连接和控制。
3. 数据加密方法。

任务 1　接入 Internet

计算机只有接入了互联网，才能实现资源共享、信息传输等功能。要想将计算机接入互联网，就必须对计算机进行必要的网络设置。

📖 任务描述

小智在自己的笔记本计算机上新安装了 Windows 11 操作系统，并进行了系统的个性化环境设置，但此时笔记本计算机还不能上网，因此需要将自己的计算机接入网络。

小智在机房上课时发现，完成作业所需的素材在寝室的笔记本计算机上，需要从机房的计算机连接寝室的远程计算机，进行远程桌面控制。

小智的计算机中有很多音乐和电影，想要将这些资源共享给班级的同学。

26

计算机网络　　项目2

任务分析

在"控制面板"的"网络和共享中心"窗口中,可进行重新配置网络。

利用远程桌面连接,可以轻松地连接到 Windows 的远程计算机上。所需要的是,网络访问和连接到其他计算机的权限。

利用 Serv-U 软件,可以快速地搭建 FTP 服务器,共享指定的资源。

任务实现

1. 网络设置

方法 1:在系统的右下角状态栏找到网络图标,右击,选择"网络和 Internet 设置",如图 2-1 所示。单击"以太网",如图 2-2 所示,在"IP 分配"上单击"编辑",可设置自动获取 IP,或者手动设置 IP 等网络参数,设置 IPv4 或者 IPv6 地址,设置完成后单击保存即可。

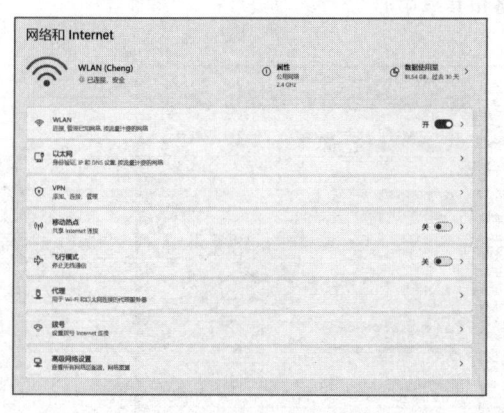

图 2-1　网络和 Internet 设置

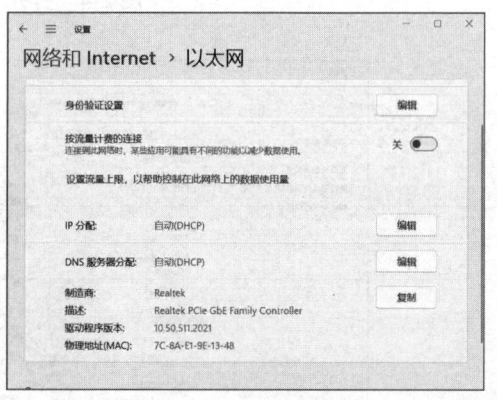

图 2-2　设置 IP 地址

方法 2:在任务栏中单击搜索图标,搜索"控制面板",如图 2-3 所示,打开"控制面板",单击"网络和 Internet 设置",单击"网络和共享中心",如图 2-4 所示,单击"以太网",单击"属性",双击"Internet 协议版本 4",这里可以选择自动设置 IP 或手动设置 IP 等网络参数,如图 2-5 所示,完成后单击"确定"即可。

图 2-3　搜索"控制面板"

27

计算机技术与计算思维

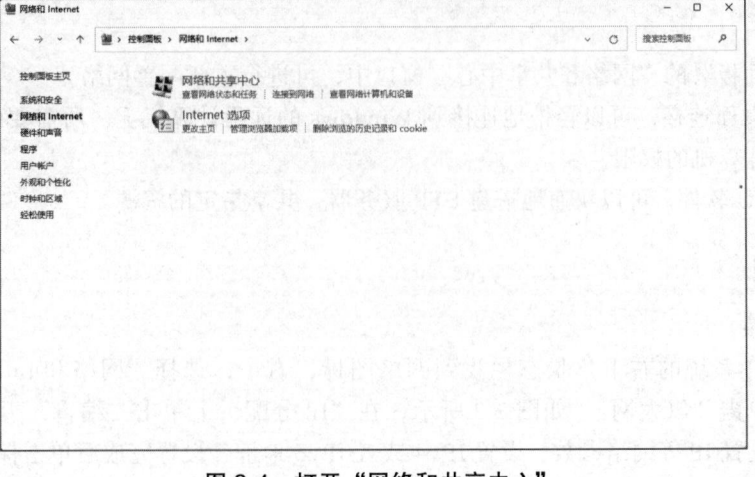

图 2-4 打开"网络和共享中心"

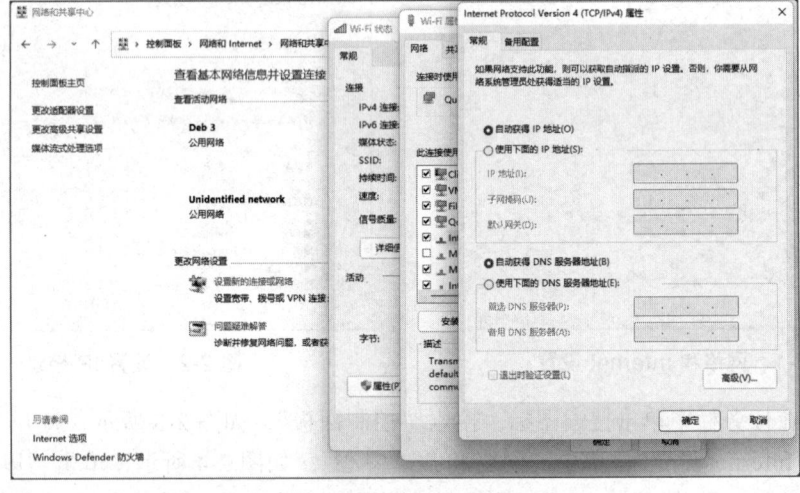

图 2-5 设置 IP 地址

2.设置远程桌面连接和控制

方法 1:局域网的远程桌面连接和控制。

1)设置允许被远程控制的计算机权限。打开寝室笔记本计算机的系统设置,单击"远程桌面",如图 2-6 所示。打开远程桌面右边的开关按钮,弹出"是否启用远程桌面"对话框,单击"确认",如图 2-7 所示。

2)查看被远程控制的计算机的 IP 地址。小智想从机房远程访问寝室的计算机,必须知道寝室计算机的 IP 地址。首先在任务栏中单击搜索图标,搜索"cmd",打开"命令提示符"界面,如图 2-8 所示。然后在">"后输入"ipconfig"命令,按键盘 <Enter> 键,即可查看"IPv4 地址",这里的 IP 地址是"192.168.1.9",如图 2-9 所示。

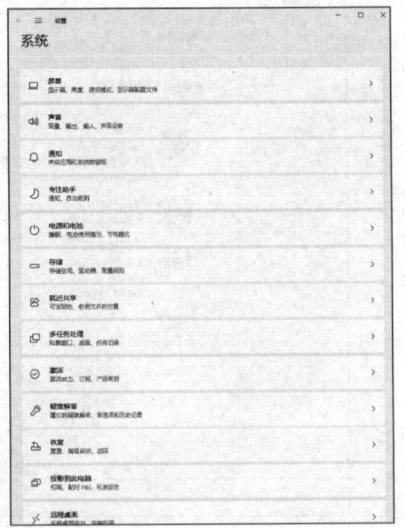

图 2-6 打开远程桌面选项

28

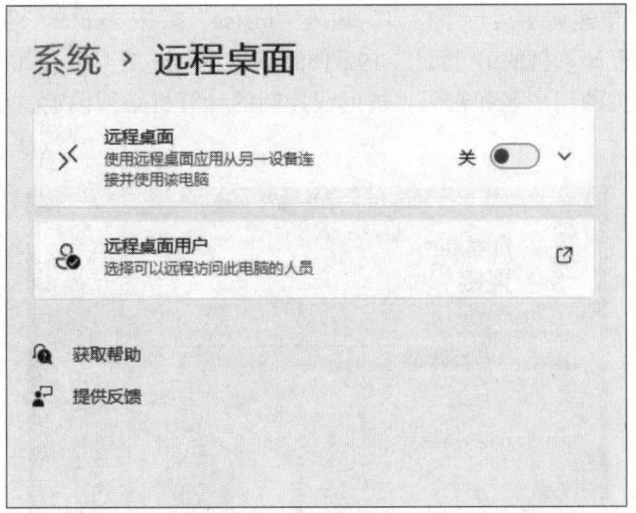

图 2-7　启用远程桌面设置

图 2-8　打开"命令提示符"界面

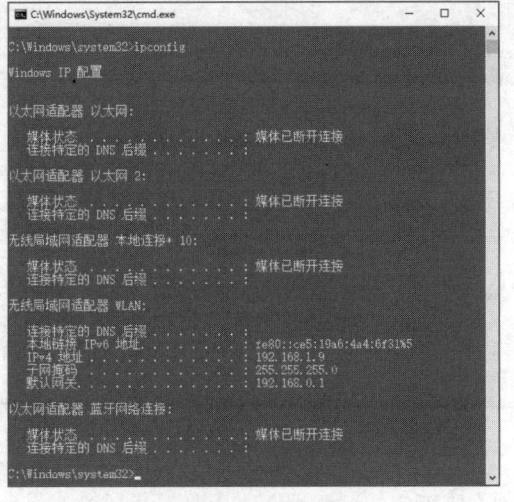

图 2-9　查看 IP 地址

3）连接获得授权的 Windows 计算机。小智在机房的计算机进行远程连接操作，首先按键

盘快捷键 <Win+R>，快速调出运行小窗口，输入 "mstsc" 后按 <Enter> 键，弹出 "远程桌面连接" 对话框，输入远程计算机的 IP 地址（192.168.1.9），单击 "连接"，如图 2-10 所示。最后输入被远程控制的计算机的用户名和密码（被远程控制的计算机必须设置登录密码），即可登录远程桌面。

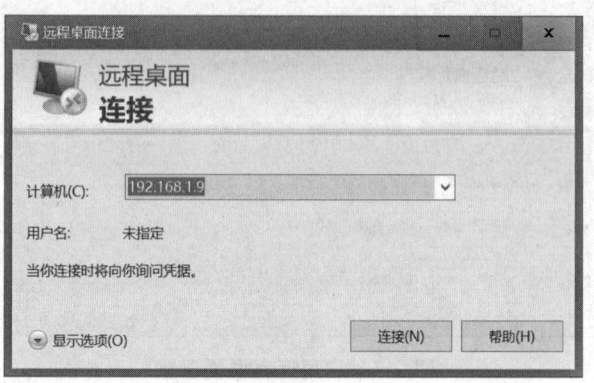

图 2-10　连接获得授权的 Windows 计算机

如果您的计算机是台式机，首先需要确认网线已连接，其他设置与笔记本计算机的设置方法相同。

方法 2：广域网的远程桌面连接。

外网用户远程访问内网需要通过 VPN，也可以使用如 ToDesk、向日葵、TeamView 等软件工具。本任务以 ToDesk 软件为例来进行实验操作。

ToDesk 是一款国产多平台远程控制软件，支持主流操作系统 Windows、Linux、Mac、Android、iOS 跨平台协同操作。可以轻松穿透内网和防火墙，支持远程开关机、待机，具有录屏、自适应分辨率、文件传输、语音视频通信等功能。ToDesk 设备连接主要通过两台设备进行设备号关联实现，主控设备填写被控设备号即可实现远程控制。具体操作步骤如下：

1）在需要进行远程桌面控制的两台计算机上分别安装 ToDesk 软件。在官网下载最新版本的 ToDesk 软件，双击安装包进行安装，软件界面如图 2-11 所示。

图 2-11　软件界面

2）登录账号，如图 2-12 所示。

3）打开设备列表，输入被控计算机的设备代码和访问密码即可成功连接，如图 2-13 所示。在连接好的两台设备上，对被控设备进行任意的文件选择，然后用鼠标拖曳到主控设备即可完的传输。相比传统的网络或者其他传输方式都要方便快捷得多。

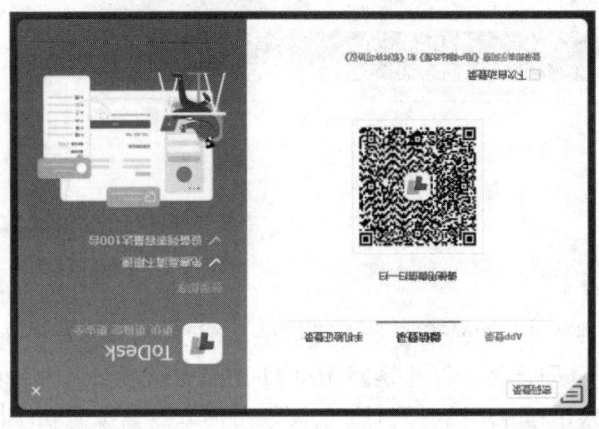

图 2-12 登录账号

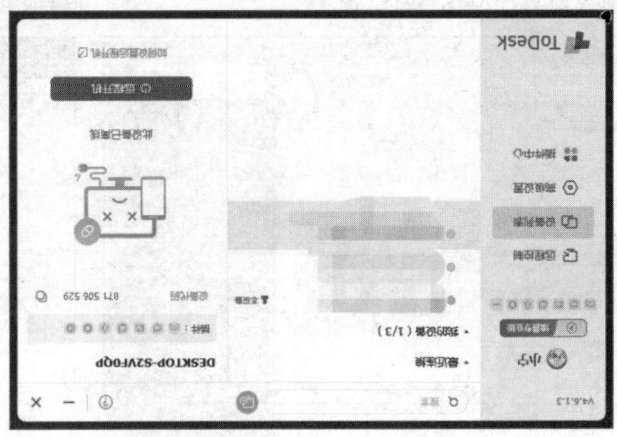

图 2-13 打开设备列表

4）移动-PC互通。除了传统的PC互控以外，手机随意接树计算机也是非常容易的，操作中可以进行远视的放大和缩小，支持键盘鼠标投屏，可以实现精准操控，如图2-14所示。

图 2-14 手机随意接树计算机

也可以通过计算机远程接树手机，如图2-15所示。

3. 搭建 FTP 服务器

FTP 协议是专门针对在两个系统之间传输大的文件这种应用开发出来的，它是 TCP/IP 协议的一部分。FTP 是文件传输协议，用来管理 TCP/IP 网络上大型文件的快速传输。

1）安装最新版的 Serv-U 软件。Serv-U 软件的全称是 Serv-U ftp server，可以在官网下载并进行安装，安装后的界面如图 2-16 所示。

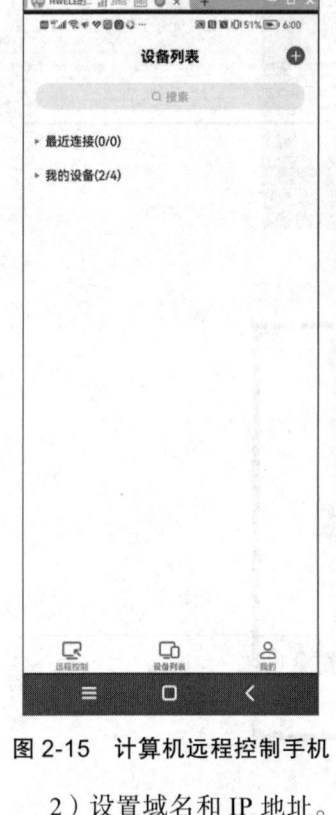

图 2-15　计算机远程控制手机

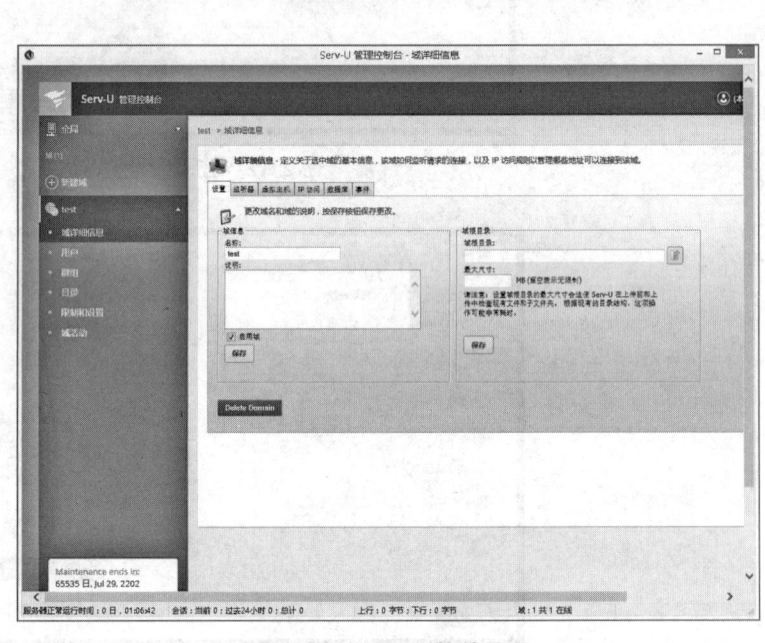

图 2-16　Serv-U 软件界面

2）设置域名和 IP 地址。根据"设置向导"的指引进行操作，单击"是"，如图 2-17 所示。设置 Serv-U 的域名，如图 2-18 所示。

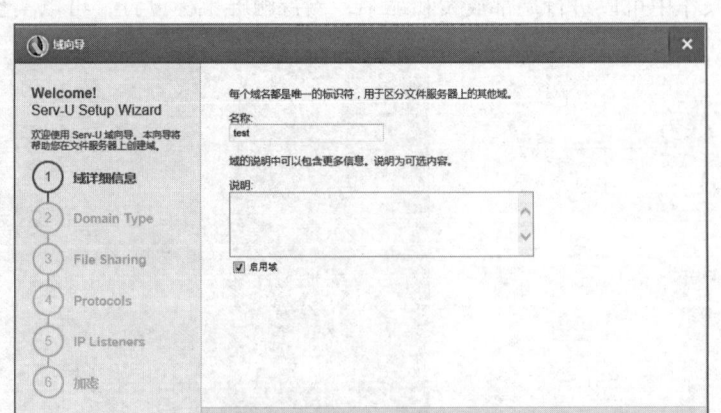

图 2-17　定义新域

图 2-18　设置域名

依次单击"下一步"跳过系统提示信息，输入主机的 IP 地址"127.0.0.1"，如图 2-19 所示。

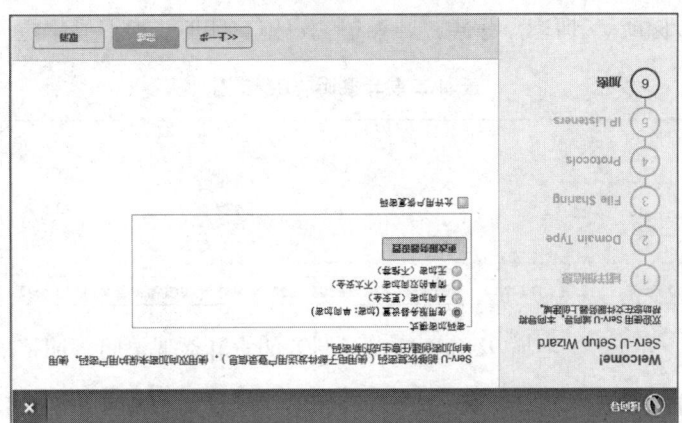

图 2-19 输入主机 IP 地址

3) 选择创建的文件夹，如图 2-20 所示。

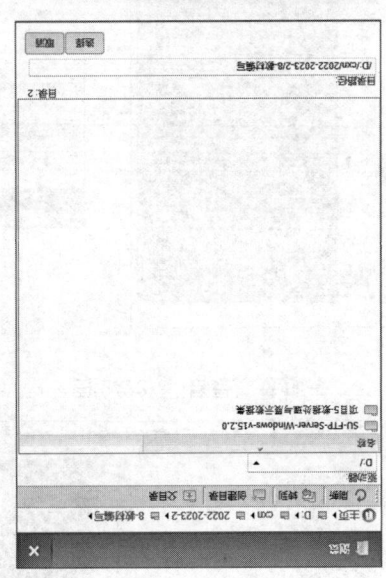

图 2-20 选择创建的文件夹

依次单击"下一步"，即可完成系统示信息，再单击"完成"，如图 2-21 所示。

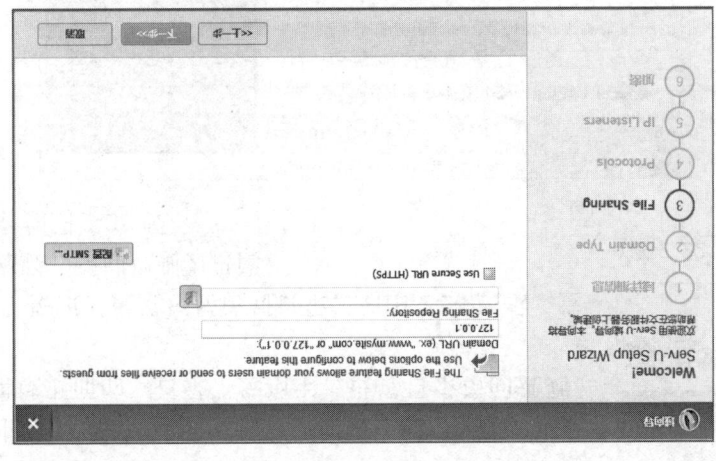

图 2-21 完成安装

4）暂时不创建用户账户，单击"否"，如图 2-22 所示。

5）单击新建域下面的"目录"选项卡，设置目录访问规则，如图 2-23 所示。

单击"添加"按钮，设置全局访问目录，如图 2-24 所示，选择创建的文件夹路径，访问规则为只读。

设置后的目录如图 2-25 所示。

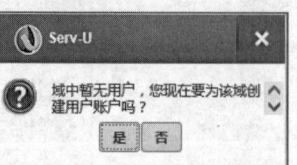

图 2-22 用户创建对话框

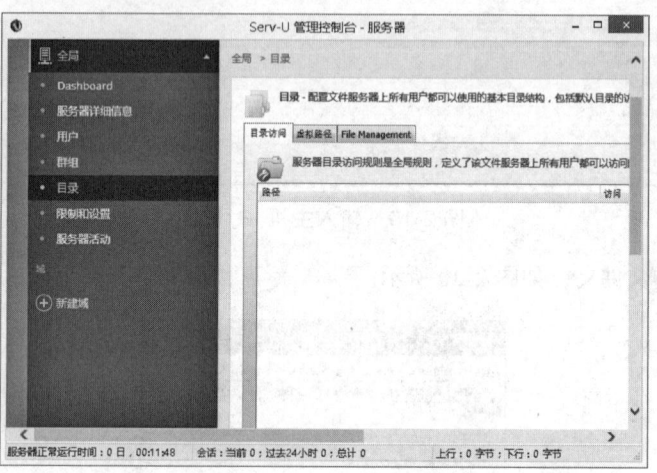

图 2-23 "目录"选项卡

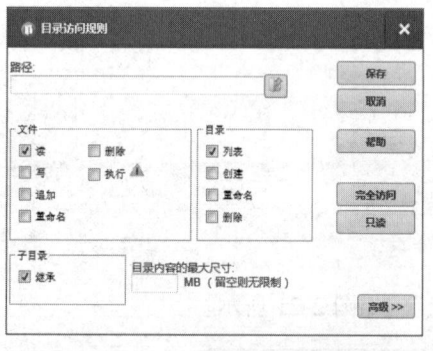

图 2-24 设置目录访问规则

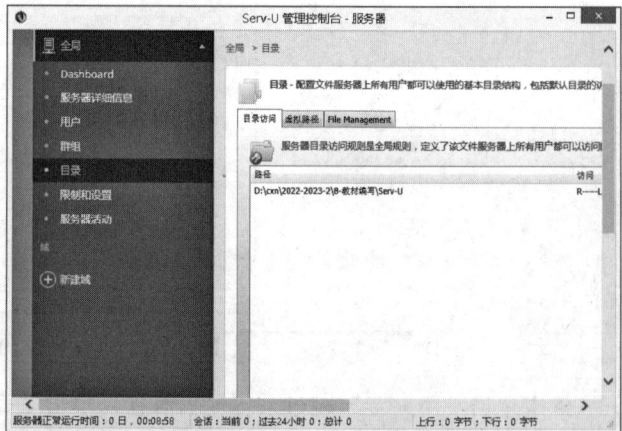

图 2-25 设置后的目录

6）在新建用户之前，创建需要共享的文件夹，如图 2-26 所示。

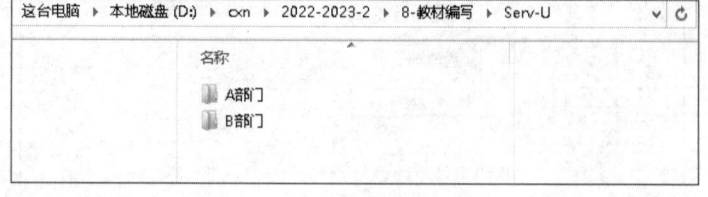

图 2-26 创建共享文件夹

7）添加用户。单击新建域下面的"用户"选项卡，单击"添加"，如图 2-27 所示。设置用户登录 ID 和密码，选择根目录文件夹，如图 2-28 所示。

再单击"用户发用户"，选择卡，单击"添加"，如图 2-27 所示。
再单击"目录发用户"，如图 2-28 所示。

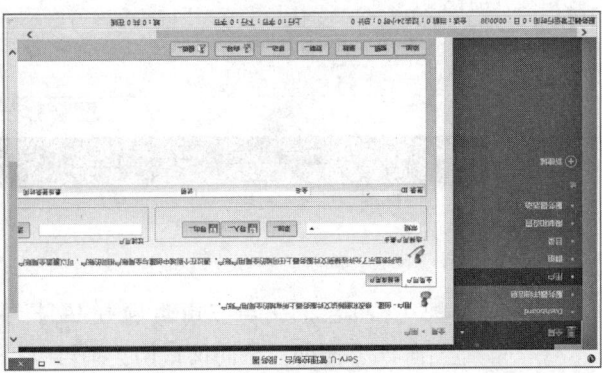

图 2-27 添加用户

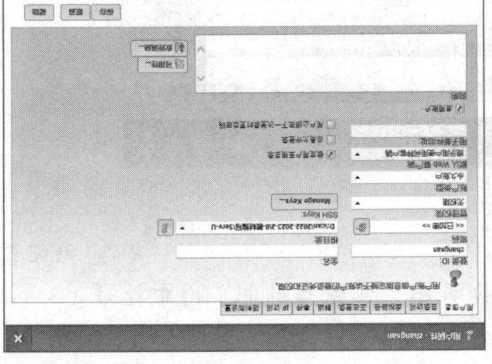

图 2-28 设置用户属性

设置访问"A 组门"的路径，如图 2-30 所示。

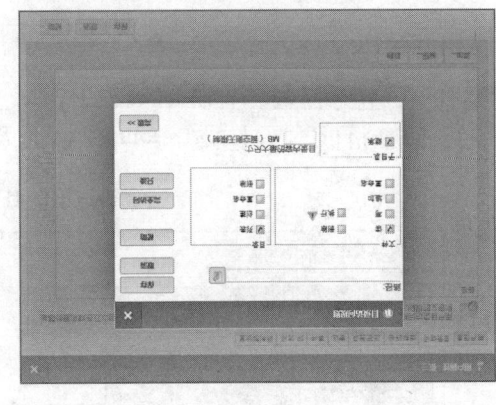

图 2-29 访问目录

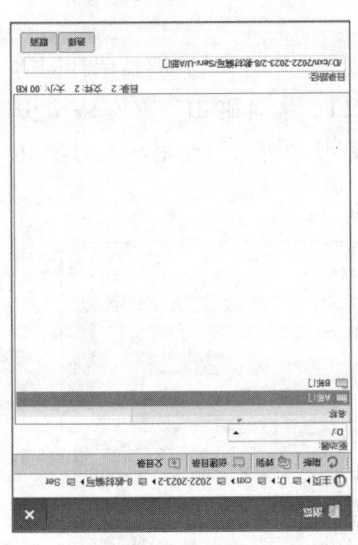

图 2-30 设置访问路径

勾选"A 组门"的所有访问权限，再单击"保存"，如图 2-31 所示。
其次是"添加"，连接"B 组门"文件夹，勾选"添"的"执行"权限，再是"保存"，如图 2-32 所示。

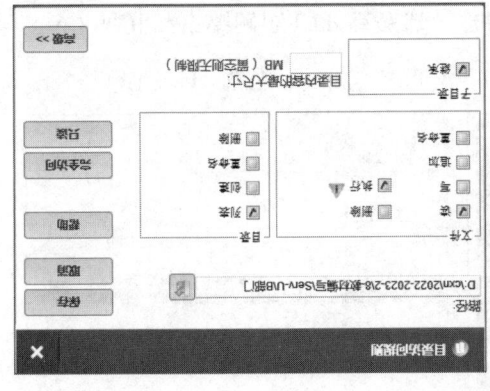

图 2-31 设置"A 组门"文件夹访问权限

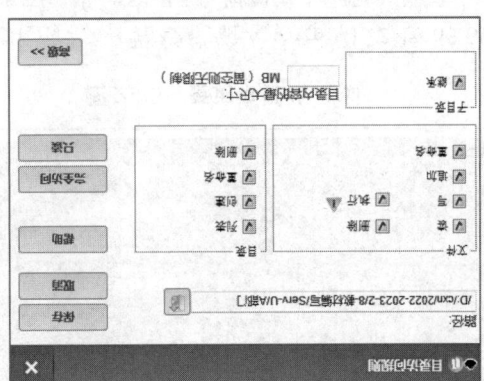

图 2-32 设置"B 组门"文件夹访问权限

返回"用户信息"选项卡，单击"保存"，完成了用户的创建，如图 2-33 所示。

8）查看本机（即服务器端）IP 地址。打开开始菜单，单击"运行"，输入"cmd"，如图 2-34 所示。

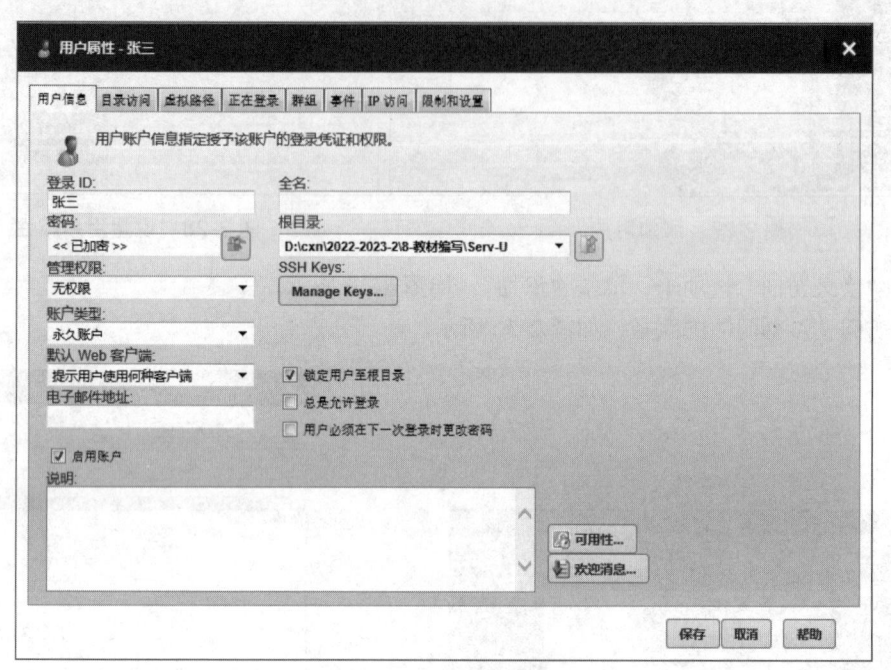

图 2-33　保存"用户信息"

打开命令提示符界面，输入命令"ipconfig"，按 <Enter> 键运行后，可以查询本机的 IP 地址，如图 2-35 所示。IP 地址为"172.16.65.69"，记住这个 IP 地址，我们在另一台计算机（客户端）访问时需要用到。

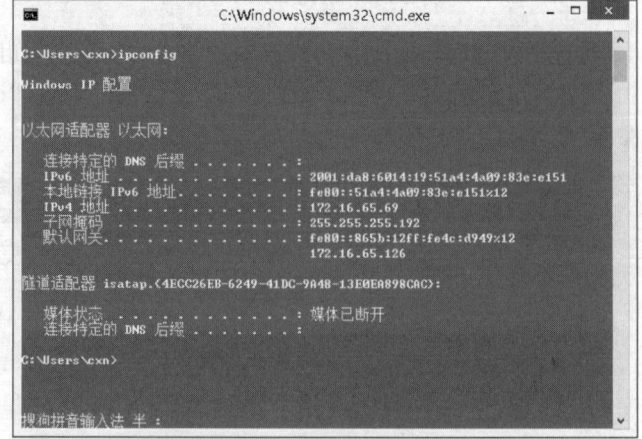

图 2-34　运行"cmd"　　　　　　　图 2-35　查询本机 IP 地址

9）打开客户端测试 FTP 服务器。双击"此电脑"，在路径栏输入"ftp://172.16.65.69"，输入在 Serv-U 服务器上面创建的用户名和密码，然后单击"登录"，如图 2-36 所示。

登录后，可以访问"A 部门""B 部门"，如图 2-37 所示，FTP 服务器就创建成功了。

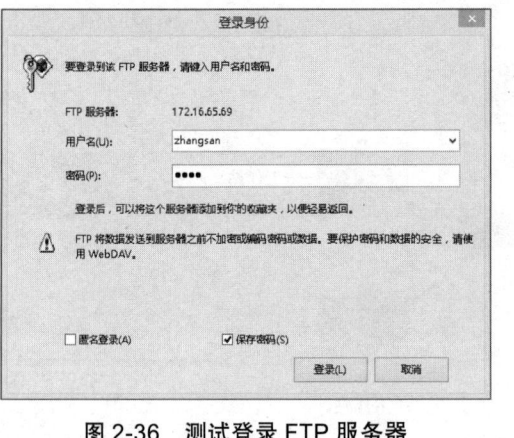

图 2-36 测试登录 FTP 服务器

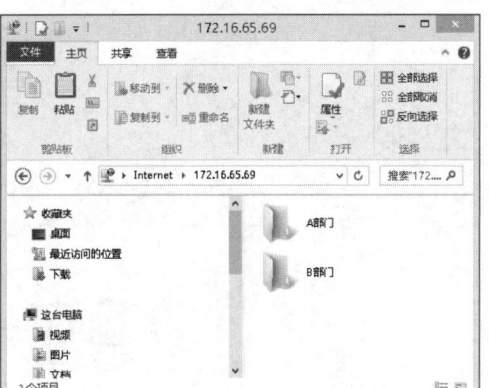

图 2-37 登录成功

知识拓展

1.计算机网络的定义

计算机网络就是将地理位置分散的、具有独立功能的多个计算机系统（或由计算机控制的外部设备），利用通信手段通过通信设备和线路连接起来，按照特定的通信协议进行数据通信，以实现网络中资源共享和信息传递的系统。

2.拓扑结构

拓扑结构指网络在物理上的布置方式。拓扑是所有链路和设备间关系的几何表示，主要有四种基本结构：网状、总线型、环形、星形。

1）网状结构：每个设备与其他设备拥有专用的点对点链路。其特点是：通过冗余链路实现可靠性，一条链路的故障不影响整个网络；电缆数量多，成本高。

2）总线型结构：使用多点链路，总线起骨干作用，节点使用连接头与总线相连，如图 2-38 所示。其特点是：容易安装；如发生总线故障则是致命的。

3）环形结构：每个设备拥有与前后设备相连的专用的点对点链路，信号单向传输，通过中继器转发，如图 2-39 所示。其特点是：容易安装和重构；如发生环的断裂则是致命的。

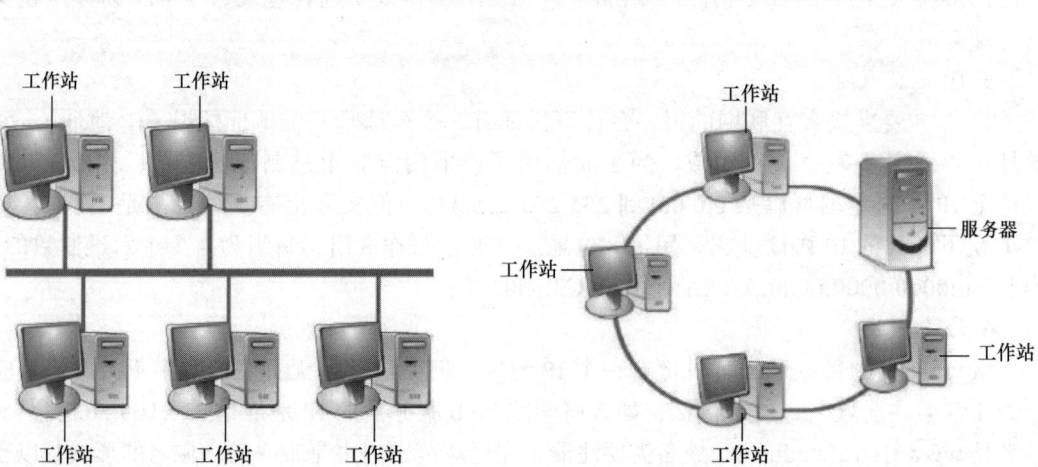

图 2-38 总线型结构

图 2-39 环形结构

4）星形结构：每个设备拥有专用的点对点链路，与中央集线器连接，如图 2-40 所示。其特点是：局域网中最常见结构，便宜、安装简单、易于扩展；依赖中央单个点（集线器）。

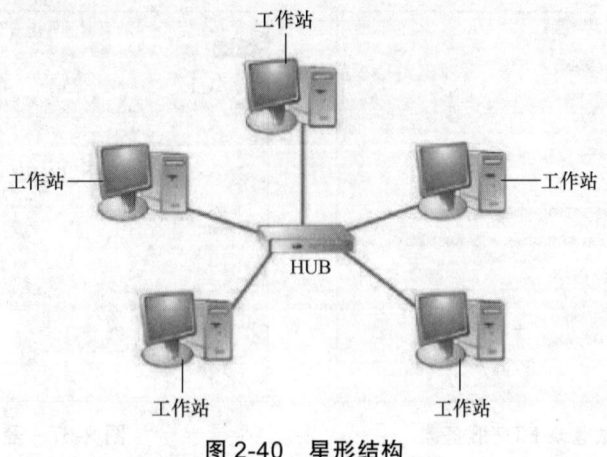

图 2-40　星形结构

3. 网络分类

网络可分为局域网、城域网和广域网。

局域网通常是私有的，连接单个办公室、大楼或校园，局限于几公里内。局域网为个人计算机或工作站资源共享而设计，共享资源包括硬件、软件或者数据。

城域网介于 LAN 和 WAN 之间，通常覆盖一个镇或城市，用来为那些需要高速连接且终端分布在城市内的客户服务。

广域网提供长距离的数据传输，地理上可覆盖国家、洲或全球，可以是点到点的拨号网络，也可以是连接因特网的骨干网。互联网 internet 由多个网络通过连接设备互联而成，路由器在网络之间转发数据。最著名的互联网是因特网（Internet），由成千上万个互相连接的网络组成，是世界上最大的广域网。

4. 协议

为了能够成功地传输数据，发送者和接受者必须遵循一套交换信息的通信规则，这个在计算机之间交换数据的规则称为协议。

常见的网络协议有 TCP/IP 协议（TCP 传输控制协议，IP 网间协议）、SMTP 协议（简单邮件传输协议）、FTP 协议（文件传输协议）、TELNET 协议（远程登录）、HTTP 协议（超文本传输协议）。

5. IP 地址

TCP/IP 要求接入互联网的每一台计算机都有一个全球唯一的地址标识（IP 地址）。每个 IP 地址由 4 个字节（32 位）组成，为了简洁明了，采用点分十进制记法表示，如 192.168.0.1。理论上 IPv4 的范围可以从 0.0.0.0 到 255.255.255.255，但实际上有一些范围是不能被使用的。IPv6 是下一代的 IP 协议，它采用 128 位地址，通常写作 8 组，每组为 4 个十六进制数的形式，如 FE80:0000:0000:0000:AAAA:0000:00C2:0002。

6. 域名系统

Internet 上的每一台计算机都有一个 IP 地址，但是这些毫无关联的数字不太好记。应用服务器通常会注册域名，便于记忆，如天府学院 Web 服务器的 IP 地址是 220.166.50.57，而它的域名是 www.tfswufe.edu.cn。域名需要注册，在全球范围内也是唯一的。域名的形式是以若干个英文字母和数字组成，由 "." 分隔成几部分。

当用户使用域名时，需要将域名翻译成 IP 地址，IP 地址是定位某台计算机的最终方法。Internet 中有些特殊的服务器，专门从事域名翻译工作，这就是域名服务器。域名系统通常被简称为 DNS（Domain Name System），该系统建立并维护主机的域名与 IP 地址的映射关系，每一个域名都对应着一个 IP 地址，而 IP 地址不一定有域名。一个单位、机构或个人若想在因特网上有一个确定的名称或位置，需要进行域名登记。域名登记工作由经过授权的注册中心完成，普通的用户并不需要为自己的计算机申请域名。

域名结构采用分布式的、层次型（分级）的树形结构，顶层域由组织域（如 org、com、edu）和国家域（如 cn）构成。再往下分还可分为若干层子域，通常用点来分隔域的层次。

最高域名：在因特网是标准化的，代表主机所在的国家或地区，由两个字符构成。例如，cn 代表中国，jp 代表日本，us 代表美国，hk 代表香港地区。

网络名：第二级域名，反映组织机构的性质。常见的代码有：edu 代表教育机构，com 代表赢利性商业实体，gov 代表政府部门，net 代表网络资源或组织，mil 代表军队，org 代表非营利性组织机构，int 代表国际性机构，web 代表与 WWW 有关的实体。

训练任务

请同学们练习在局域网内部或外网进行远程桌面连接和控制。

任务 2　数据加密

随着计算机网络技术应用的日益广泛，信息安全愈发重要。如何利用简易可行但又安全有效的方法来保证信息安全，是人们的共同诉求。

任务描述

小智完成了公司的项目申报书。为了保护公司的商业机密，需要将该 Word 文档进行加密处理；同时文件夹中相关的支撑材料也需要进行加密处理。

任务分析

利用 Word 软件自身提供的加密技术对文件进行加密，从而达到保护文档的目的；利用 WinRAR 自带的加密功能对文件文档进行加密，提高安全性。

任务实现

1. Word 文件加密

1）首先，选择需要加密操作的 Word 文档（或者新建一个 Word 文档，文档名自定），然后打开该文档，单击"文件"菜单中的"信息"选项卡，单击"保护文档"的下拉菜单，选择"用密码进行加密"，如图 2-41 所示。输入密码对此文件进行加密，如图 2-42 所示；再次输入密码进行确认。注意两次输入的密码必须相同。

2）再次双击该文档，提示需要输入密码才能打开该文档，如图 2-43 所示。

3）取消文档加密的方法与文档加密的步骤相同。单击"文件"菜单中的"信息"选项卡，单击"保护文档"的下拉菜单，选择"用密码进行加密"

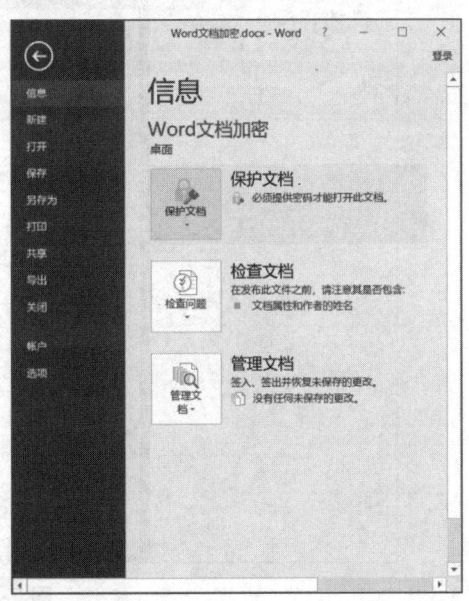

图 2-41　保护 Word 文档

后，删除密码输入框中的密码，如图 2-44 所示。单击"确定"，即可取消文档加密。

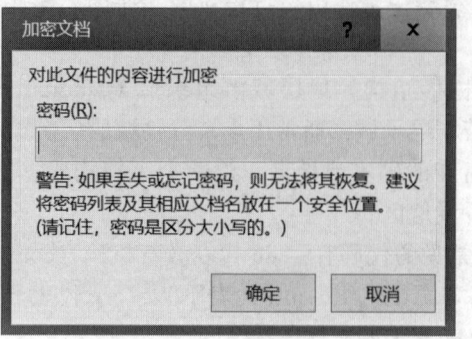

图 2-42　设置文档密码

图 2-43　提示输入密码

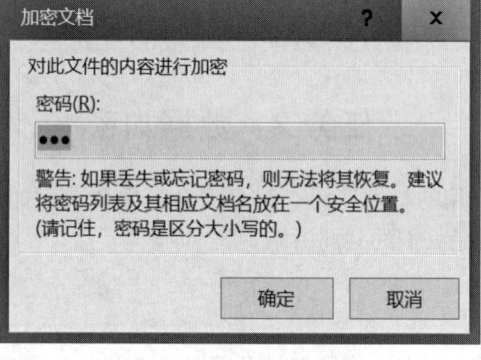

图 2-44　取消文档加密

2. WinRAR 文件加密

1）选择要加密的文件，任何文件即可，右键添加到压缩文件，如图 2-45 所示。

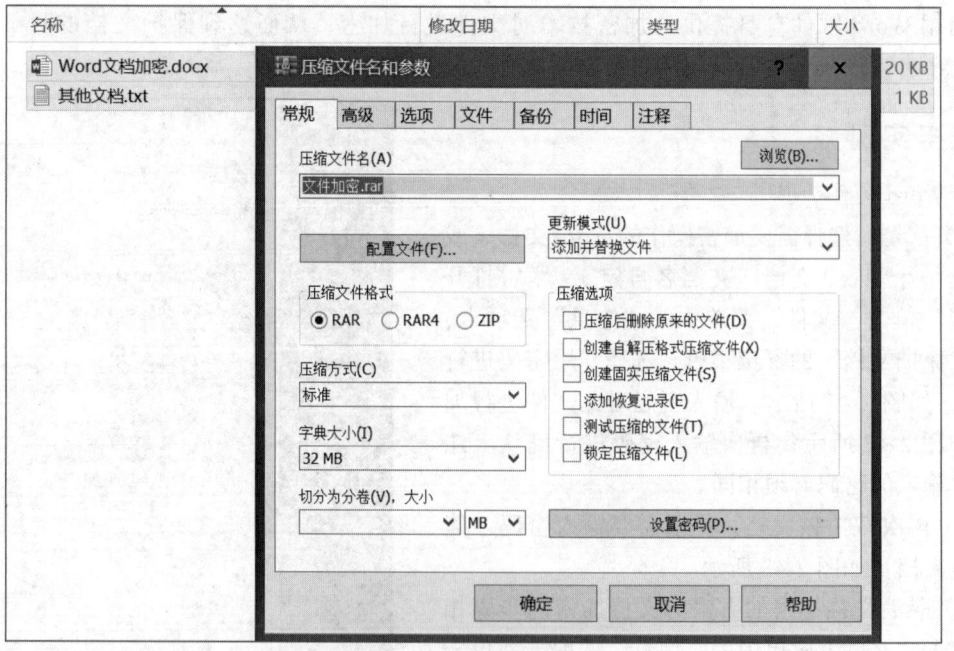

图 2-45　压缩文件加密

2）单击"设置密码"，重复输入密码两次，并勾选"加密文件名"，如图 2-46 所示。单击"确定"，压缩文件加密成功。

3）双击"文件加密.rar"压缩文件，在输入框输入密码后单击"确定"，如图 2-47 所示。再单击"解压到"按钮，即可将文件解压到指定的文件夹中，实现了文件的正常访问。

图 2-46　设置压缩文件密码

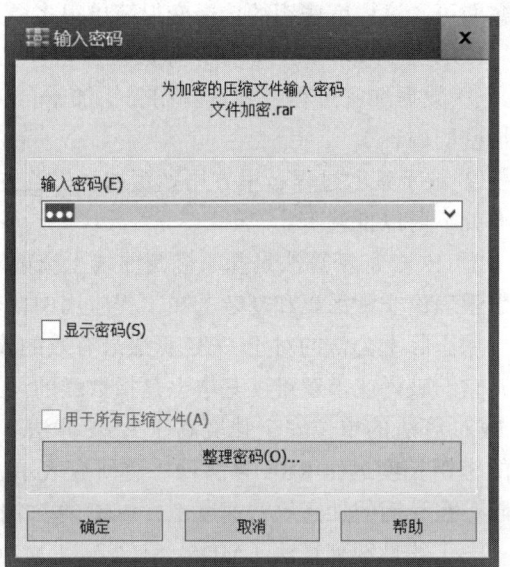

图 2-47　提示输入密码

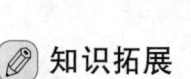 知识拓展

1. 加密和解密

（1）加密　数据加密的基本过程，就是对原来为明文的文件或数据按某种算法进行处理，使其成为不可读的一段代码，通常称为"密文"。通过这样的途径，来达到保护数据不被非法人员窃取、阅读的目的。

（2）解密　加密的逆过程为解密，即将该编码信息转化为其原来数据的过程。

2. 常见的加密算法

加密算法分为对称加密和非对称加密。对称加密算法的加密与解密密钥相同，非对称加密算法的加密密钥与解密密钥不同。此外，还有一类不需要密钥的散列算法。

常见的对称加密算法主要有 DES、3DES、AES 等，常见的非对称加密算法主要有 RSA、DSA 等，线性散列算法主要有 SHA-1、MD5 等。

（1）对称加密算法（AES、DES、3DES）　对称加密算法是指加密和解密采用相同的密钥，是可逆的（即可解密）。

AES 加密算法是密码学中的高级加密标准，采用的是对称分组密码体制，密钥长度最少支持 128。AES 加密算法是美国联邦政府采用的区块加密标准，这个标准用来替代原先的 DES，已经被多方分析且广为全世界使用。

AES 加密算法的优点是加密速度快；其缺点是密钥的传递和保存是一个问题，参与加密和解密的双方使用的密钥是一样的，这样密钥就很容易泄露。

（2）非对称加密算法（RSA、DSA、ECC）　非对称加密算法是指加密和解密采用不同的密钥（公钥和私钥），因此非对称加密也叫作公钥加密，是可逆的（即可解密）。公钥密码体制根据其所依据的难题一般分为三类：大素数分解问题类、离散对数问题类、椭圆曲线类。

41

1）RSA 加密算法是基于一个十分简单的数论事实：将两个大素数相乘十分容易，但是想要对其乘积进行因式分解极其困难，因此可以将乘积公开作为加密密钥。虽然 RSA 的安全性一直未能得到理论上的证明，但它经历了各种攻击至今未被完全攻破。

RSA 加密算法的优点是加密和解密的密钥不一致，公钥是可以公开的，只需保证私钥不被泄露即可，这样就密钥的传递变得简单很多，从而降低了被破解的概率；缺点是加密速度慢。

RSA 加密算法既可以用来做数据加密，也可以用来数字签名：

① 数据加密过程：发送者用公钥加密，接收者用私钥解密（只有拥有私钥的接收者才能解读加密的内容）。

② 数字签名过程：甲方用私钥加密，乙方用公钥解密（乙方解密成功说明就是甲方加的密，甲方就不可以抵赖）。

2）ECC 加密算法是基于椭圆曲线上离散对数计算问题（ECDLP）的 ECC 算法。ECC 算法的数学理论非常深奥和复杂，在工程应用中比较难于实现，但它的单位安全强度相对较高。

用国际上公认的对于 ECC 算法最有效的攻击方法——Pollard rho 方法去破译和攻击 ECC 算法，它的破译或求解难度基本上是指数级的。正是由于 RSA 算法和 ECC 算法这一明显不同，使得 ECC 算法的单位安全强度高于 RSA 算法。也就是说，要达到同样的安全强度，ECC 算法所需的密钥长度远比 RSA 算法低。有研究表示，160 位的椭圆密钥与 1024 位的 RSA 密钥安全性相同。在私钥的加密解密速度上，ECC 算法比 RSA、DSA 速度更快；存储空间占用更小。

（3）线性散列算法（MD5、SHA-1、HMAC） MD5 全称是 Message-Digest Algorithm 5（信息摘要算法 5），单向的算法不可逆（被 MD5 加密的数据不能被解密）。MD5 加密后的数据长度要比加密数据小得多，且长度固定，且加密后的串是唯一的。

适用场景：常用在不可还原的密码存储、信息完整性校验等。

信息完整性校验：典型的应用是对一段信息产生信息摘要，以防止被篡改。如果再有一个第三方的认证机构，用 MD5 还可以防止文件作者的"抵赖"，这就是所谓的数字签名应用。

SHA-1 与 MD5 相比，SHA-1 摘要比 MD5 摘要长 32 位，所以 SHA-1 对强行攻击有更大的强度，比 MD5 更安全。使用强行技术，产生任何一个报文使其摘要等于给定报摘要的难度对 MD5 是 2^{128} 数量级的操作，而对 SHA-1 则是 2^{160} 数量级的操作。在相同的硬件上，SHA-1 的运行速度比 MD5 慢。

（4）混合加密 由于以上加密算法都有各自的缺点（RSA 加密速度慢、AES 密钥存储问题、MD5 加密不可逆），因此实际应用时常将几种加密算法混合使用。

例如 RSA+AES，采用 RSA 加密 AES 的密钥，采用 AES 对数据进行加密。这样集成了两种加密算法的优点，既保证了数据加密的速度，又实现了安全方便的密钥管理。

那么，采用多少位的密钥合适呢？一般来讲，密钥长度越长，安全性越高；但是，加密速度越慢。所以密钥长度也要合理的选择，一般 RSA 建议采用 1024 位的数字，AES 建议采用 128 位即可。

（5）Base64 严格意义上讲，Base64 并不能算是一种加密算法，而是一种编码格式，是网络上最常见的用于传输 8bid 字节代码的编码方式之一。

Base64 编码可用于在 HTTP 环境下传递较长的标识信息，Base 编码不仅比较简单，同时也具有不可读性（编码的数据不会被肉眼直接看到）。

📋 训练任务

请同学们选择需要加密的 Word 文件或文件夹，进行数据的加密处理。

项目 3
信息检索技术

Project

当今世界正处于信息爆炸的时代，如何从海量数据中检索我们需要的知识？如何站在巨人的肩膀上进行学习？学会信息检索技术，对我们的学习及研究会起到事半功倍的效果。本项目将介绍信息检索技术的产生和发展，以及信息检索工具的使用等。

教学目标

1. 了解信息检索技术的产生和发展。
2. 掌握百度检索方法。
3. 掌握知网的使用方法。
4. 掌握读秀数据库的使用方法。
5. 掌握 MOOC 等使用方法。

教学重难点

1. 百度检索方法。
2. 知网的使用方法。
3. 读秀数据库的使用方法。

任务　信息检索

面对浩如烟海的信息资源，掌握信息检索的基本方法，提高自己信息素养与检索能力，从而获得更多的资源及更大的信息量，可以更好地开展日常学习和各个领域的研究。广义的信息检索是指将信息按一定的方式组织和存储起来，根据用户需求，找出信息的过程。狭义的信息检索仅指信息查询，即用户根据需要，采用一定的方法，借助检索工具，从数据库中检索出所需要信息的查找过程，也就是信息查询。

任务描述

小智进入大学一段时间了，随着专业知识学习的深入，教材中的知识需要深化学习。为锻炼自己的自学能力，迫切需要更多更新的知识来辅助；但如何查找这些图书或文献，以在前人的研究成果上进行学习，小智准备学习信息检索的知识。

任务分析

现有的教材、资料无法满足学习的需要，需要站在前人的肩膀上进行学习。图书馆纸质图书太少还不方便携带与查找，自己购买纸质图书又太贵，很多时候也只是用到里面的部分内容，想了解专业最新的研究内容及研究成果不知从哪里查找，小智准备通过专业课程《Python 程序设计》等学习信息检索技术的使用。

任务实现

1. 百度

百度搜索是全球领先的中文搜索引擎，以自身的核心技术"超链分析"为基础，提供的搜索服务体验赢得了广大用户的喜爱。百度拥有全球海量的中文网页库，截至 2010 年收录中文网页已超过 200 亿，这些网页的数量每天正以千万级的速度在增长；同时，百度在中国各地分布的服务器，能直接从最近的服务器上，把所搜索信息返回给当地用户，使用户享受极快的搜索传输速度。百度目前提供网页搜索、视频搜索、图片搜索、音乐搜索、新闻搜索、百度百聘、百度翻译、百度百科、百度学术搜索等主要产品和服务，同时也提供多项满足用户更加细分需求的搜索服务，如地图搜索、黄页搜索、文档搜索、教育网站搜索、政府网站搜索、邮件新闻订阅、百度贴吧、手机搜索等服务。

百度目前提供简单检索和高级检索两种检索方式。在浏览器中输入 www.baidu.com，就进入到百度简单检索模式，如图 3-1 所示。百度提供的简单检索方式又包含新闻、网页、地图、贴吧、视频、图片、网盘等多种检索页面，每种检索页面各有自己的特点，我们可以在检索框中输入检索词，也可以在框中输入带有字段限定名称的语句进行搜索，系统自动分解关键字，查找相应内容并按用户喜好进行排序。由于百度在检索的时候加入了人工智能算法，可以有效地帮助用户查询到自己需要的知识。

图 3-1 百度首页

单击页面上的"更多"，进入列出百度所有产品列表，用户可以根据需要选择相应的服务进行搜索，如图 3-2 所示。

信息检索技术 项目 3

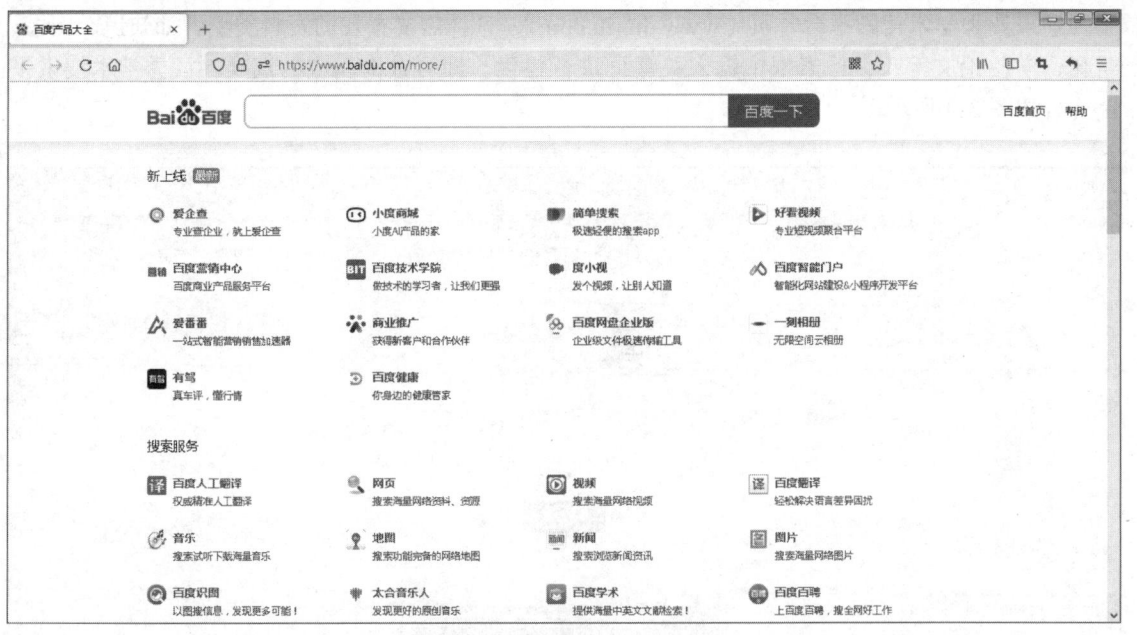

图 3-2 百度高级搜索页面

百度搜索提供关键词的布尔逻辑、时间、显示结果、语言、文档格式、关键词位置和网站域名限定项搜索，如单击百度高级搜索页面的百度学术搜索，输入"Python 程序设计"，单击"百度一下"，就可以查询最新的相关文献信息，如图 3-3 所示。

图 3-3 百度学术搜索

2. 读秀学术搜索平台

读秀学术搜索平台是由海量全文数据及资料基本信息组成的超大型数据库。该平台有 430 多万种中文图书、10 亿页全文资料，为用户提供深入内容的章节和全文检索，部分文献的少量原文试读，以及高效查找、获取各种类型学术文献资料的一站式检索，周到的参考咨询服务，是一个真正意义上的学术搜索引擎及文献资料服务平台。

45

登录读秀学术搜索平台首页（www.duxiu.com），选择需要查找的资料类型，如知识、图书、期刊、学位论文等，在检索框中输入关键词进行检索，即可查询相应的选项。读秀学术搜索平台首页如图3-4所示。

图3-4　读秀学术搜索平台首页

（1）知识搜索　学习过程中不可避免的是对知识点的模糊，这个时候可以使用知识搜索，从不同的期刊或论文中查询本知识点的解释，以便参考。如对"计算思维"这个知识点不是很熟悉，就可以在读秀查询计算思维知识，数据库将会为你查询9900多条关于计算思维相关的论述，如图3-5所示。

图3-5　读秀查询计算思维知识

（2）图书搜索　现在的纸质图书价格较高，如果所购买的某一本书中只有部分章节可供学习参考，而图书馆资源又太过紧张，这时就可以使用读秀的"图书搜索"功能来满足学习需要。图书搜索可以根据图书名称、作者、主题词、丛书名、目录等进行。如想查找与计算思维相关的图书，就可以在读秀中搜索"计算思维"，选择书名，系统查询到关于计算思维类的图书有303种，查询后的结果如图3-6所示。

图3-6　查询计算思维类图书结果

可以根据左边的类型、年代、学科、作者在查询结果中进行筛选；也可以单击右上方"高级搜索"，根据书名、作者、主题词、出版社、ISBN号、中图分类号、出版年代一种或多种组合进行搜索。如查找2021年出版的关于计算思维的图书有53种，如图3-7所示。

图3-7　2021年包含计算思维的图书搜索结果

从搜索结果页面单击书名或封面进到图书详细信息页面，有关于本书的作者、出版社及出版时间、ISBN 号、页数、内容提要等详细信息，同时部分图书提供试读和图书馆文献传递功能，如图 3-8 所示。

图 3-8　图书详情页

一本书对自己是否有用，可以通过正文试读或目录试读来确定。通过目录试读可以查看图书的书名页、版权页、前言页、目录页等，如单击目录试读中的"目录页"，可以查看整本图书的目录，如图 3-9 所示。

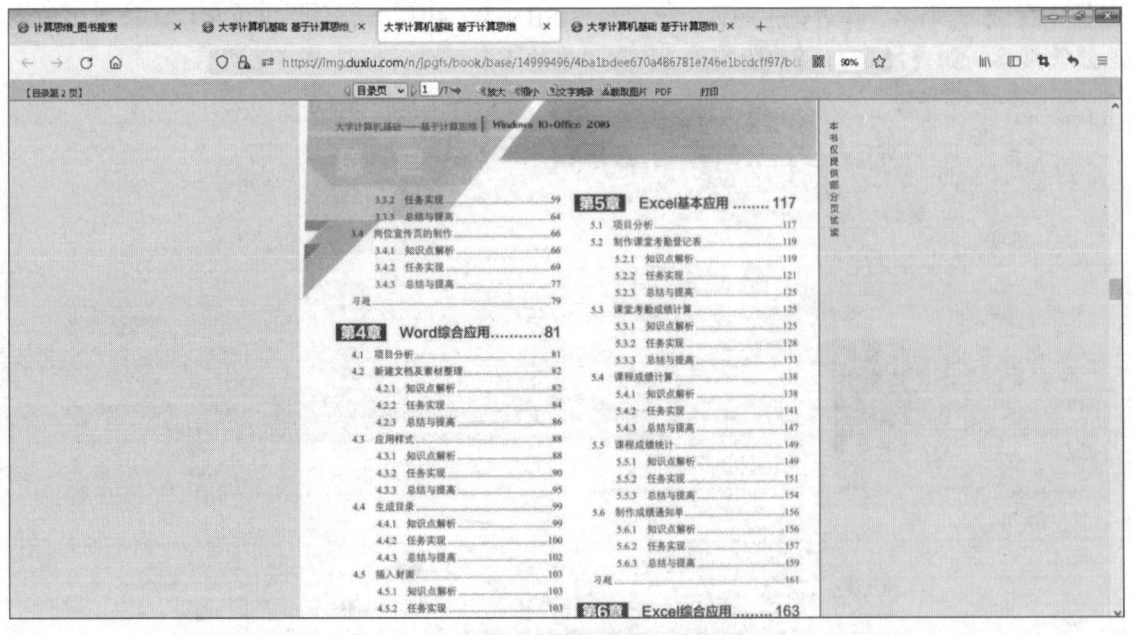

图 3-9　图书目录页

通过目录查询，可以知道书的结构及内容安排，根据内容安排，可以知道此书是否有参考价值。如从图 3-9 图书目录页中发现对"第 5 章 Excel 基本应用"有兴趣，就可以知道本章从图书 117 ～ 163 页是感兴趣的内容。记住页码，回到图 3-8 图书详情页，单击"文献传递"，输入上述页码及自己的邮箱，输入验证码，如图 3-10 所示。单击"确认提交"按钮，提示确认邮箱是有效邮箱后系统一般会在 2 小时内把图书内容发送到你的邮箱，收到邮件后，打开链接即可阅读本书文献。

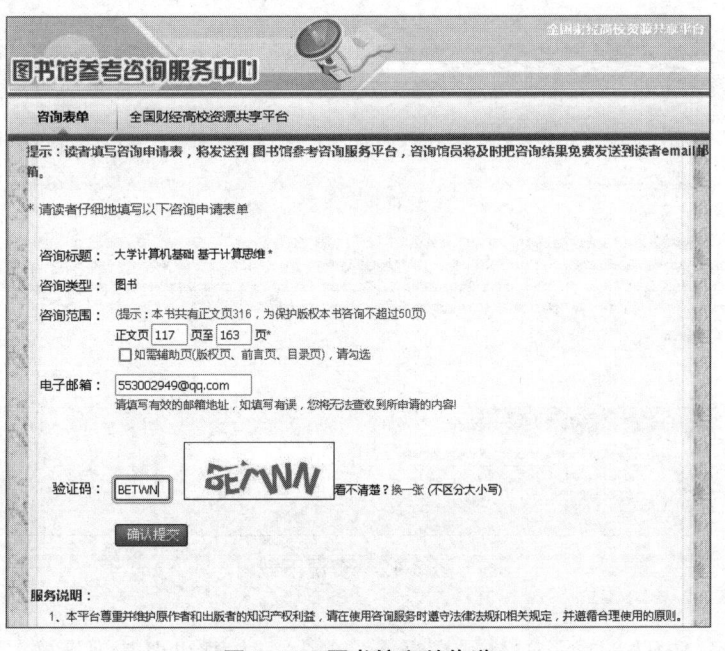

图 3-10　图书馆文献传递

（3）期刊搜索　读秀除可以搜索知识及图书外，还可以搜索期刊或论文，选择相应的栏目，即可进行搜索。如选择"期刊"，在搜索框中输入"计算思维"，搜索类型选择"标题"，单击"中文搜索"或"外文搜索"按钮，即可搜索到相应的内容，如图 3-11 所示。也可以在结果中根据年代、学科、期刊种类进行进一步筛选。

图 3-11　期刊搜索

如果对某篇文章感兴趣，单击题目链接，可以进到发表论文的详情页，能够看到刊名、出版日期、期号、页面、ISBN、影响因子及文章摘要等；也可以单击"电子全文"，进入电子全文窗口，此处有可能会跳转到其他平台，根据需要进行下载阅读即可，如图 3-12 所示。

图 3-12　资源下载

3. CNKI

CNKI（China National Knowledge Infrastructure），中国知识基础设施，简称 CNKI 工程，又称为中国知网。中国知网是集期刊、博士论文、硕士论文、会议论文、报纸、工具书、年鉴、专利、标准、国学、国外文献资源为一体的，具有国际领先水平的网络出版平台；是基于海量内容资源的增值服务平台，任何人、任何机构都可以在中国知网建立自己个人的数字图书馆，定制自己需要的内容。越来越多的读者将中国知网作为日常工作和学习的平台。

浏览器中输入网址 www.cnki.net，即可进入知网主页，如图 3-13 所示。

图 3-13　中国知网主页

信息检索技术　项目3

　　知网搜索分为文献检索、知识元检索、引文检索。其中文献检索可以根据主题、摘要、关键词、篇名、全文、作者、作者单位、参考文献、分类号等查询，可以选择学术期刊、学位论文、会议、报纸、年鉴、专利、图书和法律法规等数据库进行搜索。如想搜索"人工智能"相关方面的论文，在搜索框里输入"人工智能"关键字，选择相应的数据库即可，搜索结果如图3-14所示。知识元检索类似于知网的知识搜索，可检索不同文献或教材对本知识点的论述，引文搜索是搜索引用的文献。

图3-14　人工智能搜索结果

　　在搜索结果页面可以选择上方的中文期刊或外文期刊，可以选择不同的数据库以及左边不同的主题，如按主题、学科、发表年度、研究层次、文献类型、文献来源、作者等，以进一步缩小搜索范围；如单击"学术期刊"并选择"人工智能"为"主要主题"，搜索结果如图3-15所示。

图3-15　缩小范围后的搜索结果

51

如果对某篇论文感兴趣，单击相应的链接，即可进入相应论文的详情页面，可以看到论文的作者、摘要、关键词、专辑、专题以及下载链接等，如图 3-16 所示。其中"CAJ 下载"需要下载专用 CAJ 阅读器才能打开，"PDF 下载"需要下载 PDF 阅读器才能打开。

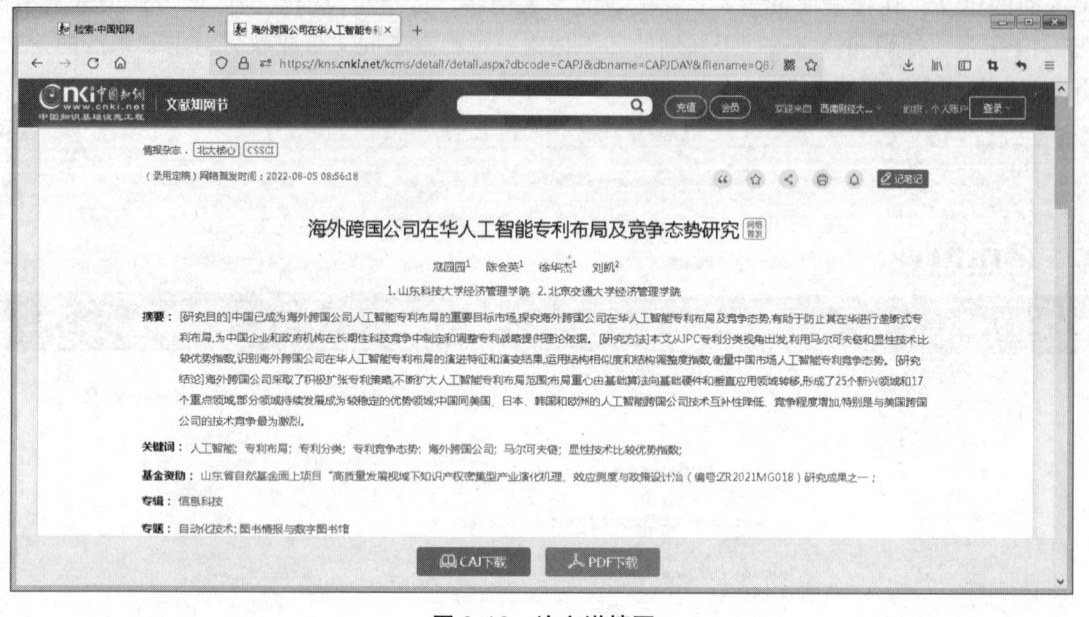

图 3-16　论文详情页

也可以单击主页搜索框右边的高级搜索，输入相应的内容与条件，系统会自动匹配符合条件的内容。此处注意条件："AND"代表同时满足，"OR"代表任意一个条件满足，"NOT"代表不属于。如搜索主题包含"人工智能"关键字，作者是"寇园园"的论文，搜索结果如图 3-17 所示。

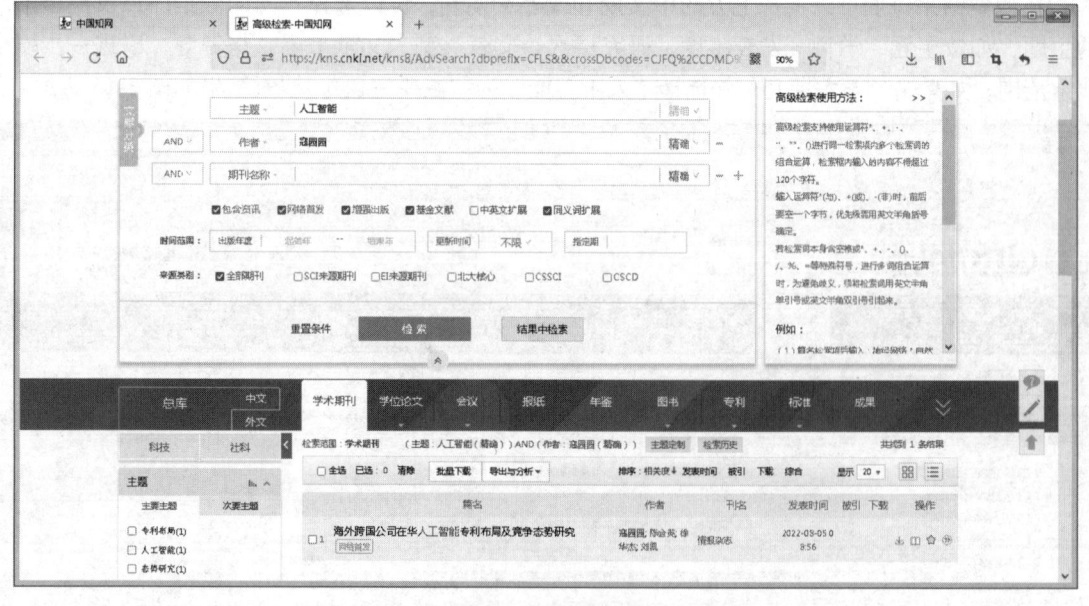

图 3-17　高级搜索

主页可以注册用户，登录后进入"我的 CNKI"以提供更个性化的服务。另外，可以选择行业知识服务与知识管理平台，以提供行业知识；可以进入研究学习平台，选择相应的内容；可以进入专题知识库。其他详细操作功能请读者自行进入网站学习。

4.超星数字图书馆

"超星数字图书馆"为中文数字图书馆之一，提供大量的电子图书供阅读。其中包括文学、经济、计算机等50余大类，数百万册电子图书，500万篇论文，全文总量13亿余页，数据总量1000000GB，大量免费电子图书，超16万集的学术视频，拥有超过35万授权作者，5300位名师，1000万注册用户，并且每天仍在不断地增加与更新。

浏览器输入超星数字图书馆网址（https://www.sslibrary.com/）即可进入超星数字图书馆主页，如图3-18所示。图书可以按书名、作者、目录及全文搜索。

图 3-18 超星数字图书馆主页

在搜索框中输入"计算思维"关键字，单击检索按钮，就可以检索出系统里面所有的书名包含计算思维的图书，如图3-19所示，根据需要即可选择相应的图书进行阅读。

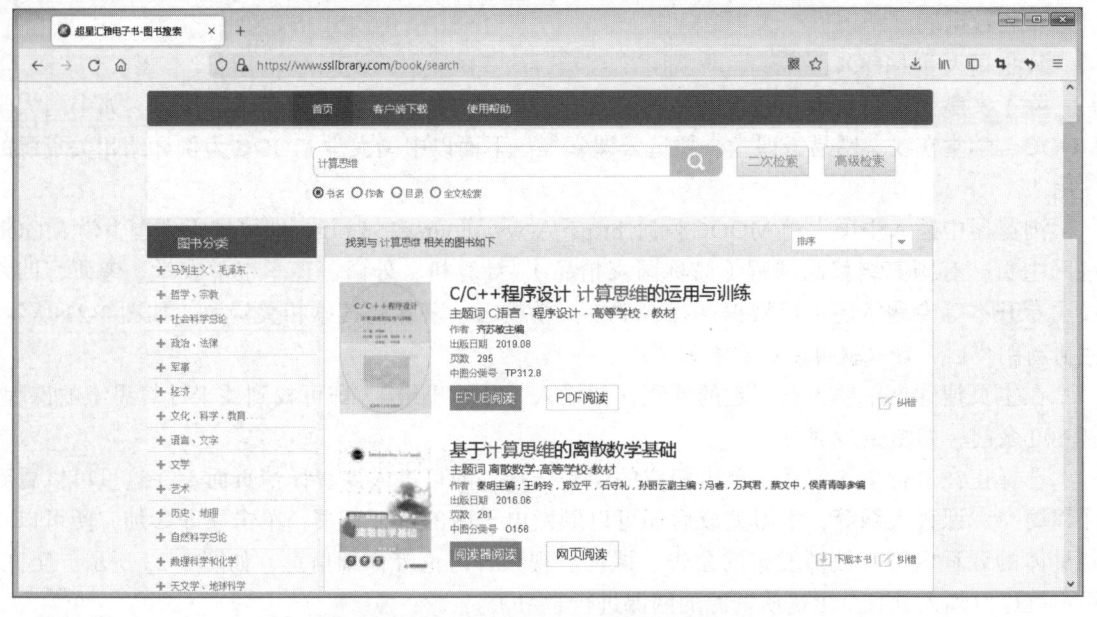

图 3-19 检索出的包含计算思维的图书

最方便的阅读方式是采用阅读器进行。单击超星数字图书馆主页最下方下载"超星阅读器 SSreader 5.4 PC 版",安装完毕即可以在阅读器进行阅读。通过阅读器可以记录"最近阅读""我的最爱""正在下载"等,同时还可以通过阅读器设置书签,增加标注等实用功能,如图 3-20 所示。

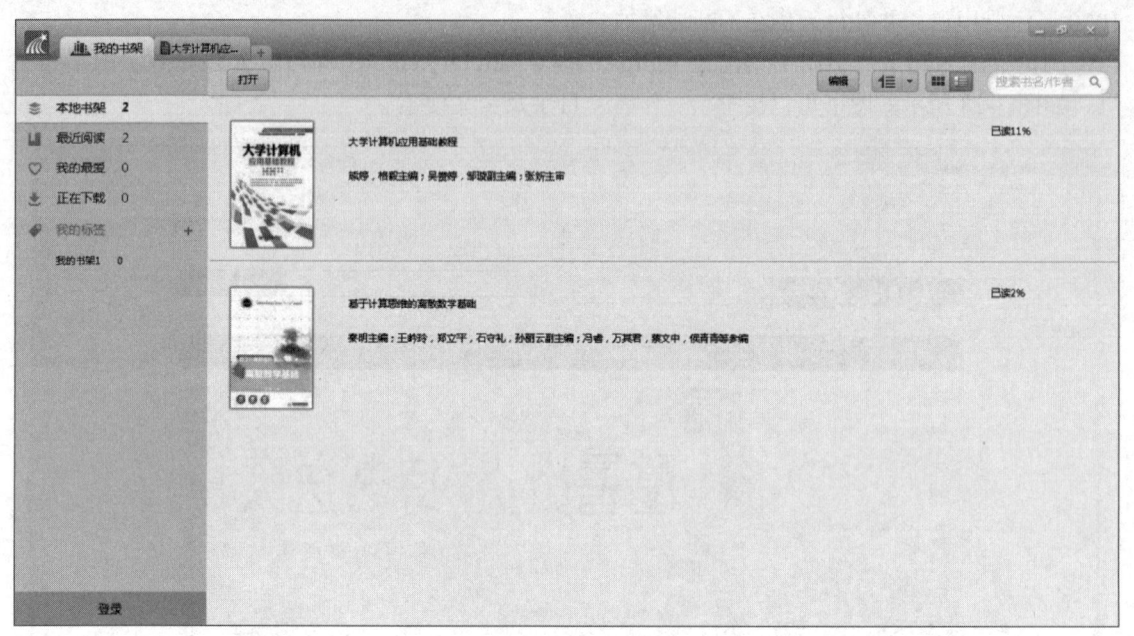

图 3-20　超星阅读器阅读

另外,将超星学习通绑定图书馆的账号和密码,可以实现无缝链接。在学习通可以直接查询图书。

当然,搜索引擎有很多,除了读秀学术搜索平台、CNKI 中国知网、超星数字图书馆外,还有如万方数据库、维普数据库等,操作模式基本相同,大家可以进入学校图书馆网页,选择自己喜欢的数据库。

5. 中国大学 MOOC

除了文献及图书资源,随着网络的普及,一批优质慕课资源也越来越被认可,如中国大学 MOOC、学堂在线、网易云课堂、超星云课堂等。下面以中国大学 MOOC 为例介绍相关资源的使用。

浏览器中输入中国大学 MOOC 网址 https://www.icourse163.org,即可进入中国大学 MOOC 官网主页。有国家级精品课程(简称国家精品)、计算机、外语、理学工学农学、考研、四六级、专升本等专题,还可以根据课程、学校、学校云、慕课堂搜索相关资源,如图 3-21 所示。注册新用户后,登录就可以免费学习了。

在主页搜索框中输入感兴趣的课程,如输入"计算思维",即可找到关于计算思维的课程,共 600 余门,如图 3-22 所示。

选择正在进行中的课程,单击相应的课程链接,即可进入课程详情页面。在这里可以看到课程简介、课程大纲等,学习完成后还可以颁发电子版的认证证书,单击立即参加,便可以看到具体的课程内容、教师发布的公告、课件、视频、讨论等详细信息,如图 3-23 所示。至此,用户就可以加入具有全国优质资源的网课进行学习了。

信息检索技术　项目 3

图 3-21　中国大学 MOOC 官网

图 3-22　计算思维课程搜索结果

55

图 3-23　加入课程后资源详细页面

 知识拓展

1. 信息、知识、文献

（1）信息　广义的信息是事物的运动状态和方式，是物质的一种属性，一般泛指能使不确定性减少的资源总和。狭义的信息是指一切物质载体中包含的知识、情报、数据、消息、信号等可进行加工、传递、存储的内容。信息作为一种客观存在，具有客观性和普遍存在性，依附于一定的物质或载体，具有传递性、时效性、共享性及快速增长性等特征。

（2）知识　知识是人们对客观事物的认识和经验的总和。知识是人类对客观世界的认识成果，知识来源于社会实践活动，其初级形态是经验知识，高级形态是系统科学理论。知识按获得方式可分为直接知识和间接知识两类，按内容可分为自然科学知识、社会科学知识和思维科学知识三类。哲学知识则是自然知识、社会知识和思维知识的概括和总结。知识的总体在社会实践的世代传承延续中不断积累和发展。

知识是信息的一部分，不直接等同于信息：知识是人类大脑活动的产物，是系统化、精炼化的信息，是人类认识世界的成果和结晶，它包括经验知识和理论知识两大部分。随着社会的发展，知识和智力因素越来越显示出对社会生产力发展的巨大推动作用。

（3）文献　文献是有历史意义或研究价值的图书、期刊、典章等。文献是人类社会实践活动的结晶，也是人类丰富的精神财富，在人类社会发展中发挥着重要的作用。文献的构成要素包含记录的内容、物质载体、记录方式及表现形态。文献的功能主要有存储功能、信息传递功能、科学认识功能、验证参考功能、教育娱乐功能等。

在某种情况下，知识、信息、文献在概念上可以互通互用。知识来源于信息，文献是知识与信息的载体，它们相互包容。

2. 信息检索基础知识

（1）文献信息的分类　按照标准的不同，文献信息资源可以划分为不同的类型。按文献的载体形态，分为印刷型文献、缩微型文献、数字型文献等。所谓的印刷型文献即以纸张为存储介质；缩微型文献是以印刷性文献为母本，采用光技术固化到感光材料或其他载体上的一种文献类型；数字型文献是指按数字形式生产和发行的信息资源，包括各种数据库及网络资源。按文献信息的出版形式，分为图书、期刊、专利、标准、会议文献、科技报告、学位论文、产品资料、技术档案、政府出版物等。其中正式出版的图书都有国际标准书号（International Standard Book Number，ISBN）；期刊一般以一定的刊名发行，以年、月标明卷、期号，正式刊物均有国际标准期刊号（International Standard Serial Number，ISSN）；专利包含专利说明书、专利公报、专利检索工具、专利分类等；标准主要指技术规范；会议文献主要指国内外重要学术会议上发表的论文报告等。按文献信息的加工程度，分为零次文献、一次文献、二次文献、三次文献等。其中零次文献指未公开发表的文献；一次文献指作者直接发表的科研成果；二次文献指简化后形成的用于查找原始文献的检索工具；三次文献指根据需要，利用二次文献，结合一次文献，进行分析、综合的文档。

（2）信息检索的类型　信息检索经历了从手工检索、计算机检索到目前网络化、智能化检索等多个发展阶段。其原理是在对信息进行整理排序形成检索工具的基础上，按照用户的要求通过检索工具（手工检索）或文档（计算机检索），将用户提问标识（检索词）与已形成的或存储在系统中的文献特征标识（标引词）进行机械性匹配比较，最匹配则为最合适的信息。手工检索中的匹配过程由人工完成，而计算机检索中的匹配过程由智能软件自动实现。

不同检索对象的信息检索，从检索的对象性质来看，存在有三种类型的信息检索，即文献检索、数据检索和事实检索。

文献检索即从一个文献集合中查找出专门包含所需信息内容的文献，是以文献为检索对象的信息检索类型。文献检索根据所检索内容的不同分为书目检索和全文检索。凡是查找某一课题、某一著者、某一地域、某一机构、某一事物的有关文献的出处和收藏单位等，均属于文献检索的范畴。文献检索结果提供的是与用户的信息需求相关的文献的线索或原文。

数据检索是以特定数据为检索对象和检索目的的信息检索类型。包括数据图表，某物质材料成分、性能、图谱、市场行情、物质的物理与化学特性，设备的型号与规格等，是一种确定性检索。例如，查找"大众公司新款汽车发动机的型号与性能参数""北京今冬大白菜的最新价格行情""今日各大股市股票和黄金市场升跌指数"等，信息用户检索到的各种数据是确定的，这里的数据检索强调只对单纯数值检索。

事实检索是获取以事物的实际情况为基础而集合生成的新的分析结果的一类信息检索，是以从文献中抽取的事项为检索内容，包括事物的基本概念、基本情况，事物发生的时间、地点、相关事实与过程等。针对查询要求，事实检索的结果需经检索系统或人工分析、比较、评价、推理后再得出，是一种不确定的检索。例如，查找"美国9·11事件发生的经过与结果处理""国内最大的电子商务网站是哪一个""汽车上金属漆好还是不上金属漆的好？能比较两者的优缺点吗"等均属于事实检索。

当然，在事实检索的对象中既包括非数值信息，也包括一些数据信息，故很多时候在介绍查找事实数据的检索工具时，将数据检索工具与事实检索工具统称为事实数据检索工具，而不分开介绍。

3. 文献信息检索技术

所谓文献信息检索技术，是指利用现代信息检索系统检索信息而采用的相关技术。其中较为基础的有布尔逻辑检索技术、截词检索技术、位置检索技术，较新的有全文检索技术、自然语言检索技术与多媒体检索技术等，在各数据库的帮助文件的语法说明中都将对本系统所支持的检索技术及其使用方法与运算符作详细的说明。

查询期刊信息的工具期刊（periodical，journal，serial）又称为杂志（journal 或 magazine），

是指有固定名称，定期或不定期出版，汇集了多位著者论文的连续出版物。学术性期刊更是以其学术性强且凝聚新发现、新思想、新见解、新问题多的特点，成为人们迅速掌握和了解国内外本学科发展动态必不可少的工具。

（1）电子期刊　电子期刊（electronic journal）又名电子杂志（electronic magazine）或数字化期刊（digitized periodical），是以数字化形式存在，通过电子媒介得到的连续出版物。与传统印刷型期刊相比较，具有存储量大、更新快、体积小，有丰富的表现形式和超文本的链接功能，便于搜索、复制，具有交互性等特点。目前国内如重庆维普的《中文科技期刊数据库》、清华同方的《中国学术期刊数据库》、万方数据库等，国外如 Elsevier Science、Springer、IEL、ACM 等均为电子期刊。

（2）阅读器　电子期刊在阅读时需借助专用的阅读器（electronic reader，eReader）或浏览器。不同格式的电子期刊需要与之适应的浏览器才能阅读，如阅读 CNKI 用 CAJViewer 浏览器，维普用 VIP 浏览器，也有通用的用 Acrobat Reader 软件打开的 PDF 格式。阅读期刊的阅读器具备丰富、强大的标注和文件管理功能。标注功能有书签、注释、高亮、直线、曲线、下划线、删除线和自定义知识元等；文件管理功能可将选择的内容发送到指定的 Word 文档，有文字编辑功能、知识元链接功能、强大的搜索功能和书架管理功能等。

（3）查询字段　查询期刊信息时可用的检索字段是由期刊内、外表特征提取构成的。在中英的检索工具中常用的字段主要有书名（title）、主题（subject）、作者（author）、关键词（keywords）、文献类型（publication type）、全文（full text）、参考文献（reference）、出版日期（published date）、出版物名称（publication）、出版年（pubyear）、出版商（publisher）、页码（number of pages）、国际书号（ISBN）等，利用这些字段可以从内容、范围和层次对检索现代信息查询与利用词进行限定，构造复杂的提问表达式，以完成对复杂主题的检索，从而精确检索结果。

（4）查询工具　根据检索工具对期刊信息揭示深度的不同，将查询期刊信息的工具归纳为三类：

1）获得期刊全文的全文数据库，包括光盘和网络版的期刊全文数据库，国内如维普中文科技期刊数据库、中国学术期刊全文数据库，国外如 Elsevier Science 数据库、SpringerLink、IEL（IEEE/IEE Electronic Library）以及 EBSCO 全文数据库等。

2）获得期刊相关线索的索引、目录、文摘数据库，包括印刷的书目、索引与文摘、各种信息机构的馆藏期刊目录数据库、地区性或国际性的联机期刊目录查询系统、联合的期刊篇名或目录数据库，以及文摘索引数据库。

3）可以获得期刊全文或相关信息的期刊网，包括学术期刊网、阅读网、出版网和评价网等。

训练任务

1.掌握读秀数据库的使用方法，在读秀搜索栏内输入与专业相关的内容，查找相关知识，并根据所示结果找到一本你感兴趣的图书，采用文献传递或其他方式下载并阅读图书。

2.掌握超星数字图书馆的使用方法，下载并安装超星数字图书馆，从阅览器中搜索你感兴趣的图书并进行下载阅读。

3.掌握 CNKI 数据库的使用方法，搜索你专业的最新论文并下载阅读，从硕士博士论文数据库里面查询论文题目含有"信息安全"的论文并进行阅读。

4.从中国大学 MOOC 等网络平台，查询 PhotoShop 相关课程并加入课程进行学习。

项目 4
计算思维

Project  **4**

随着以大数据、人工智能、物联网、智能制造为代表的新一轮科技变革时代的到来，产业形态和组织方式都在发生显著变化，计算思维能力的培养已成为业界共识。本项目以"计算思维"为切入点，介绍如何运用计算机科学的基础概念解决实际问题。

教学目标

1. 了解计算思维解决问题的方法。
2. 掌握算法设计流程。
3. 掌握程序设计的流程和基本方法。
4. 掌握数据库基础知识。

教学重难点

1. 计算思维解决问题的方法。
2. 算法设计的流程。
3. 程序设计的流程和方法。
4. ER 图的绘制。
5. 简单 SQL 语句的实现。

任务 1　计算思维及其应用

计算，一个我们并不陌生的概念。从远古到现代，"计算"一直伴随着我们，从未离开。为了更好地"计算"，人们孜孜以求，诞生了不朽且极具意义的计算理论、计算方法和计算工具，进而系统地形成了计算科学和计算思维。

计算思维是一种思维过程，但是计算思维是人的思维方式，可以脱离计算机、互联网等技术独立存在。计算思维是一种常态的思维运用，也是一种普适技能，侧重于问题解决能力和思维能力的共同培养；是指人们在日常学习、生活及工作中，能够自觉运用计算机科学的基础概念进行问题求解、系统设计，以及人类行为理解等涵盖计算机科学广度的一系列思维活动。

思维导图是一种思维可视化的工具，图文并茂、生动形象，可以将计算思维过程清晰地进行展现，应用于工作、学习和生活的任何一个领域。通过思维导图的绘制，可以完整地呈现问题分析、问题解决、方案生成的过程。

计算机技术与计算思维

📖 任务描述

小智进入西财天府成为一名大一新生以后，想要了解学校的专业构成，请用思维导图的展现形式帮助其进行梳理。

✍ 任务分析

思维导图就像一张地图，指引我们的行动轨迹。我们学习思维导图，目的是为了帮助自己全面地思考问题的答案。在该任务中，最终任务是要梳理学校的专业构成；而在高校的实际工作中，专业一般是由二级学院负责建设和管理的。在专业的构成中，我们还可以按照本科、专科的思路进行专业划分与整理。

📖 任务实现

思维导图作为提高学习、工作效率的工具，可以帮助我们明确方向和厘清关系，将复杂的问题简单化。基于上述任务分析的思路，选定手工绘制或者软件绘制的方式后，就可以进行思维导图的绘制工作了。我们以百度脑图软件为例，帮助小智梳理学校的专业构成。

1. 绘制中心节点

中心节点也被称作中心主题，是一幅思维导图的中心思想，也是处于思维导图主要位置的主题或节点，是一项必不可少、至关重要的内容。一般而言，中心节点位于思维导图的中心位置，代表着整个思维导图的核心，在思维导图中起着至关重要的作用。如果把思维导图比作一篇文章，中心节点就是这篇文章的中心思想。在思维导图绘制中，中心节点必不可少，因为只有明确了中心主题，思维导图才有意义。思维导图的各个节点和内容都直接或者间接地与中心节点有着某种特殊的联系。

每个思维导图都需要有一个中心节点，代表着思维导图的中心思想，即思维导图中的其他内容都是围绕着中心节点发散延展。我们都知道，核心的东西放在突出的位置往往能够加深人们的印象和理解，因此，大多数的中心节点几乎都位于思维导图的中心位置。其目的就是为了能够突出思维导图的中心思想和主题，让人一目了然。

当然，我们也需要辩证地看待问题。在绘制思维导图时，中心节点是否放在思维导图的中间位置，主要取决于每个绘制者在绘制思维导图时的意图和需要。例如，在分支数量小于或等于 3 时，可以采用右侧布局，此时中心节点就位于左边。所以，中心节点的位置应根据绘制者的不同需求，而处在不同的位置。

首先打开百度脑图，在浏览器地址栏中输入网址 http://naotu.baidu.com，注册登录后进入主界面。主界面左边是功能选项，右边是内容选项，如图 4-1 所示。

图 4-1　百度脑图主界面

单击"我的文件"，再单击"新建脑图"，即可自动进入新建脑图编辑界面，如图 4-2 所示。

任务描述中，当我们要帮助小智完成专业梳理时，可以在中心节点的位置写上"西财天府部分专业构成"，并将其置于中间位置。双击图 4-2 中的"新建脑图"节点，编辑文字为"西财天府部分专业构成"，如图 4-3 所示。

60

计算思维　项目4

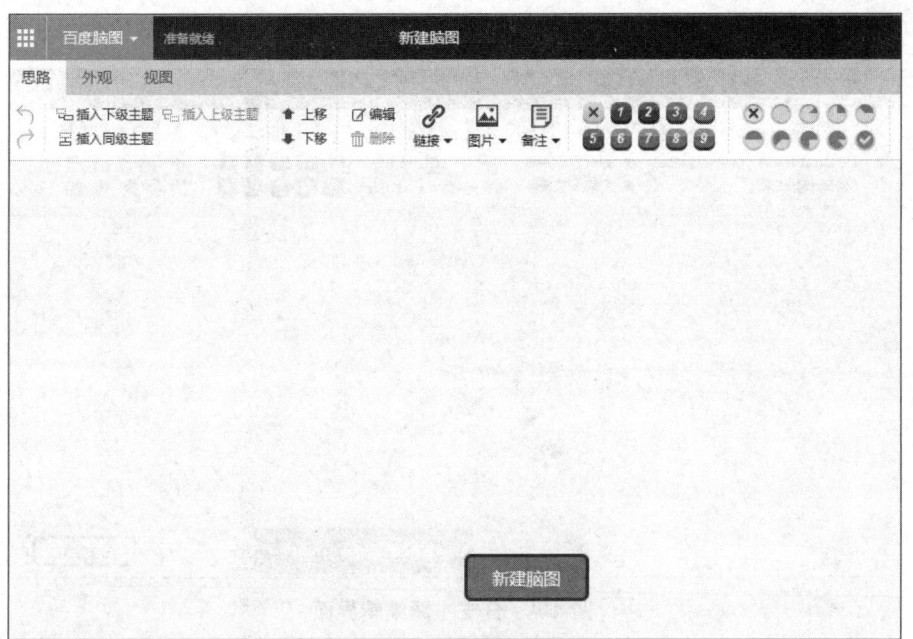

图 4-2　新建脑图编辑界面

图 4-3　中心节点绘制完成

2.绘制主节点

主节点是指从中心节点延展出来的子主题，直接隶属于中心节点的下一级节点，也是整个思维导图的一级节点。主节点是中心节点的有效组成部分，既是对中心节点的分解，也是下级内容的中心思想，起着承上启下的作用。

中心节点绘制完成后，我们可以根据自己的需要和实际情况，构思思维导图的基本脉络，并绘制出主节点。

任务描述中，可以根据自己的思路，将主节点设定为西财天府负责专业建设的二级学院名称。单击"西财天府部分专业构成"中心节点，当该节点呈现被选中状态以后，再单击左上角的"插入下级主题"命令，出现"分支主题"，如图4-4所示。

61

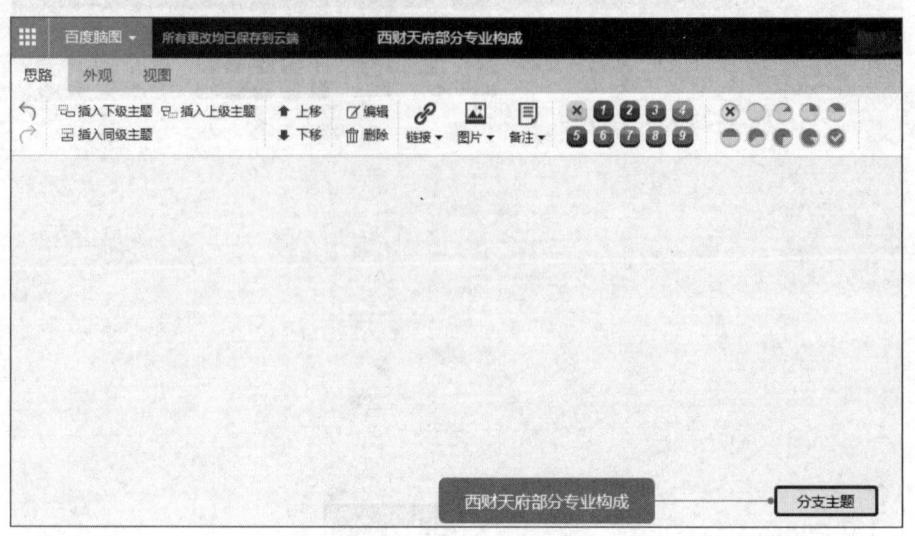

图 4-4 分支主题编辑界面

双击"分支主题"节点,将其文字修改为"会计学院",如图 4-5 所示。

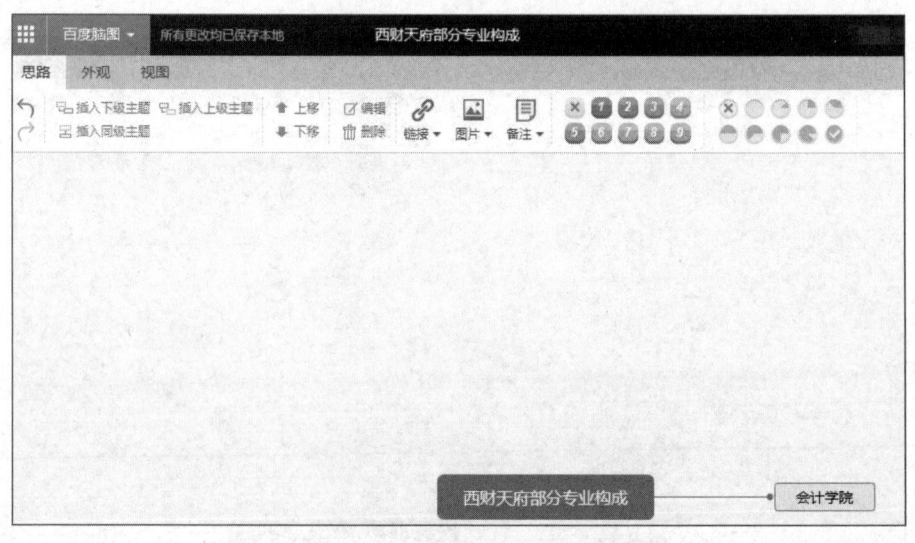

图 4-5 "会计学院"主节点编辑完成界面

重复上述操作,依次建立"建筑与工程学院""现代服务管理学院""康养护理学院""文化与教育学院""会计学院""艺术设计学院""智能金融学院""智能科技学院"等主节点,设置完成界面如图 4-6 所示。

3. 绘制子节点

主节点绘制完成后,思维导图的基本思维方向和脉络就已经确定。接下来的任务就是在主节点的基础上继续发散,呈现出下一层级节点更多的内容。

任务描述中,可以将子节点设定为具体的专业名称。单击"智能科技学院"主节点,当该节点呈现被选中状态以后,再单击左上角的"插入下级主题"命令,出现"分支主题",如图 4-7 所示。

双击"分支主题"节点,将其文字修改为"计算机科学与技术",如图 4-8 所示。

计算思维　　项目4

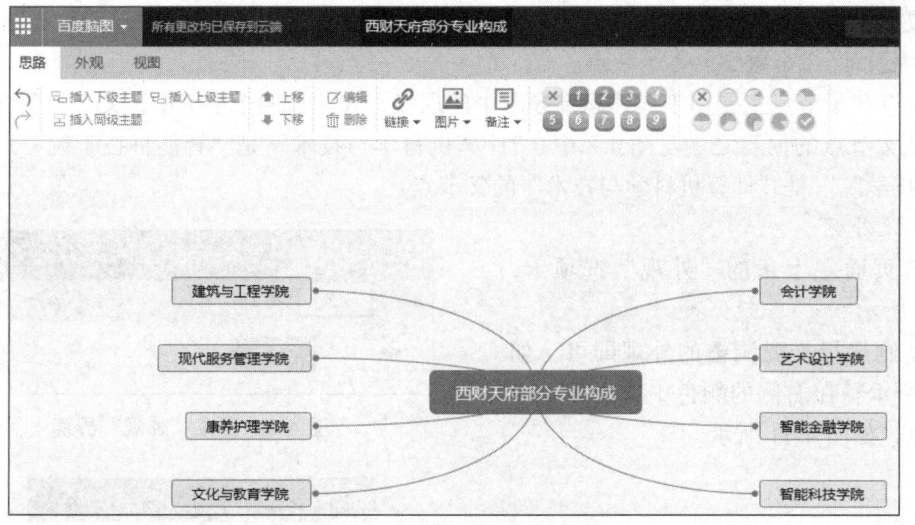

图 4-6　8 个主节点绘制完成界面

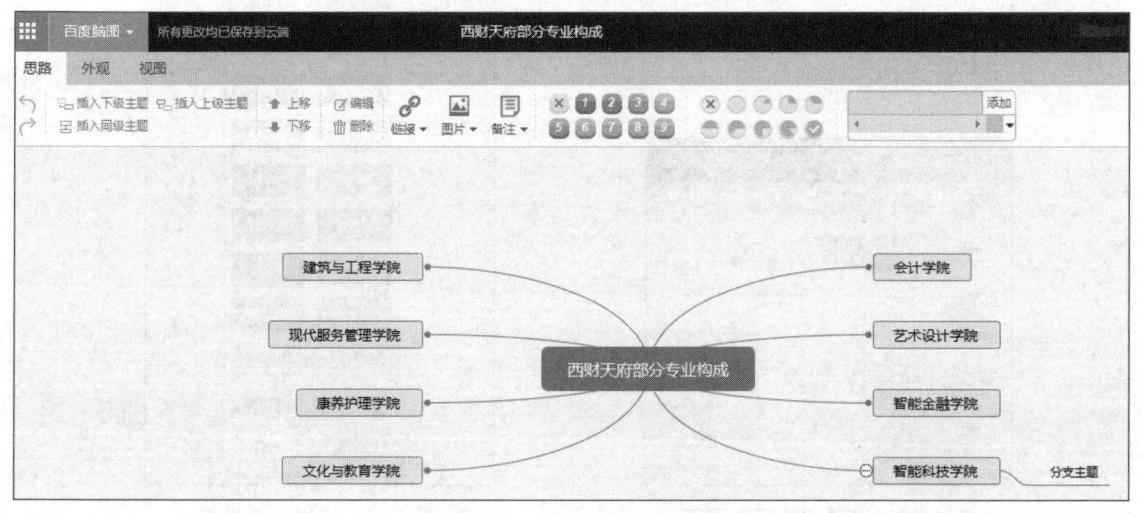

图 4-7　子节点编辑界面

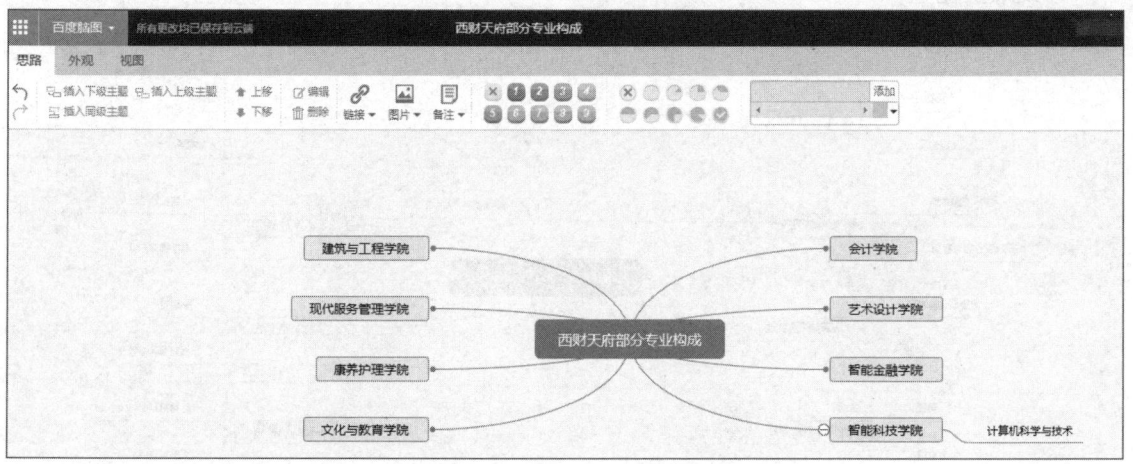

图 4-8　"计算机科学与技术"子节点编辑完成界面

63

重复上述操作，依次建立"工程造价""应急管理""健康服务与管理""英语""会计学""环境设计""金融学"等子节点。

父节点和子节点主要用来描述思维导图中的层级，在相连两个层级中，父节点包含子节点，子节点是父节点的内容之一。图4-8中，"计算机科学与技术"是"智能科技学院"的子节点，"智能科技学院"是"计算机科学与技术"的父节点。

4. 更改外观

单击页面左上角的"外观"选项卡，如图4-9所示。

在左侧选择需要调整的外观即可，如图4-10所示。在右侧的颜色中选择需要设置的颜色，如图4-11所示。

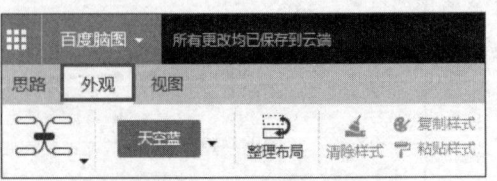

图4-9　更改"外观"界面

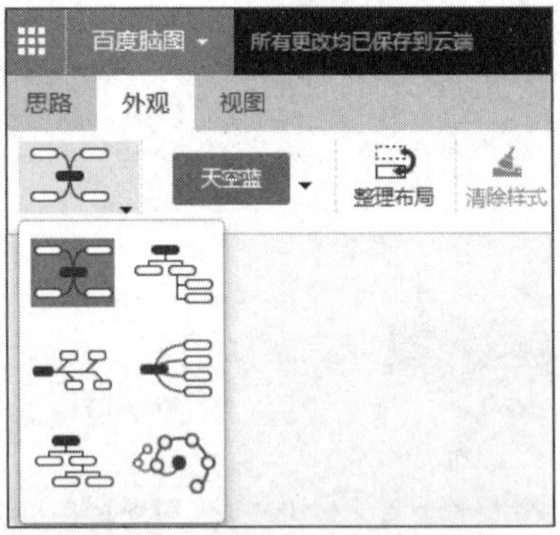

图4-11　设置颜色界面

图4-10　设置"外观"界面

5. 效果呈现

最终的思维导图整体效果呈现如图4-12所示。

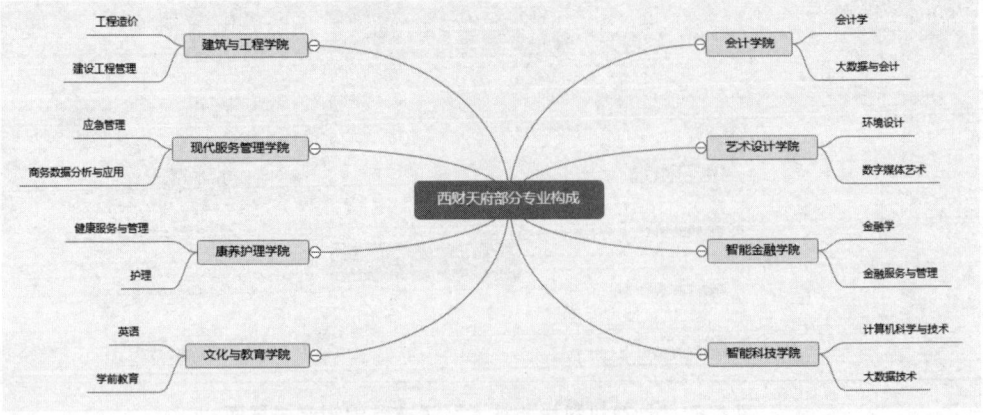

图4-12　西财天府部分专业构成思维导图

6. 保存

在百度脑图制作页面中，单击左上方"百度脑图"选项，在展开的选项中单击"另存为"命令，再选择"导出"，如图 4-13 所示。

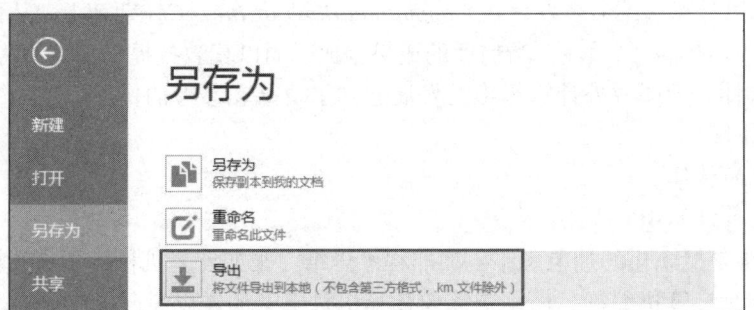

图 4-13 "导出"命令

在弹出的窗口中，根据需要，选择一种文件格式，保存到计算机中即可，如图 4-14 所示。

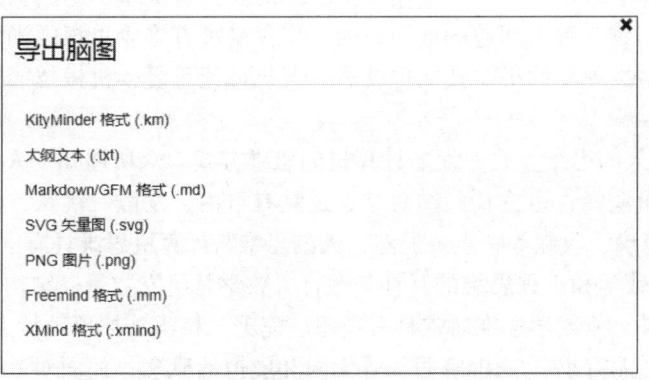

图 4-14 导出脑图文件格式选择界面

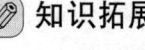 知识拓展

1. 计算思维的形成与发展

计算是人类文明发展的一盏明灯。从远古的手指计数，经结绳计数，到中国古代的算筹、算盘计算，再到近代西方的耐普尔骨牌计算及巴斯卡计算器等机械计算，直至现代的电子计算机计算，伴随着计算方法及计算工具的发展，使计算创新在人类科技史上占有非常重要的地位。但是，此时的计算并没有上升到思维科学的高度，没有思维科学指导的计算具有一定的盲目性，缺乏系统性和指导性。

20 世纪 80 年代，钱学森在总结前人经验的基础上，将思维科学列为 11 大科学技术门类之一，与自然科学、社会科学、数学科学、系统科学、思维科学、人体科学、行为科学、军事科学、地理科学、建筑科学、文学艺术并列在一起。经过 20 余年的实践证明，在钱学森思维科学的倡导和影响下，各种学科思维逐步开始形成和发展，如数学思维、物理思维等，这一理论体系的建立和发展也为计算思维的萌芽和形成奠定了基础。因此，这一时期也被称为计算思维的萌芽时期。

自从钱学森提出思维科学以来，各种学科在思维科学的指导下逐渐发展起来，计算学科也不例外。1992 年，相关文献给出了计算思维的定义："就是思维过程或功能的计算模拟方法论，其研究的目的是为了提供适当的方法，使人们能借助现代和将来的计算机，逐步达到人工智能的较高目标。"2005 年，文献这样描述计算思维能力："它是形式化描述和抽象思维能力以及逻辑思维方法，它在形式语言与自动机课程中得到集中体现。"在这一时期，虽然出现了"计算思维"，但是并没有引起国内外计算机学者的广泛关注。直至 2006 年 3 月，周以真教授详细分析并阐明原理，以计算思维命名发表在 *Communications of the ACM* 期刊上，从而使计算思维的概念得到了各国专家学者的关注。与前面的成果相比，周以真教授提出的更加清晰化和系统化，并且具有可操作性，为国内外计算思维的发展起到了奠基和参考的作用。因此，这一时期称为计算思维的奠基时期。

2. 计算思维的特征

计算思维具有以下 6 个特征：

1）计算思维是概念化的抽象思维，而非程序思维。正如计算机科学不是计算机编程，计算思维也绝不仅仅是计算机编程，而是应该像计算机科学家那样思考问题，要在多个抽象层次上思考问题。

2）计算思维是一种基本技能。基本的技能是每个人为了在现代社会中发挥职能所必须掌握的。正常情况下，每个人面对学习、工作和生活都需要具备最基本的一些能力。毫无疑问，这些能力应该是分析问题、解决问题的能力，而不仅仅是没多少思想内涵的机械的、刻板的技能。换个角度说，生搬硬套的机械技能也就意味着机械地重复，机械技能早晚会被智能化的机器取代。

3）计算思维是人的思维方式，而非计算机的思维方式。众所周知，人的思维充满着灵感和想象力，既擅长逻辑演绎，也擅长归纳总结，还具有自由、发散、跳跃、模糊等特点，而计算机思维具有机械、精确、收敛等特点。显然，人的思维与计算机思维具有巨大的差异。

4）计算思维是数学和工程思维的互补与融合。数学是研究数量、结构、变化、空间以及信息等概念的一门学科，纯数学思维通常具有理想、完美、科学、抽象等特点，讨论问题的时候，经常用到"无穷大、无穷小""n 维空间"等无限和虚拟的概念；而面对一个工程问题，人们必须考虑人力、物力、时间、技术等方面的限制，还要受管理、制度、环境、法律等约束，更多时候需要考虑折中和取舍、效率、可靠性、安全性等。

5）计算思维是思想，不是人造物。思想一般也称为"观念"，其活动的结果属于认识，它是客观存在反映在人的意识中，经过思维活动而产生的结果或形成的观点及观念体系。

6）计算思维面向所有人，所有领域。一个具体的器件、设备、技术或技能不太可能面向所有的人、所有的领域，只能是思想、方法和能力层面上的东西。因此，从这一角度来说，计算思维必然属于抽象层次较高的哲学方法论的范畴。

3. 计算思维的应用

当前各行业领域中面临的大数据问题，都需要依赖算法来挖掘有效内容，意味着计算机科学将从前沿变得更加基础及普及。随着计算思维的不断渗透，这些思维对于今天乃至未来研究各种计算手段有着重要的影响。

（1）"0"和"1"的思维　计算思维的抽象体现在完全使用符号系统。计算机本质上是以"0"和"1"为基础来实现的。在计算机内部，现实世界的声音、图像、视频等信息都要转换成 0 和 1 的二进制形式存储、运算，并由晶体管组成的电子电路来实现，这种由软件到硬件联系的纽带是"0"和"1"。"0"和"1"的思维体现了如何将社会或自然问题转变成计算问题，再将计算问题转变成由机械或电子系统自动完成的基本思维模式，是最基本的抽象与自动化机制，是最重要的一种计算思维。

（2）程序思维　程序思维的本质是将问题采用自顶向下的方式进行功能分解，将系统按功能分解为若干模块，每一个模块是实现系统某一功能的程序单元，通过解决每一个子问题来解决初始问题。例如，组建一个电动汽车制造厂，首先需要解决电动汽车各个零部件的生产以及装配检验等问题，可以考虑组建若干个分厂及一个总装厂，每个分厂只负责一个或几个零部件，总装厂完成装配检验。一个电动汽车生活问题，按照自顶向下、逐步求精的方法，进行层层分解，将每一个子问题都控制在人们容易理解和处理的范围内。程序思维说明，解决问题的方法是科学和设计领域的一项重要技能。

总之，计算思维无处不在，并且渗透到每个人的生活中。

4. 思维导图分类

根据导图绘制形式分类，思维导图可以分为三种类型：

（1）全文字型　全文字型，顾名思义，是指以文字为主，由关键词、线条和简单的中心主题图组成，梳理需要准确表达的内容。例如课堂笔记、专业阅读、会议记录等，常采用该类型表示。

（2）全图型　全图型是指以图像为主，由图像、关键图、线条组成，目的是更好地激活脑细胞，兼具整理记忆、背诵功能。例如唐诗记忆、故事性文章等，常采用该类型表示。

（3）图文型　图文型是上述两种类型的混合体，包括文字、图像、线条等，展现效果更加生动有趣，适合各种场合使用。

5. 思维导图主要组成部分

（1）中心主题　中心主题是指思维导图想要表达的主题思想和核心内容。

（2）关键词　关键词一般是名词或动词，有时候也会加上形容词或者副词进行修饰。

（3）主分支　由中心节点延展出来的分支就是主分支，主分支的内容包括主节点及其下属层级的所有内容。

（4）子分支　子分支是指由非中心节点延展出来的分支。

（5）图片　为了形象地表达含义，有时也会在关键词上插入图片或者直接将关键词替换为图片。

（6）色彩　色彩用来表示颜色丰富的图片，不同分支也可以使用不同的颜色。

6. 思维导图的作用

（1）思维的可视化　思维导图可以帮助人们将思考过程和思考结果以可视化的效果呈现出来。

（2）思维的激发　思维导图的每一个节点，可以作为新的思维激发起点，拓展思维创造更多的可能。

（3）思维的整理　思维导图可以将信息进行整理、归类、合并或舍弃，让思维从"有物"走向"有序"。

7. 思维导图常用绘制软件

思维导图软件是一个创造、管理和交流思想的通用标准，使用软件绘制思维导图，更为方便、快捷，并且修改起来较为自由、简单。下面介绍几种常用的思维导图软件：

（1）百度脑图　百度脑图是百度公司旗下的网站，如图 4-15 所示，特点是免安装，易分享，支持自动实时保存。思维导图制作完成后，可以导出为 PNG 格式的图片。

（2）Xmind　Xmind 是一款实用的商业思维导图绘制软件，如图 4-16 所示，采用 Java 语言开发，易用、

图 4-15　百度脑图

高效。"Xmind 文件"可以被导出为 Word/PowerPoint/PDF/TXT/ 图片格式等，也可以在导出时选择仅导出图片、仅文字、图文混排等。

图 4-16　Xmind

（3）MindMapper　MindMapper 是一款专业的可视化思维导图软件，如图 4-17 所示。通过智能绘图方法，在信息管理和工作流程处理中，帮助提高组织、审核、合作、分享和交流能力。

（4）迅捷画图　迅捷画图是一个专业的在线画图网站，如图 4-18 所示。可以为用户提供简单易用的作图工具，支持在线制作思维导图，方便快捷，能够实现高效工作。

图 4-17　MindMapper

图 4-18　迅捷画图

以上思维导图工具，功能相差不大，日常工作、学习中，可以任选一种进行使用。

训练任务

1.作为新生，为了加快同学间的相互了解，请制作一张自我介绍的思维导图，辅助个人讲解时使用。

2.小智作为班长，在班委的配合下，需要组织该班级进入大学后的第一次主题班会，请帮助小智团队用思维导图的方式梳理工作思路。

计算思维　　项目4

任务2　算法与数据结构

算法是指解决某个问题的方法和步骤，是为了解决一个或者一类问题而给出的一个确定的、有限的操作序列。据考古学家发现，古巴比伦数学家在求解一元二次方程时，就已经采用了"算法"的思想。

具有了算法思想以后，我们还需要进行进一步的算法设计，精确地表达算法的思想，并且采用恰当的数据结构，存储和处理数据。

📖 任务描述

小智就读于计算机科学与技术专业，根据人才培养方案，大学期间将完成离散数学、Java、数据结构与算法、JavaEE、移动开发、移动互联网项目实战等课程的学习。这些课程存在一定的学习先后顺序，见表4-1。

表 4-1　课程先修关系表

课程名称	先修课程
离散数学	
Java	
数据结构与算法	Java、离散数学
JavaEE	Java
移动开发	数据结构、JavaEE
移动互联网项目实战	移动开发

请给出小智的课程学习路径。

✍ 任务分析

如何以某种线性顺序组织上述课程的学习，按照合理的先后顺序逐个完成各个课程的学习任务。该问题的解决，可以用有向无环图进行建模。有向无环图是指不存在回路的有向图（Directed Acyclic Graph，DAG），其中，图中顶点表示任务，弧表示任务之间的次序关系。

在 DAG 中，将所有顶点在不违反前后次序关系的前提下排成的序列称为拓扑有序序列，简称拓扑序列。构造拓扑序列的过程称为拓扑排序。

对于任意一个有向图，其拓扑排序过程如下：

1）在图中任意选取一个入度为 0 的顶点，输出。

2）删除该顶点及其所引出的弧。

3）重复步骤 1）和 2），直到图中不存在入度为 0 的顶点。如果图中所有顶点均已输出，则输出序列为拓扑序列；否则，图中存在回路，拓扑排序失败。

📖 任务实现

1. 绘制 DAG

请绘制图 4-19 所示课程 DAG。

2. 拓扑排序算法步骤

1）将没有前驱（即入度为 0）的顶点入栈。

2）栈顶的点出栈并输出，从 DAG 中删除该顶点以及所有以其为起点的有向边。

69

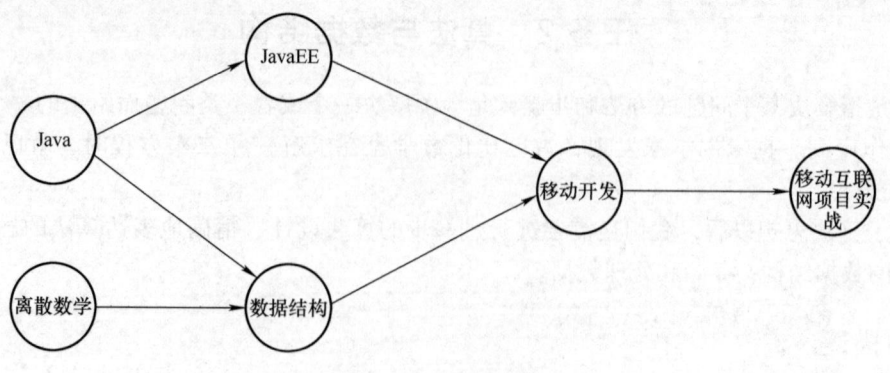

图 4-19　课程 DAG

3）重复上述步骤，直到不存在入度为 0 的顶点为止。

4）若输出的顶点数等于 AOV 网中的顶点数，则输出顶点的拓扑序列；若输出的顶点数小于 AOV 网中的顶点数，则说明该有向图存在回路。

例如，在图 4-19 中，Java 的入度为 0，输出该顶点后，将其删除，同时删除所有由该顶点出发的有向边，如图 4-20 所示。

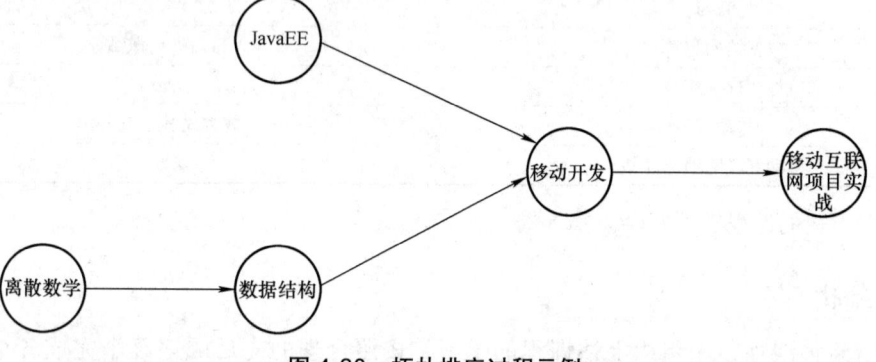

图 4-20　拓扑排序过程示例

3. 拓扑排序结果

拓扑排序结果不唯一。根据任务描述，以下为小智同学的课程学习路径。

路径一：Java → JavaEE →离散数学→数据结构→移动开发→移动互联网项目实战。

路径二：Java →离散数学→ JavaEE →数据结构→移动开发→移动互联网项目实战。

路径三：Java →离散数学→数据结构→ JavaEE →移动开发→移动互联网项目实战。

路径四：离散数学→ Java → JavaEE →数据结构→移动开发→移动互联网项目实战。

路径五：离散数学→ Java →数据结构→ JavaEE →移动开发→移动互联网项目实战。

知识拓展

1. 算法的基本特征

算法具有 5 个基本特征。

（1）有穷性　有穷性是指算法有明确的开始和结束，并且能够在有限的时间内完成。

（2）确定性　确定性是指算法不能出现理解偏差，即不存在二义性，每一个步骤都需要有明确的定义。

（3）可行性　可行性是指算法的每一个步骤都能够实现，并且达到预期的目的。

（4）输入　算法可以有 0 个或多个输入。

（5）输出　算法可以有1个或多个输出。

2. 算法设计的基本方法

（1）列举法　列举法的基本思想是在分析问题的过程中，逐个列举出所有可能的情况，并且用问题中给定的条件，检验哪些是需要的，哪些是不需要的，最后得出一般结论。常用于解决"是否存在"或"有多少种可能"等类型的问题。

（2）归纳法　归纳法的基本思想指通过列举少量的特殊情况，经过分析，最后找出一般的关系。

（3）递推法　递推法的基本思想指从已知的初始条件出发，逐次推出所要求的中间结果和最后结果。

（4）递归法　递归法的基本思想是在解决复杂问题时，为了降低问题的复杂程度，一般将问题逐层分解，最后归纳为一些简单的问题。

（5）回溯法　回溯法的基本思想是通过对问题的分析，找出一个解决问题的线索，再沿着该线索逐步试探。对于每一步的试探，如果试探成功，则得到问题的解；如果试探失败，则再逐步回退，使用其他线路再进行试探。

3. 算法的基本要素

一个算法通常由两种基本要素构成：一是对数据对象的运算和操作，二是算法的控制结构。

（1）运算和操作　包括算术运算、逻辑运算、关系运算、数据传输。

1）算术运算。包括加、减、乘、除，指数、对数、乘方、开方等初等运算和一些高等运算。

2）逻辑运算。包括逻辑加、逻辑乘以及逻辑非等运算。

3）关系运算。包括大于、小于、等于等运算。

4）数据传输。包括输入、输出、赋值等运算。

（2）三种基本控制结构　包括顺序结构、选择结构、循环结构。

1）顺序结构。一般情况下，操作按照顺序执行。例如，如果计算长方形的面积，需要先获得长方形的长和宽，才能完成面积计算。

2）选择结构。根据判断条件进行二选一或者多选一的控制。例如，如果今天下雨，出门就需要携带雨伞。

3）循环结构。在一定条件下，反复执行某种操作。例如，一年的春、夏、秋、冬四季，按照顺序重复出现。

4. 算法的描述

描述算法有多种工具，如自然语言、传统流程图、N-S流程图、伪代码等。下面介绍程序设计中常用的几种方法。

（1）用自然语言表示算法　用自然语言表示算法，通俗易懂，特别适用于顺序结构算法的描述。使用时，需要注意算法逻辑的正确性。例如，求两个整数 m 和 n 的最大数，用自然语言描述的求解该问题的算法步骤如下：

步骤1：输入整数 m 和 n。

步骤2：进行判断，如果 $m>n$，则 max=m，否则 max=n。

步骤3：输出两个数中较大的数 max。

（2）用传统流程图表示算法　流程图是一种流传较广的算法描述工具，特点是用一些图框表示各种类型的操作，用线表示这些操作的执行顺序。我国国家标准 GB 1526—1989 中推荐了一套流程图标准化符号，它与国际标准化组织 ISO（International Standard Organization）提出的ISO 流程图符号一致。图4-21所示为其中常用的一些符号。

计算机技术与计算思维

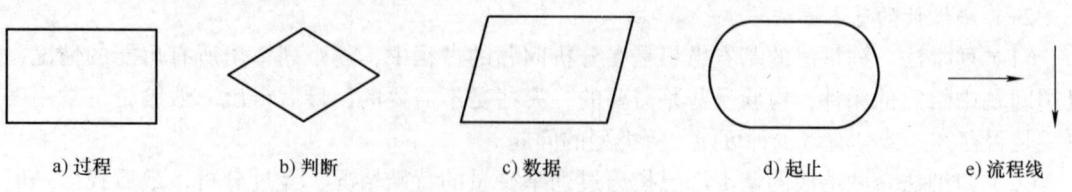

a) 过程　　　　　b) 判断　　　　　c) 数据　　　　　d) 起止　　　　　e) 流程线

图 4-21　常用的流程图符号

1）处理矩形。表示各种处理功能，可以注明处理名称或简要功能。

2）判断菱形。表示判断，菱形内可以注明判断的条件。它只有一个入口，但是可以有若干个可供选择的出口，在对定义的判断条件求值后，有且只有一个出口被选择。

3）平行四边形。表示数据，可以注明数据名称、来源、用途等。

4）跑道圆。表示开始或者结束。

5）流程线。表示流程执行的方向。

求两个整数 m 和 n 的最大值，用传统流程图来求解该问题，如图 4-22 所示。

（3）用 N-S 流程图表示算法　流程线容易造成程序中流程的任意转移。针对这一弊端，1973 年，美国学者 Nassi 和 Schneiderman 提出了一种新型流程图——N-S 流程图，也称为盒图。它的三种基本结构如图 4-23 所示。

N-S 流程图的每一种基本结构都是一个矩形框，整个算法可以像堆积木一样堆成。其中，图 4-23a 为三个操作 S1、S2、S3 组成的顺序结构；图 4-23b 为二分支的选择结构，即当命题 P 为真时，执行 S1，否则执行 S2；图 4-23c 为当型循环结构，即当命题 P 为真时，重复执行 S。

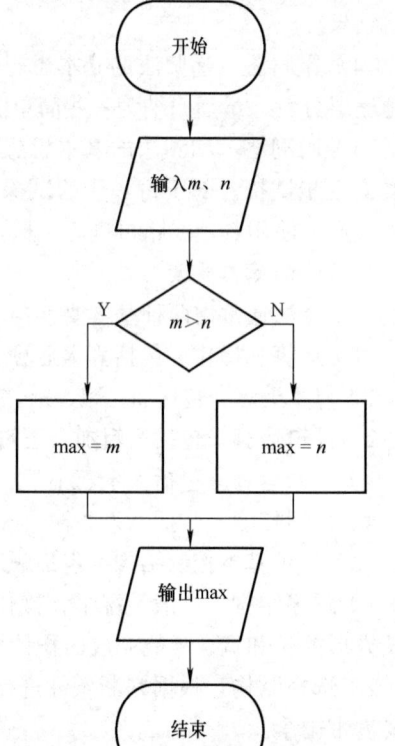

图 4-22　两个整数最大值的传统流程图算法

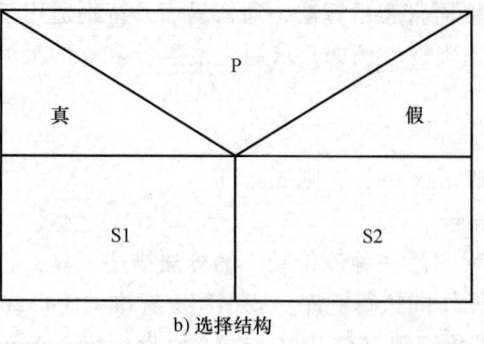

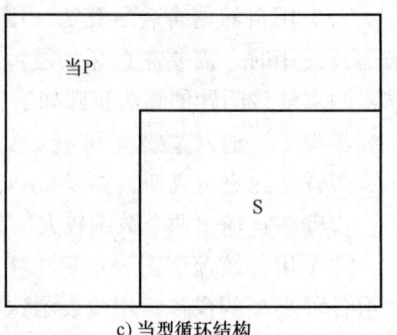

a) 顺序结构　　　　　　　b) 选择结构　　　　　　　c) 当型循环结构

图 4-23　用 N-S 流程图描述三种基本结构

72

求两个整数 m 和 n 的最大值，用 N-S 流程图来求解该问题，如图 4-24 所示。

（4）用伪代码表示算法　伪代码（pseudo code）是介于自然语言与计算机语言之间的基于文字符号的算法描述工具。它没有固定的、严格的语法规则，可以用程序设计语言，也可以使用自然语言与程序设计语言的混合体。一般专业人员习惯用伪代码进行算法描述。

求两个整数 m 和 n 的最大数的伪代码描述如下：

输入 m，n；
if（m>=n）
　　max=m；
else
　　max=n；
输出 max；

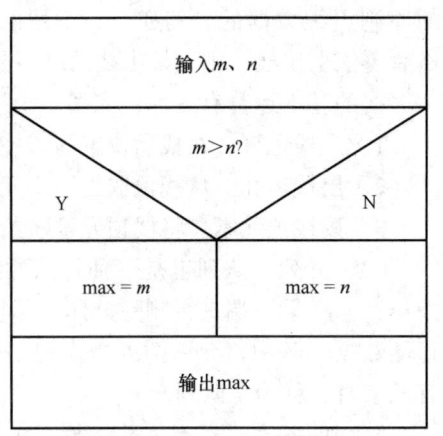

图 4-24　两个整数最大值的 N-S 流程图算法

5. 算法的复杂度

（1）时间复杂度　算法的时间复杂度是指执行算法所需要的计算工作量，即算法执行过程中所需要的基本运算次数。同一个算法用不同的编程语言实现，或者使用不同的编译程序进行编译，效率都不一样，说明使用时间单位衡量算法的效率是不合适的。除去与计算机硬件、软件相关的因素，可以认为一个特定算法运行工作量的大小，只依赖于问题的规模（通常用整数 n 表示）。它是问题规模的函数，即

$$算法的工作量 = f(n)$$

（2）空间复杂度　算法的空间复杂度是指执行算法时所需要的存储空间。一个算法所占用的存储空间包括算法程序所占的空间，输入的初始数据所占的空间以及算法执行过程中所需要的额外空间。实际问题中，为了减少算法所占用的存储空间，通常采用压缩存储技术，以便尽量减少不必要的额外空间。

6. 常用的数据结构

数据结构是指相互有关联的数据元素的集合，包括数据之间的逻辑结构、存储结构及数据运算。数据结构的选择，直接影响算法的选择和效率。

根据数据结构中各数据元素之间前、后件关系的复杂程度，一般将数据结构分为线性结构与非线性结构两大类型。

如果一个非空的数据结构满足下列两个条件，则称该数据结构为线性结构：

1）有且只有一个根结点。

2）每一个结点最多有一个前件，也最多有一个后件。

线性结构又称为线性表。在一个线性结构中插入或删除任何一个结点后还应是线性结构，如栈、队列都为线性结构。

如果一个数据结构不是线性结构，则称之为非线性结构。如数组、树和图等都为非线性结构。

（1）数组　数组是将具有相同类型的若干变量有序地组织在一起的集合，分为一维、二维、多维等表现形式。

（2）栈　栈是一种特殊的线性表，只能在一个表的一个固定端进行数据结点的插入和删除操作，即按照先进后出或后进先出的原则存储数据。其中，允许插入删除的一端称为栈顶（top），反之称为栈底（bottom）。栈中无元素时，称为空栈。

栈是按照"先进后出（First In Last Out，FILO）"或"后进先出（Last In First Out，LIFO）"的原则组织数据的。例如，一个栈的初始状态为空，现将元素1，2，3，A，B，C依次入栈，然后再依次出栈，则元素出栈的顺序是C，B，A，3，2，1。

栈的基本运算有三种：入栈、出栈与读栈顶元素。

1）入栈运算。在栈顶位置插入一个新元素。

2）出栈运算。从栈顶取出一个元素。

3）读栈顶元素。将栈顶元素赋给一个指定的变量。

（3）队列　队列也是一种特殊的线性表。与栈不同的是，队列只允许在表的一端进行插入操作，而在另一端进行删除操作，即按照"先进先出（FIFO）"或"后进后出（LILO）"的原则存储数据。其中，允许插入操作的一端称为队尾，允许删除操作的一端称为队头。当队列中没有元素时，称为空队列。

队列的基本运算有入队运算、出队运算。入队运算是指往队尾插入一个数据元素。出队运算是指从队头删除一个数据元素。

（4）链表　链式存储方式既可用于表示线性结构，也可用于表示非线性结构。在链式存储方式中，一部分用于存放数据元素值，称为数据域；另一部分用于存放指针，称为指针域。指针用于指向该结点的前一个或后一个结点（即前件或后件）。

1）线性链表。线性表的链式存储结构称为线性链表。在某些应用中，对线性链表中的每个结点设置两个指针：一个称为左指针，用以指向其前件结点；另一个称为右指针，用以指向其后件结点。这样的表称为双向链表。

在线性链表中，各数据元素结点的存储空间可以是不连续的，且各数据元素的存储顺序与逻辑顺序可以不一致。在线性链表中进行插入与删除操作，不需要移动链表中的元素。

在线性单链表中，HEAD称为头指针，HEAD=NULL（或0）称为空表。

线性链表的基本运算有查找、插入、删除。

2）带链的栈。栈也可以采用链式存储结构。带链的栈可以用来收集计算机存储空间中所有空闲的存储结点。这种带链的栈，称为可利用栈。

（5）树与二叉树　树是典型的非线性结构。在树结构中，有且只有一个根结点，该结点没有前驱（父）结点。在树结构中，其他结点有且仅有一个前驱结点，且可以有两个后继（子）结点。没有后继的结点，称为叶子结点。

二叉树是含有n（$n \geq 0$）个结点的有限集合。当$n=0$时，称为空二叉树。在非空二叉树中：

1）有且仅有一个称为根的结点。

2）其余结点划分为两个互不相交的子集L和R，其中L和R也是一棵二叉树，分别称为左子树和右子树。二叉树具有5种基本形态，如图4-25所示。

结点的层次从根结点开始定义，根为第1层，根的孩子为第2层，依此类推。二叉树中结点的最大层次称为二叉树的深度或高度。

二叉树具有以下几个重要性质：

性质1：在非空二叉树的第i层上最多有2^{i-1}个结点（$i \geq 1$）。

性质2：深度为k的二叉树最多有2^k-1个结点（$k \geq 1$）。

性质3：对于任意一棵二叉树，如果度为0的结点个数为n_0，度为2的结点个数为n_2，则$n_0=n_2+1$。

性质4：具有n个结点的完全二叉树的深度$k=[\log_2 n]+1$，其中$[\log_2 n]$表示取$\log_2 n$的整数部分。

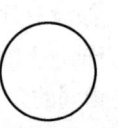
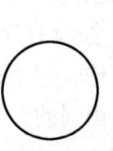

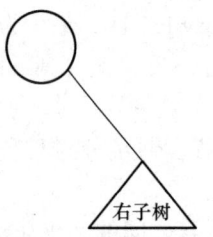
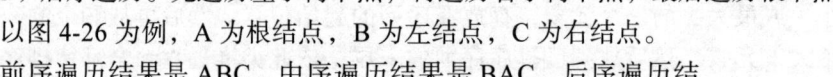

a) 空二叉树　　　　b) 只有一个根结点的二叉树　　c) 右子树为空的二叉树

d) 左子树为空的二叉树　　　　　e) 左右子树均非空的二叉树

图 4-25　二叉树的形态

性质 5：设完全二叉树共有 n 个结点，对于编号为 k 的结点：

1）若 $k=1$，则该结点为根结点，没有父结点；若 $k>1$，则该结点的父结点编号为 INT（$k/2$）。

2）若 $2k>n$，则 k 结点无左孩子；否则其左孩子的编号为 $2k$。

3）若 $2k+1>n$，则 k 结点无右孩子；否则其右孩子的编号为 $2k+1$。

存储树或二叉树时，除了存储每个结点数据外，还要表示结点之间的一对多的逻辑关系（父子关系）。

所谓遍历，是指沿着某条搜索路线，依次对树中每个结点均做一次且仅做一次访问。遍历是二叉树最重要的运算之一，分为前序遍历、中序遍历、后序遍历。

1）前序遍历。先遍历根节点，再遍历左子树节点，最后遍历右子树节点。

2）中序遍历。先遍历左子树节点，再遍历根节点，再遍历右子树节点。

3）后序遍历。先遍历左子树节点，再遍历右子树节点，最后遍历根节点。

以图 4-26 为例，A 为根结点，B 为左结点，C 为右结点。

前序遍历结果是 ABC，中序遍历结果是 BAC，后序遍历结果是 BCA。

例如，已知二叉树后序遍历序列是 DABEC，中序遍历序列是 DEBAC，依此推出它的前序遍历序列是 CEDBA。

（6）图　图结构中，数据结点一般称为顶点，边是顶点的有序偶对。如果两个顶点之间存在一条边，表示这两个顶点具有相邻关系。

图 4-26　二叉树遍历示意图

（7）堆　堆是一种特殊的树形数据结构。堆的特点是根结点的值是所有结点中最小的或者最大的，并且根结点的两个子树也是一个堆结构。

7. 查找算法

查找是指在一个给定的数据结构中查找某个指定的元素。查找分为顺序查找和二分法查找。

（1）顺序查找算法　顺序查找算法又称为顺序搜索算法，既可以在有序序列中查找目标元素，也可以在无序序列中查找目标元素。实现思路为：从线性表中的第一个元素开始，逐个元素与被查元素进行比较，如果找到相等的元素，则查找成功；如果直至表中最后一个记录数与目标值都不相等，则查找失败。

（2）二分法查找算法 二分法查找算法也称为折半查找算法，是一种效率较高的查找方法，针对的是一个有序的数据集合。实现思路为：假设有序的数据集合为升序排列，首先与序列中间的元素进行比较，如果大于这个元素，则在当前序列的后半部分继续查找；如果小于这个元素，则在当前序列的前半部分继续查找，直到找到相同的元素，或者所查找的序列范围为空为止。

顺序查找算法每一次比较，只将查找范围减少 1；而二分法查找算法，每比较一次，可以将查找范围减少为原来的 1/2，效率大大提高。

对于长度为 n 的有序线性表，比较次数最多为 $[\log_2 n]+1$ 次，最少为 1 次，平均比较次数为 $[(n+1)/n]\log_2(n+1)-1$，时间复杂度为 $O(\log_2 n)$。

8. 排序算法

排序是将一个无序序列整理成有序序列的处理过程。通常分为互换类排序法、选择排序法和插入类排序法。

（1）互换类排序法 互换类排序法是借助于数据元素之间的互相互换进行排序的措施。

1）冒泡排序法。冒泡排序法是运用相邻数据元素之间的互换，逐渐将线性表变成有序序列的操作措施。实现思路为：从表头开始扫描线性表，在扫描过程中逐次比较相邻两个元素的大小。若相邻两个元素中前一种元素的值比后一种元素的值大，则将两个元素位置进行互换。当扫描完成一遍时，序列中最大的元素被放置到序列的最后。再继续对序列从头进行扫描，该次扫描的长度是序列长度减 1。由于最大的元素已经就位了，采用与前面相似的措施，两两之间进行比较，将次大数移到子序列的末尾。按照相似的措施继续扫描，每次扫描的子序列的长度均比上一次减 1，直至子序列的长度为 1 时，排序结束。

在最坏的情况下，冒泡排序需要比较次数为 $n(n-1)/2$，时间复杂度为 $O(n^2)$。

2）快速排序法。快速排序法是对冒泡排序法的一种改进。实现思路为：从要排序的数据中取一个数为"基准数"，通过一趟排序将要排序的数据分割成独立的两部分，其中左边的数据都比"基准数"小，右边的数据都比"基准数"大。再按照上述步骤对这两部分数据分别进行快速排序，整个排序过程可以递归进行，以此达到整个数据变成有序序列。

（2）选择排序法 选择排序法是一种简单、直观的排序算法。实现思路为：第一次从待排序的数据中选出最小（或最大）的一个元素，存放在序列的起始位置，然后再从剩余的未排序元素中寻找到最小（大）元素，然后放到已排序序列的末尾。依此类推，直到全部待排序的数据元素的个数为 0。

简单选择排序法最坏情况需要 $n(n-1)/2$ 次比较，时间复杂度为 $O(n^2)$。

（3）插入类排序法 插入类排序法，是指将无序序列中的各元素依次插入到已经有序的线性表中。对于少量元素的排序，是一个有效的算法。

1）简单插入排序法。实现思路为：在线性表中，将第 1 个元素作为已排好序的有序数据，从线性表的第 2 个元素开始，直到最后一个元素，逐次将其中的每一个元素插入前面的有序子表中。

简单插入排序法最坏情况需要 $n(n-1)/2$ 次比较，时间复杂度为 $O(n^2)$。

2）希尔排序法。希尔排序是对简单插入排序算法的改进。实现思路为：将整个无序序列分割成若干小的子序列分别进行插入排序。子序列的分割措施：将相隔某个增量 h 的元素构成一种子序列，在排序的过程中，逐次减小该增量，最后当 h 减小到 1 时，再进行一次插入排序操作，即排序完毕。

希尔排序法最坏情况需要 $n^{1.5}$ 次比较，时间复杂度为 $O(n^{1.5})$。

训练任务

临近寒假，小智需要提前规划从四川绵阳返回安徽合肥老家的动车路线。四川绵阳至安徽合肥间，可以直达，也可以选择成都或者西安作为中转站。以二等座票价为例，其中绵阳直达合肥票价为 728.5 元，绵阳到成都的票价为 45 元，成都到合肥的票价为 508 元，绵阳到西安的票价为 218 元，西安到合肥的票价为 545 元。小智的哪条出行路线花费最少呢？

任务 3　程序设计基础

计算机程序运行于计算机上，是一组计算机能够识别和执行的指令，也是满足人们某种需求的信息化工具。程序设计是指设计、编制、调试程序的方法和过程，也称为编程。编程往往以某些程序设计语言编写，运行于某种目标结构体系上，用于解决人们的实际问题。

在大数据人工智能时代，越来越多的非计算机专业人员参与到数据的处理与分析过程中。大家需要结合自身的专业知识，利用计算机编程工具，进行相关的数据处理工作。在众多的编程语言中，Python 简单易学、通俗易懂，丰富的模块库能够在数据处理和分析领域缩短开发周期，解决学习、工作和生活中的各类问题。

任务描述

小智进入天府学院后，通过学校官网，对《校长札记》进行了阅读和学习。29 篇校长札记阅读完成后，小智想统计一下其中出现的高频词汇，用 Python 来回答这个问题吧。

任务分析

校长札记是中文文章，中文文章经过分词才能进行词频统计，需要用到 Python 中的 jieba 库。从算法思想上来看，词频统计为累加问题，即对文档中每个词设计一个计数器，词语每出现 1 次，相关计数器加 1。

任务实现

1. 输入

首先读取《校长札记》文章，假设《校长札记》已保存为 TXT 文档，且已复制至 E 盘根目录下。下述代码可以完成文章的读取：

```
import jieba
txt=open("e:\校长札记.txt", "r", encoding='ISO-8859-1').read()
```

在计算机中，打开文件具有两个含义：一是将指定文件从磁盘装入内存，二是将指定文件与一个文件对象（或指针）建立关联，以方便程序进行调用。open（）函数用于打开文件，该函数需要一个字符串形式的（绝对或相对）路径来指定要打开的文件，并返回一个文件对象。

2. 处理

再输入以下代码，统计词语出现的频率。

```
words=jieba.lcut(txt)        # jieba 将 txt 分成多个分词
counts={}                    # 通过键值对的形式存储词语及其出现的次数
for word in words:           # word 用来遍历从 txt 的第一个分词到最后一个分词
    if len(word)==1:         # 单个词语不计算在内
        continue
```

else:
    counts[word]=counts.get（word，0）+1　#遍历所有词语，每出现一次其对应的值加1
items=list（counts.items（））
items.sort（key=lambda x:x[1]，reverse=True）

其中，jieba.lcut（str）可以实现将完整句子严格分隔。例如，jieba.lcut（"中国是一个伟大的国家"），运行结果如图 4-27 所示。

```
In [1]: import jieba
        jieba.lcut("中国是一个伟大的国家")

        Building prefix dict from the default dictionary ...
        Dumping model to file cache C:\Users\ADMINI~1\AppData\Local\Temp\jieba.cache
        Loading model cost 0.869 seconds.
        Prefix dict has been built successfully.

Out[1]: ['中国', '是', '一个', '伟大', '的', '国家']
```

图 4-27　jieba.lcut（）示例

len（str）可以返回字符串的长度。例如，len（"中国是一个伟大的国家"）的运行结果如图 4-28 所示。

```
In [2]: len("中国是一个伟大的国家")
Out[2]: 10
```

图 4-28　jieba.len（）示例

3. 输出统计结果

```
for i in range（10）:
    word，count=items[i]
    print（"{0:<10}{1:>5}".format（word，count））
```

4. 运行

程序编写完成后，单击页面上方的"运行"按钮，如图 4-29 所示。

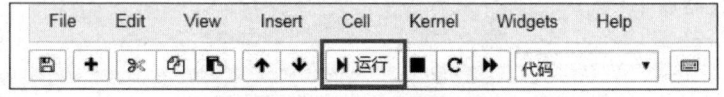

图 4-29　"运行"按钮界面

《校长札记》中出现频率最高的 10 个词语及出现次数，显示结果如图 4-30 所示。

```
In [4]: import jieba
        txt=open("e:\校长札记.txt","r",encoding='ISO-8859-1').read()
        words=jieba.lcut(txt)
        counts={}
        for word in words:
            if len(word)==1:
                continue
            else:
                counts[word]=counts.get(word,0)+1
        items=list(counts.items())
        items.sort(key=lambda x:x[1],reverse=True)
        for i in range(10):
            word,count=items[i]
            print("{0:<10}{1:>5}".format(word,count))

30          6
Oracle      4
20          4
SAT         4
500         4
10          4
211         3
2000        3
50          3
25          3
```

图 4-30　完整程序及输出结果

计算思维　项目 4

知识拓展

1. 程序设计风格

程序设计风格是指编写程序时所体现出来的特点、习惯、逻辑思路，遵循清晰第一、效率第二的原则。良好的程序设计风格，需要考虑以下因素：

（1）源程序文档化　源程序文档化包括符号名的命名、程序注释和视觉组织三个方面。其中，符合名的命名能够便于对程序的理解，即通常说的见名知义。程序的合理注释可以协助他人理解程序。视觉组织指的是通过空格、空行、缩进等对程序的格式进行设立，使程序一目了然、层次清晰。

（2）数据说明原则　为了使数据定义易于理解和维护，需遵循一些指导原则，包括数据阐明的顺序规范化、阐明语句中变量安排有序化、使用注释阐明复杂的数据构造等。

（3）语句构造原则　语句构造原则是简单直接，不能为了追求效率而使代码复杂化。例如为了便于阅读和理解，在一行内只写一条语句。

（4）输入输出原则

1）对所有的输入输出数据都要检查数据的合法性。

2）检查输入项的多种重要组合的合理性。

3）输入数据时，允许自由格式，同时允许默认值。

（5）追求效率原则　对效率的追求应该明确以下几点：

1）追求效率建立在不损害程序可读性和可靠性的基础上，应该先保证程序正确，再提高程序效率；先使程序清晰，再提高程序效率。

2）提高程序效率的根本途径在于选择良好的设计方法和良好的数据结构算法。

2. 构造化程序设计

（1）原则　构造化程序设计遵循自顶向下、逐步求精、模块化编程的原则，限制使用 goto 语句。

1）自顶向下。先考虑整体，再考虑细节；先考虑全局目标，再考虑局部目标。

2）逐步求精。一种自顶向下设计的方法，首先考虑问题的整体结构而忽略一些细节问题，然后把问题逐层分解、逐步细化、具体化，直到可以直接使用所选择的算法描述工具完全能表达每一项操作为止。

3）模块化。把程序要解决的总目标分解为分目标，再进一步分解为具体的小目标，把每个小目标称为一个模块。

4）限制使用 goto 语句。在程序开发过程中要限制使用 goto 语句。

（2）基本构造与特点

1）顺序构造。顺序构造按照程序语句行的自然顺序，一条一条语句地执行程序。

2）选择构造。选择构造又称为分支构造，包括单分支选择和多分支选择构造。程序的执行是按照给定的条件，选择相应的分支来执行。

3）反复构造。反复构造又称为循环构造，按照给定的条件，决定与否反复执行某一相似的或类似的程序段。

3. 面向对象程序设计

面向对象程序设计是从现实世界中客观存在的事物（对象）出发来构造软件系统，在系统构造中尽可能运用人类的自然思维方式，基本思想是使用类、对象、继承、封装、消息等基本概念来进行程序设计。

面向对象方法具有三个基本特征：继承、封装和多态。

（1）对象 对象是人们要进行研究的任何事物，不仅能表示具体的事物，还能表示抽象的规则、计划或事件，比如一个人、一辆车均可看作对象。对象具有属性、事件和方法。

（2）对象的状态和行为 对象具有状态，一个对象用数据值来描述它的状态。对象及其操作就是对象的行为，用于改变对象的状态。

（3）类 具有相同特性（数据元素）和行为（功能）的对象的抽象就是类。因此，对象的抽象是类，类的实例就是对象。类具有属性，它是对象的状态的抽象，用数据结构来描述类的属性。类具有操作，它是对象的行为的抽象，用操作名和实现该操作的方法来描述。

（4）消息和方法 对象之间进行通信的结构叫作消息。发送一条消息至少要包括说明接受消息的对象名、发送给该对象的消息名（对象名、方法名）。类中操作的实现过程叫作方法，一个方法有方法名、返回值、参数、方法体。

4. 程序的调试

软件调试可以分为静态调试和动态调试。静态调试主要是指通过人的思维来分析源程序代码和排错，是主要的设计手段。动态调试是辅助静态调试的设计手段。调试的主要方法有三种：强行排错法、回溯法和原因排除法。

程序调试的基本步骤如下：

1）从错误的外部表现形式入手，研究有关部分的程序，确定程序中出错位置，找出错误的内在原因。

2）修改设计和代码，以排除错误。

3）进行回归测试，防止引进新的错误。

5. Python 的诞生与特点

Python 的创始人为荷兰的吉多·范罗苏姆（Guido van Rossum）。1989 年圣诞节期间，在阿姆斯特丹，吉多为了打发圣诞节的无趣时间，决心开发一个新的脚本解释程序。选中 Python（意为"蟒蛇"）作为该编程语言的名字，取自英国 20 世纪 70 年代首播的电视喜剧《蒙提·派森的飞行马戏团》。Python 的标志如图 4-31 所示。

Python 语言已经成为最常用的程序设计语言之一，具体排名如图 4-32 所示。

图 4-31 Python 的标志

Feb 2023	Feb 2022	Change		Programming Language	Ratings	Change
1	1			Python	15.49%	+0.16%
2	2			C	15.39%	+1.31%
3	4	^		C++	13.94%	+5.93%
4	3	˅		Java	13.21%	+1.07%
5	5			C#	6.38%	+1.01%
6	6			Visual Basic	4.14%	-1.09%
7	7			JavaScript	2.52%	+0.70%
8	10	^		SQL	2.12%	+0.58%
9	9			Assembly language	1.38%	-0.21%
10	8	˅		PHP	1.29%	-0.49%

图 4-32 常用程序设计语言

注：资源来源于 http://www.tiobe.com/tiobe-index/。

Python 具有以下特点：

1）简单易学。Python 语法明确、结构简单，语句表述接近自然语言。例如，在符号体系、程序描述、语言翻译、操作模式等方面呈现各种简洁思想。一方面，初学者可以像写英文一样编写程序；另一方面，还可以非常容易地阅读别人编写的程序。

2）面向对象。Python 中一切皆为"对象"，既支持面向过程的编程，也支持面向对象的编程。

3）解释型语言。Python 程序只有在运行时才需要被编译成机器语言，使得对 Python 源程序的维护变得非常方便，也更加易于移植。

4）免费且开源。Python 是一种开源语言，其源码是免费且开放的。

5）代码规范。Python 利用代码块缩进的方式强制开发者对齐同一代码块中的代码，从而可以清楚区分程序中的层次划分情况，使得源代码具有较高的可读性。

6）内存回收机制。Java、Python、C++、C# 等现代语言均采用垃圾（内存无用单元）收集机制，而不再是要求用户自行管理内存。Python 使用的是"以引用计数机制为主，以清除与收集两种机制为辅"的管理策略，这样能够充分提高内存效率。由于 Python 语言的数据范围和精度只与内存空间相关，所以保证较大的可用空间将扩展机器的计算能力，例如整数的取值范围就与内存的可用空间相关。

7）丰富的库资源。Python 提供了功能丰富的标准库，同时有大量优秀免费的第三方库。例如，NumPy、Pandas、Matplotlib 等，这些是常用的数据处理与应用工具。

6. Python 的应用领域

Python 的应用领域非常广泛，绝大部分大中型互联网企业都在使用 Python 完成各类任务，如国外的 YouTube，国内的百度、腾讯、阿里、淘宝、知乎和美团等。

概括起来，Python 的应用领域主要有以下几个方面：

（1）Web 应用开发　Python 常被用于 Web 开发，尽管目前 Java 依然是 Web 开发的主流语言，但 Python 的上升势头十分强劲。Python 提供了如 Django、Flask 等 Web 开发框架，开发效率高，程序员可以更加轻松地开发和管理复杂的 Web 程序。

（2）科学计算和人工智能　自 1997 年，NASA 就大量使用 Python 进行各种复杂的科学运算，Python 在数据分析和可视化方面有相当完善和优秀的库，如 NumPy、SciPy、Matplotlib、Pandas 等，可以满足编程科学计算程序的需要。

在国家大力提倡的人工智能发展计划中，Python 作为主流编程语言，在人工智能领域内的机器学习、神经网络、深度学习等方面，得到了大力推广与普及。

（3）网络爬虫　网络爬虫主要是通过编程程序从互联网上抓取文字、图片、音频、视频等所需要的信息，Python 语言很早就被用来编写网络爬虫。Python 提供了很多可以用于编写网络爬虫的工具，如 urllib、Selenium 和 BeautifulSoup 等，还提供了网络爬虫框架 Scrapy。

（4）数据分析　数据分析是指从众多数据中分析出想要的结果。例如，淘宝会根据用户平时的浏览、购买历史记录，分析得到该用户对哪方面的商品感兴趣，从而进行合理的推荐。Python 是数据分析的主流语言之一，其中 Matplotlib 经常用来绘制数据图表，具有良好的跨平台交互特性；Pandas 可以对较为复杂的二维或三维数组进行计算，也可以处理关系型数据库中的数据。

（5）游戏开发　Python 在网络游戏开发中得到了广泛应用。Python 提供的 Pygame 模块可以 Python 程序中创建功能丰富的游戏和多媒体程序。

以上仅仅介绍了 Python 应用领域的一小部分。除此之外，还可以利用 PIL（Python Image

Library）和其他工具进行图像处理，利用 PyRo 工具包进行机器人控制编程等。

7. Python 的版本

Python 的官方网站是 https://www.python.org/。Python 自发布以来，主要有三个版本：1994年发布的 Python1.0 版本、2000 年发布的 Python2.0 版本、2008 年发布的 Python3.0 版本（到 2022 年 12 月已更新到 3.11.1）。从 Python2.0 到 Python3.0 是一个大版本的升级，Python3.0 并不能做到完全兼容 Python2.0，因此 Python2.0 的代码不能完全被 Python3.0 的编译器运行。Python3.x 的设计理念更加合理、高效和人性化。

8. Python 开发环境

Python 的集成开发环境较多，除官方网站（https://www.python.org/）提供的 IDLE（Integrated Development and Learning Environment）外，还有 Anaconda、PyCharm、wing-IDE等。用户可以根据自己的开发需求，选择对应的开发环境。这里仅介绍在 Windows 环境下搭建 Anaconda 开发环境。

Anaconda 是一个开源的 Python 发行版本，内置了 Jupyter Notebook 编辑器及 Spyder 编辑器。Anaconda 不仅集成了 Python 工具包，还集成了很多用于科学计算、数据分析的工具包。

Anaconda 可以直接在其官方网站（https://www.anaconda.com/）下载。目前 Anaconda 支持Python3.9 版本，如图 4-33 所示。

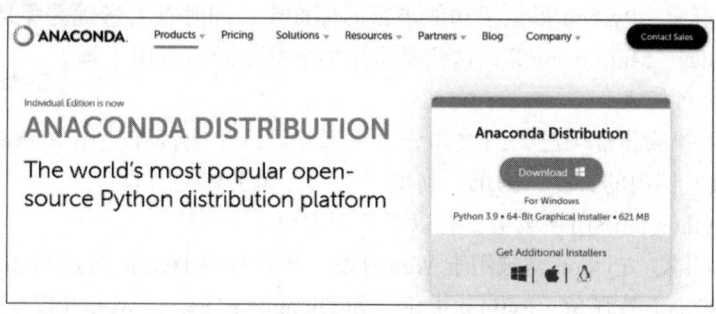

图 4-33　Anaconda 官网

（1）Anaconda 的安装（以 Anaconda 64 位为例）

1）双击安装应用程序后，安装程序检测系统安装环境，检测通过后，进入安装界面，如图 4-34 所示。

2）单击 "Next" 按钮进入下一步，弹出用户协议界面，如图 4-35 所示。

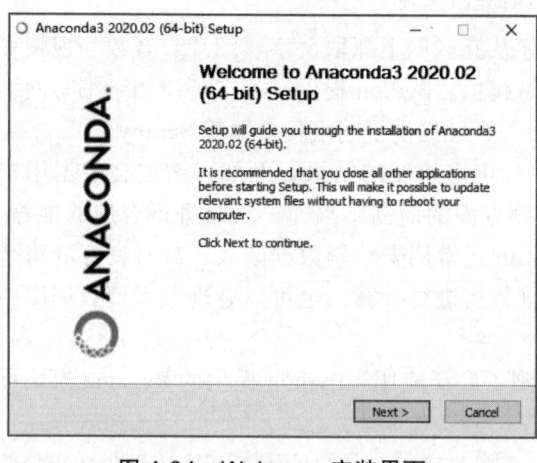

图 4-34　Welcome 安装界面

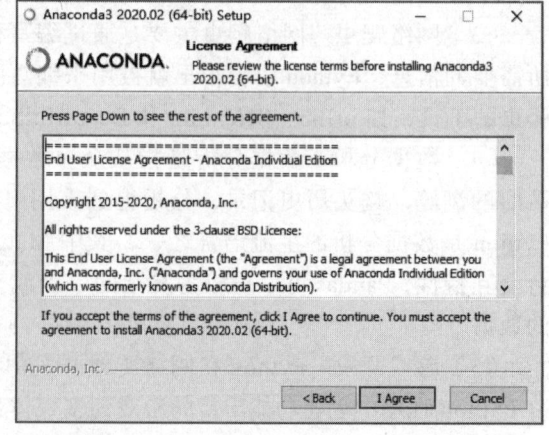

图 4-35　License Agreement 界面

3）单击"I Agree"按钮进入选择授权用户界面，如图 4-36 所示。

4）选择"All Users"选项后，单击"Next"按钮，进入选择安装目录界面，如图 4-37 所示。

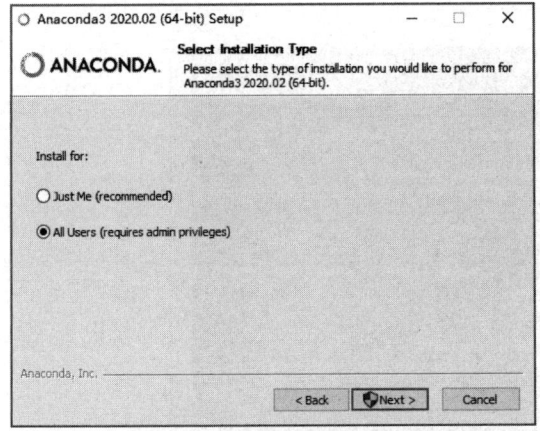

图 4-36　选择授权用户界面

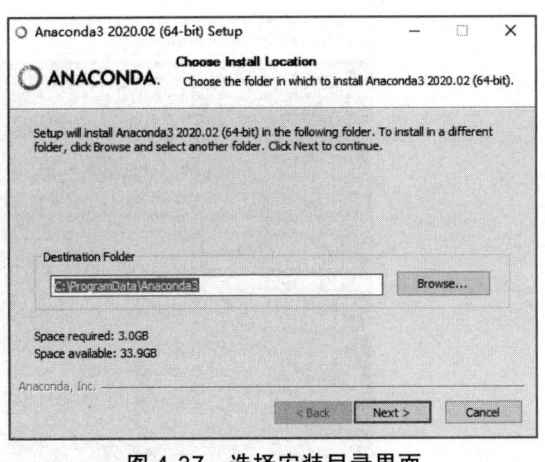

图 4-37　选择安装目录界面

5）用户根据实际需要，单击"Browse"按钮选择安装目录后，单击"Next"按钮，进入高级安装选项界面，如图 4-38 所示。

6）勾选第一个复选框，将 Anaconda 添加到系统变量。单击"Install"按钮，进入安装界面，安装程序开始复制文件，如图 4-39 所示。

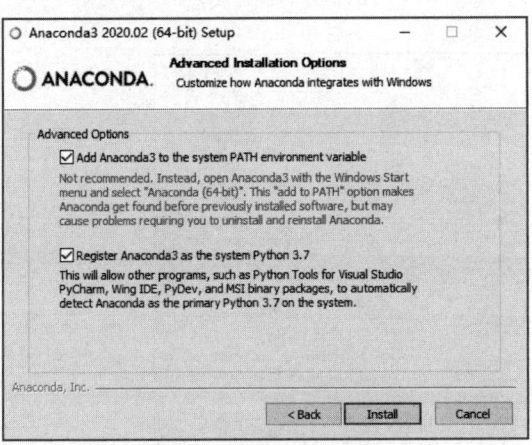

图 4-38　高级安装选项界面

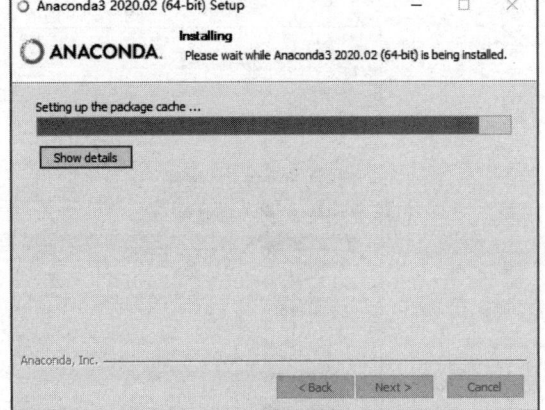

图 4-39　安装程序复制文件界面

7）等待安装结束后，连续单击"Next"按钮，进入安装完成界面，如图 4-40 所示。

8）取消勾选两个复选框后，单击"Finish"按钮，完成安装。

（2）Jupyter Notebook　Jupyter Notebook 是一个交互式代码编辑器，支持运行 40 多种编程语言。Jupyter 项目中的主要组件是 notebook。这种交互式文档既可以用于编写代码，也可以使用 Markdown 语法进行带格式的文本输出，还可以用于数据可视化。

用户可以在"开始"菜单的 Anaconda

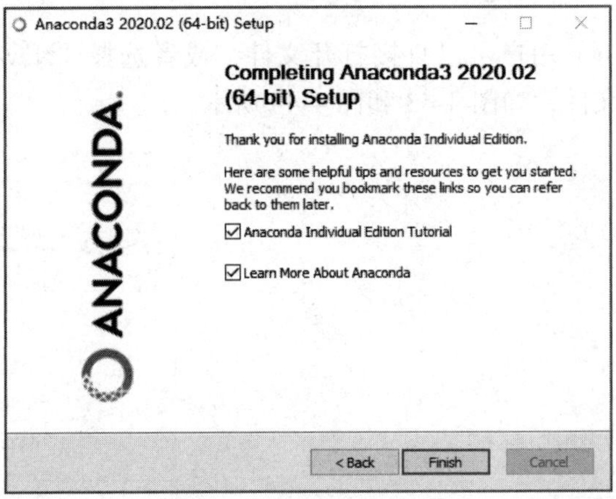

图 4-40　安装完成界面

中打开"Jupyter Notebook"。启动后，应用程序首先启动"Jupyter Notebook"服务窗口，如图 4-41 所示。

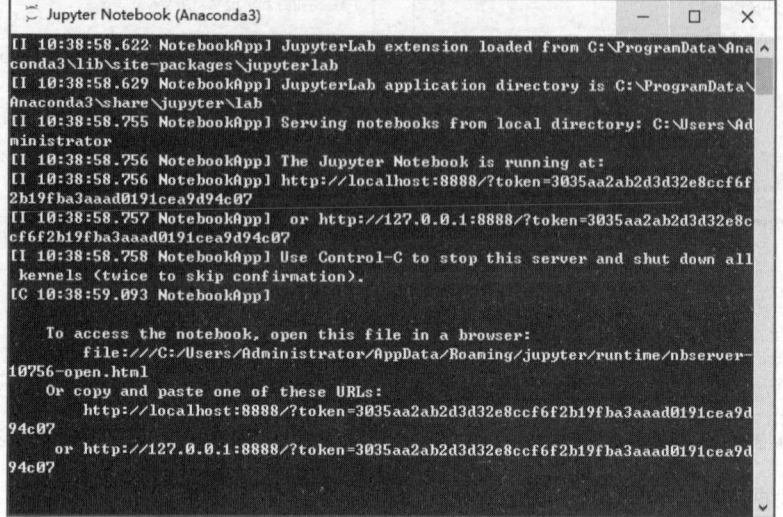

图 4-41 "Jupyter Notebook"服务窗口界面

待所有服务启动完成后，会自动在浏览器中打开 Jupyter 主页面，并显示默认安装目录下的所有文件，如图 4-42 所示。

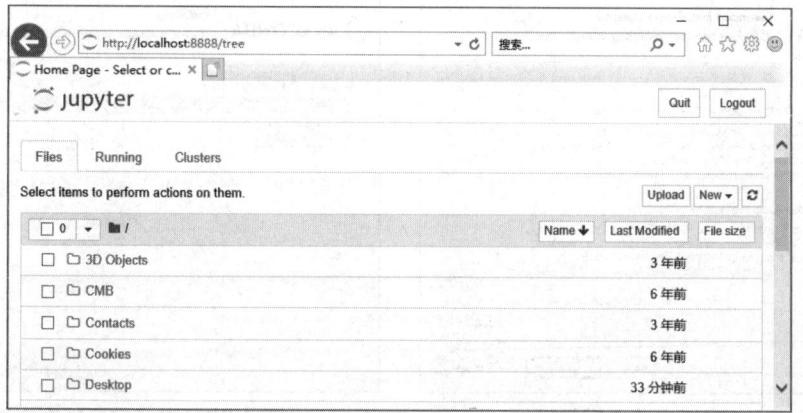

图 4-42 Jupyter Notebook 编辑器

用户可以直接打开文件，或者选择"New"下拉式菜单中的"Python 3"创建新的 Jupyter 文件，如图 4-43 和图 4-44 所示。

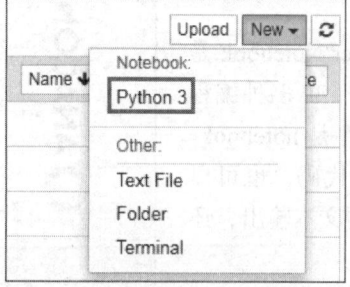

图 4-43 "Python 3"新建界面

計算思维 项目4

图 4-44　Jupyter 运行界面

用户可以在"In"所在的空白单元中输入命令或编辑程序，单击"运行"按钮或者使用快捷键执行当前单元中的命令或程序。

用户可以单击"Untitled"修改文件名称，当前网页所有单元中的命令或程序，默认以".ipynb"格式存储在默认目录下，方便用户下次直接打开。

（3）Spyder　用户可以在"开始"菜单的 Anaconda 中打开 Spyder，如图 4-45 所示。Spyder 编辑器左侧是代码编辑区，用户可以在此区域编写代码。右上方是对象、变量、文件浏览区。右下方是命令控制台窗口区，用户可以在此区域使用交互模式立即运行输入的 Python 程序代码。

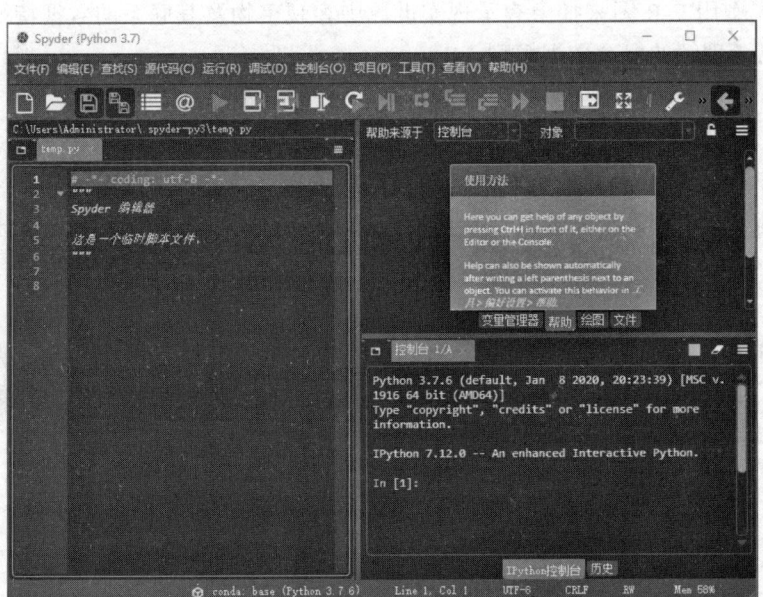

图 4-45　Spyder 编辑器

9. 运行第一个 Python 小程序

打开 Jupyter 运行界面，输入相应代码后，单击"运行"按钮，可以完成半径为 5 的圆的面积的计算，如图 4-46 所示。

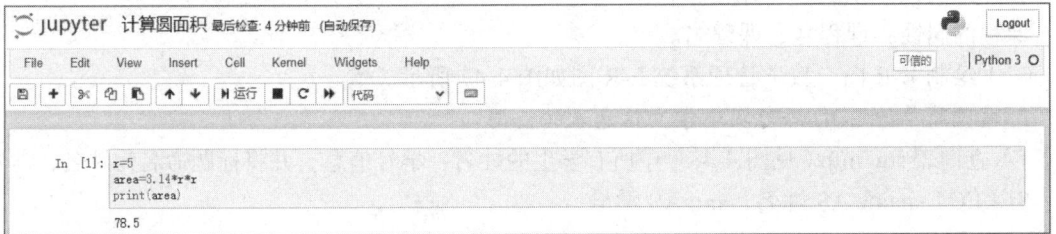

图 4-46　计算圆面积的 Python 程序

计算机技术与计算思维

训练任务

《水浒传》是中国四大名著之一。全书通过描写梁山好汉反抗欺压、水泊梁山壮大和受宋朝招安，以及受招安后为宋朝征战，最终消亡的宏大故事，艺术地反映了中国历史上宋江起义从发生、发展直至失败的全过程，深刻揭示了起义的社会根源，满腔热情地歌颂了起义英雄的反抗斗争和他们的社会理想，也具体揭示了起义失败的内在历史原因。全书中出场次数最多的是谁呢？

任务 4 数据建模

数据建模指通过建立数据科学模型的手段解决现实问题的过程。从需求到实际的数据库，会有三种模型：概念数据模型、逻辑数据模型、物理数据模型。

概念数据模型是现实世界第一层次的抽象，是数据库设计人员和用户交流的工具，因此要求概念数据模型一方面应该具有较强的语义表达能力，能够方便、直接地表达应用中的各种语义知识，另一方面应该简单、直观和清晰，能为不具备专业知识或者专业知识较少的用户所理解。其中 E-R 模型用 E-R 图来抽象表示现实世界中客观事物及其联系的数据特征，是一种语义表达能力强、易于理解的概念数据模型。

任务描述

小智通过学校教学管理系统可以查询到自己所修课程信息以及课程对应的授课教师信息。请帮助小智绘制教学管理系统的部分 E-R 图，通过简单的 SQL 语句实现学生信息表的查询。

任务分析

要想完成任务，首先需要判断出教学管理系统中有哪些实体、属性等，分析其中存在什么联系。其次要了解什么是 SQL 语言，当数据存储在被称为表的数据库对象中，可以通过结构化查询语言（SQL）对数据进行简单的查询。

任务实现

1. 绘制 E-R 图

（1）分析教学管理系统中的业务 作为学生，可以通过系统查看或修改个人信息；可以通过系统选课或查看课程信息；可以通过系统查看自己的授课老师。

（2）找出以上业务中的实体、属性

实体：学生、教师、课程。

学生的属性：学号、姓名、年龄、地址、性别。

教师的属性：职工号、姓名、职称。

课程的属性：课程号、课程名。

（3）绘制 E-R 图 教学管理系统 E-R 图如图 4-47 所示。

2. 通过简单的 SQL 语句实现学生信息表的查询

1）查询表 stu_info（见图 4-48）中所有学生的姓名、学号信息，并将标题命名为姓名、学号。

SELECT sname AS 姓名，sno AS 学号

FROMstu_info；

计算思维 项目4

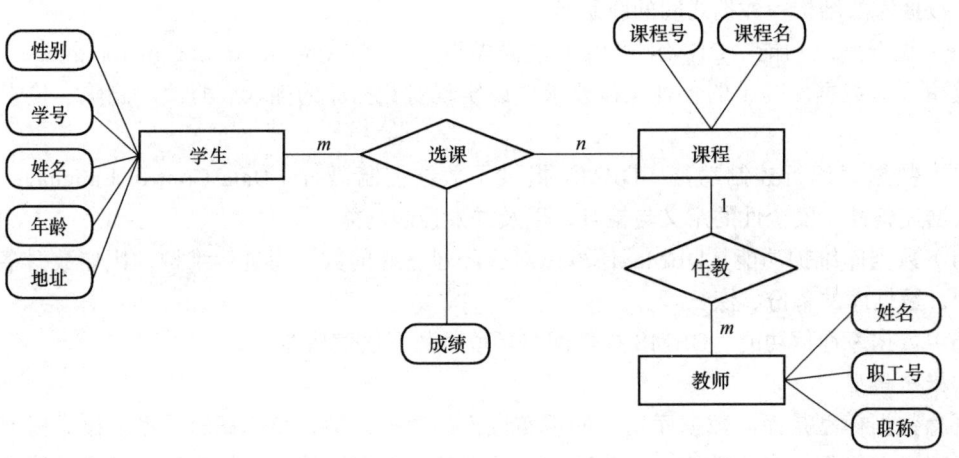

图 4-47　教学管理系统 E-R 图

2）查询表 stu_info 中所有学生的姓名，要求返回结果中不存在重复数据记录。

SELECT DISTINCT sname

FROMstu_info ;

3）查询表 stu_info 中学生年龄在 20 岁及以下的学生信息。

SELECT *

FROMstu_info

WHERE age<=20 ;

sno	sname	gender	age
20220001	李凤年	男	20
20220002	姜泥	女	18
20220003	赫南风	男	22
20220004	张青鸟	女	19
20220005	重楼	男	23
20220006	李雪见	女	20
20220007	吴清风	男	21
20220002	姜泥	女	18

图 4-48　学生信息表 stu_info

知识拓展

1. 数据库的定义

数据库（database）是指长期存储在计算机内，有组织、可共享的大量数据的集合。简单理解，数据库是存放数据的地方。数据库中的数据按一定的数据模型进行组织、描述和存储，具有较小的冗余度、较高的数据独立性和易扩展性。我们或许每天都会用到数据库。例如，使用余额宝查看自己的账户收益，就是通过数据库读取数据返回给用户。在购物 APP 中搜索需要的商品，提交订单，这个过程中也在使用数据库。数据库就像一个电子文件柜，保存着一个或一组文件。

中药房要存放上百种的中药材，抓药人如何才能快速找到需要的药材呢？勤劳智慧的老祖宗想了个办法，打造出抽屉式药柜，每个抽屉写上药名。按药性把抽屉涂成不同颜色。例如，寒性蓝色、温性红色，并用笔画排序。想新增一种药材，就加一个抽屉。药品过期，就把整个抽屉拿走。这样合理归置，方便快速定位。计算机管理数据也是如此，就像中药柜加药、换药、找药，相当于在数据库中增加数据、删除数据、修改数据和查询数据。

2. 数据库管理系统

数据库管理系统（DataBase Management System，DBMS）是数据库系统的核心软件，其主要任务是支持用户对数据库的基本操作，对数据库的建立、运行和维护进行统一管理、统一控制。用户不能直接接触数据库，而只能通过 DBMS 来操作数据库。

（1）数据定义功能　DBMS 提供了数据定义语言（Data Description Language，DDL）供用户定义数据库的结构、数据之间的联系等。

（2）数据操纵功能　DBMS 提供了数据操纵语言（Data Manipulation Language，DML）来完成用户对数据库提出的各种操作要求，以实现对数据库的插入、修改、删除、检索等基本操作。

（3）数据库运行控制功能　DBMS 提供了数据控制语言（Data Control Language，DCL）负责数据完整性、安全性的定义与检查，以及并发控制功能。

（4）数据库维护功能　DBMS 还可以对已经建立好的数据库进行维护，比如数据字典的自动维护，数据库的备份、恢复等。

（5）数据库通信功能　DBMS 提供网络环境的数据通信功能。

3. 概念模型

概念数据模型是面向数据库用户的现实世界的数据模型，简称概念模型。概念模型主要用来描述现实世界的概念化结构。它使数据库的设计人员在设计的初始阶段，摆脱计算机系统及 DBMS 的具体技术问题，集中精力分析数据以及数据之间的联系等。概念模型与具体的计算机平台无关，与具体的 DBMS 无关。概念模型是整个数据模型的基础。

4. E-R 模型

E-R 模型也称为实体 - 联系图（Entity Relationship Diagram），是由 Peter Chen（陈品山）于 1976 年提出表示概念关系模型的一种方式，主要是用来描述现实世界的一种概念模型。它是描述现实世界关系概念模型的有效方法，也提供了表示实体类型、属性和联系的方法。

（1）实体　客观存在并可相互区别的事物称为实体。实体可以是具体的人、事、物，也可以是抽象的概念或联系。例如，一个用户、一件商品等。

（2）属性　描述实体的特性称为属性。一个实体可以由若干个属性来刻画，如一个用户实体有账号、姓名、性别、年龄等属性。属性有属性名和属性值，属性的具体取值称为属性值。例如，对某一用户的"年龄"属性取值"20"，其中"年龄"为属性名，"20"为属性值。

（3）关键字　能够唯一标识实体的属性或属性的组合称为关键字。如用户的账号可以作为用户实体的关键字，但用户的姓名有可能有重名，因此不能作为用户实体的关键字。

（4）域　属性的取值范围称为该属性的域。例如，账号的域为 6 个字符串集合，性别的域为"男"和"女"。

（5）实体型　属性的集合表示一个实体的类型，称为实体型。例如，用户（账号，姓名，性别，年龄）就是一个实体型。

属性值的集合表示一个实体。例如，属性值的集合（1234567，李楠，女，20）就是代表一个具体的用户。

（6）实体集　同类型的实体的集合称为实体集。例如，对于"用户"实体来说，全部用户就是一个实体集。

5. 实体之间的联系

（1）一对一联系（1:1）　实体集 A 中的一个实体至多与实体集 B 中的一个实体相对应，反之亦然，则称实体集 A 与实体集 B 为一对一的联系，记作 1:1。

例如，一个学校只有一个校长，一个校长只能管理一个学校。

（2）一对多联系（1:n）　如果对于实体集 A 中的每一个实体，实体集 B 中有多个实体与之对应；反之，对于实体集 B 中的每一个实体，实体集 A 中至多只有一个实体与之对应，则称实体集 A 与实体集 B 之间为一对多联系，记为 1:n。

例如，学校的一个系有多个专业，而一个专业只属于一个系。

（3）多对多联系（$m:n$） 如果对于实体集 A 中的每一个实体，实体集 B 中有多个实体与之对应；反之，对于实体集 B 中的每一个实体，实体集 A 中也有多个实体与之对应，则称实体集 A 与实体集 B 之间为多对多联系，记为 $m:n$。

例如，一个学生可以选修多门课程，一门课程可以被多名学生选修。

6. E-R 图的画法

E-R 图主要由实体类型、属性和联系三部分组成，如图 4-47 所示为教学管理系统 E-R 图。

"矩形框"表示实体型，矩形框内写明实体名称；"椭圆图框"或圆角矩形框表示实体的属性，并用"实心线段"将其与相应关系的"实体型"连接起来；"菱形框"表示实体型之间的联系成因，在菱形框内写明联系名，并用"实心线段"分别与有关实体型连接起来，同时在"实心线段"旁标上联系的类型（$1:1$、$1:n$ 或 $m:n$）。

7. 关系模型的基本术语

（1）关系 一个关系就是一个二维表，每一个关系都有一个关系名。在关系数据库管理系统中，通常把二维表称为数据表，也简称为表。二维表中含有几列就称为几元关系。

对关系的描述称为关系模式，一个关系模式对应于一个关系的结构。

关系模式的一般格式：

关系名（属性名 1，属性名 2，…，属性名 n）

例如，学系（学系代码，学系名称，办公电话，学系简介）。

（2）属性 二维表中的一列称为一个属性，每一列都有一个属性名。

（3）元组 二维表中从第二行开始的每一行称为一个元组或记录。"关系"是"元组"的集合，"元组"是属性值的集合，一个关系模型中的数据就是这样逐行逐列组织起来的。

（4）分量 元组中的一个属性值称为分量。关系模型要求关系的每一个分量必须是一个不可分的数据项，即不允许表中还有表。

（5）域 属性的取值范围称为域，即不同的元组对同一属性的取值所限定的范围。例如，性别只能从"男""女"两个汉字中取其中一个汉字。

（6）候选关键字 关系中的某个属性组（一个属性或几个属性的组合）可以唯一标识一个元组，这个属性组称为候选关键字。

（7）主关键字（简称主键） 一个关系中可以有多个候选关键字，选择其中一个作为主关键字，也称为主键或主码。例如，在"学生"表中，由于每个学号是唯一的，故可以设置"学号"字段为主键。

（8）外部关键字（简称外键） 如果一个属性组（一个属性或几个属性的组合）不是所在关系的主关键字，而是另一个关系的主关键字或候选关键字，则该属性组称为外部关键字，也称为外键或外码。

（9）主属性 包含在任一候选关键字中的属性称为主属性。

8. 关系的性质

关系是一个二维表，但并不是所有的二维表都是关系。关系应具有以下性质：

1）每一列中的分量是同一类型的数据，来自同一个域。

2）不同的列要给予不同的属性名。

3）列的顺序无所谓，即列的次序可以任意交换。

4）任意两个元组不能完全相同。

5）行的顺序无所谓，即行的次序可以任意交换。

6）每一个分量都必须是不可再分的数据项。

由上述可知，二维表中的每一行都是唯一的，而且所有行都具有相同类型的字段。

9. 关系完整性约束

关系模型允许定义三种完整性约束，即实体完整性约束、参照完整性和用户定义完整性约束。

其中实体完整性约束和参照完整性约束统称为关系完整性约束，是关系模型必须满足的完整性的约束条件，它由关系数据库系统自动支持。用户定义完整性约束是应用领域需要遵循的约束条件。

10. 关系模式

关系模式（relational schema）是对关系的描述，它可以形式化地表示为：$R(U, D, \text{dom}, F)$。其中 R 为关系名，U 为组成该关系的属性名集合，D 为属性组 U 中属性所来自的域，dom 为属性向域的映象集合，F 为属性间数据的依赖关系集合。通常简记为：$R(U)$ 或 $R(A1, A2, \cdots, An)$。其中 R 为关系名，U 为属性名集合，$A1, A2, \cdots, An$ 为各属性名。

有了定义，对关系模式有一个大概的认识，那么我们如何从 E-R 图中得到一个关系模式呢？

1）如图 4-49 所示，可以得到一组关系模式：

教师（性别，工号，手机号，年龄，姓名）

班级（年级，班号）

负责（工号，班号）

但是负责这组关系模式出现了重复，此时可以进行合并。

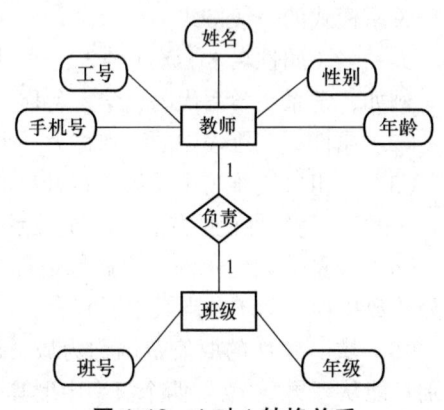

图 4-49　1 对 1 转换关系

这就是一组关系模式。有人会说，"负责"这组关系模式好像多余呀。是的，下面我们就着手将其进行合并。1 对 1 的关系可以对"教师"和"负责"进行合并，或者"班级"与"负责"进行合并。最终结果如下：

教师（性别，工号，手机号，年龄，姓名，班号）

班级（年级，班号）

或者

教师（性别，工号，手机号，年龄，姓名）

班级（年级，班号，工号）

2）如图 4-50 所示，可以得到一组关系模式：

学生（学号，姓名，性别）

班级（年级，班号）

包含（学号，班号，人数）

在 1 对 n 的关系中，需要将联系的关系添加到 n 的一方的关系模式中。结果如下：

学生（学号，姓名，性别，班号，人数）

班级（年级，班号）

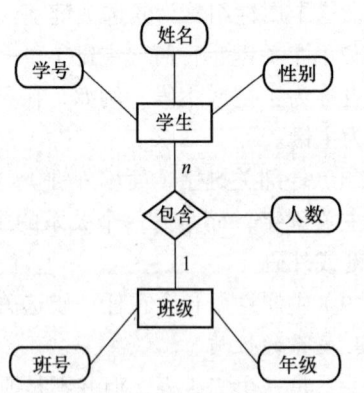

图 4-50　1 对 n 转换关系

3）如图 4-51 所示，可以初步得到一组关系模式：

学生（学号，姓名，性别）

课程（课程号，课程名）

选课（学号，课程号，成绩）

在 n 对 m 的关系下，三种关系模式是不能进行合并的。两个实体联系的关系模式可称为中间表的结构。

11. SQL 语句

SQL（Structured Query Language）是指结构化查询语言。SQL 的范围包括数据插入、查询、更新和删除、数据库模式创建和修改，以及数据访问控制。SQL 是一门符合 ANSI（American National Standards Institute，美国国家标准化组织）标准的计算机语言，由于存在多种不同版本的 SQL 语言，为了与 ANSI 标准相兼容，它们必须以相似的方式共同地支持一些主要的命令（如 SELECT、UPDATE、DELETE、INSERT、WHERE 等）。

RDBMS（Relational Database Management System）指关系型数据库管理系统。RDBMS 是 SQL 的基础，同样也是所有现代数据库系统的基础，如 MS SQL Server、IBM DB2、Oracle、MySQL 以及 Microsoft Access。RDBMS 中的数据存储在被称为表的数据库对象中。表是相关的数据项的集合，它由列和行组成。

SQL 语句是由简单的英语单词构成的，这些单词称为关键字，见表 4-2。

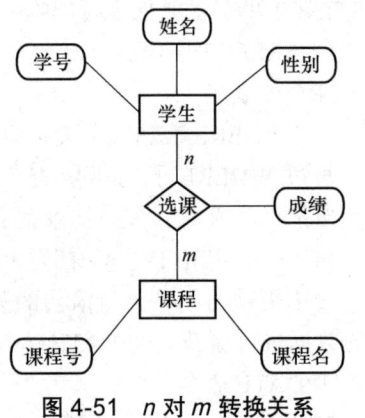

图 4-51　n 对 m 转换关系

表 4-2　SQL 命令

关键字	含　义
SELECT	从数据库中提取数据
UPDATE	更新数据库中的数据
DELETE	从数据库中删除数据
INSERT INTO	向数据库中插入新数据
CREATE DATABASE	创建新数据库
ALTER DATABASE	修改数据库
CREATE TABLE	创建新表
ALTER TABLE	变更（改变）数据库表
DROP TABLE	删除表
CREATE INDEX	创建索引（搜索键）
DROP INDEX	删除索引（搜索键）

（1）查询语句　查询语句的关键字是 SELECT，它的用途是从一个或者多个表中检索信息。SELECT 语句语法如下：

1）SELECT * FROM 表名；

星号"*"表示查询数据表的所有字段值，字段列表表示查询指定字段的值；FROM 后面的表名用于指定要查询数据记录的表。

2）SELECT 字段 1[AS 别名]，字段 2，字段 3，…

FROM 表名；

如果只需要查询数据表中的某些字段数据，在 SELECT 关键字指定需要的字段即可，字段名之间必须用逗号隔开。查询结果的排列顺序与 SELECT 语句后的字段名顺序一致；字段名后用 AS 可将查询结果的列名重新命名。

3）SELECT DISTINCT 字段 1，字段 2，字段 3，…

FROM 表名；

在执行数据查询时，查询结果可能会包含重复的数据。可以使用关键字 DISTINCT 去重。DISTINCT 的目的是保证行的唯一性。

4）SELECT 字段名

FROM 表名

    WHERE 表达式 1 关系运算符 表达式 2

通过 WHERE 子句指定查询条件，对数据进行筛选。WHERE 子句会根据数据逐一判断，当条件为真时，该条记录就会作为查询结果返回。常见的关系运算符包括：=、>、<、>=、<=、!=、<>。其中 !=、<> 都表示不等于。

（2）更新语句 更新语句的关键字是 UPDATE。当外界数据发生变化时，就需要对数据库中的数据进行更新。UPDATE 语句语法如下：

UPDATE 表名

SET 列名 1= 值 1，…列名 n= 值 n

[WHERE 条件]；

UPDATE 语句用于更新表中已存在的记录。这里 WHERE 子句规定哪条记录或者哪些记录需要更新。如果省略了 WHERE 子句，所有的记录都将被更新。

（3）插入语句 插入语句的关键字是 INSERT。插入语句负责向数据库中插入记录。INSERT 语句语法如下：

1）INSERT INTO 表名

VALUES（值 1，值 2，…）；

无须指定要插入数据的列名，只需提供被插入的值即可。

2）INSERT INTO 表名（列 1，列 2，…）

VALUES（值 1，值 2，…）；

需要指定列名及被插入的值。

（4）删除语句 删除语句的关键字是 DELETE。如果表中的数据不再使用，则可以将其删除。DELETE 语句语法如下：

1）DELETE FROM 表名

[WHERE 条件]；

WHERE 子句规定哪条记录或者哪些记录需要删除。如果省略了 WHERE 子句，则所有的记录都将被删除。

2）DELETE * FROM 表名；

可以在不删除表的情况下，删除表中所有的行。这意味着表结构、属性、索引将保持不变。

📑 训练任务

1. 数据库中有一张教师信息表（staff_info），包括字段：工号、姓名、性别、专业。还有一张课程表（score_info），包括字段：课程名、课程号。请画出 E-R 图并写出关系模式。

2. 学生信息表 stu_info（见图 4-48）中某位学生的学号（20220003），想查询其姓名。请用 SQL 语句实现该生姓名的查询。

3. 查询学生信息表 stu_info（见图 4-48）中男性学生信息。请用 SQL 语句实现查询。

项目 5

Project **5**

数据处理与展示

伴随着各种移动随身设备以及物联网、云计算、云存储等技术的发展，人和物的所有轨迹都可以被记录，数据因此被大量生产出来。随着计算机与存储技术的发展以及万物互联的过程，数据爆发的趋势势不可挡，人们进入了一个崭新的大数据时代。一般而言，数据处理流程主要包括数据收集、数据预处理、数据分析、数据展示等环节，其中数据质量贯穿于整个数据流程，每一个数据处理环节都会对数据质量产生影响。数据库里面的数据这么多，怎么快速地拿到有价值的数据呢？本项目带领大家一起学习数据处理与展示在具体场景中的应用。

☞ 教学目标

1. 能够熟练使用 Excel 进行数据处理。
2. 能够熟练使用 Python 读写不同类型的数据集。
3. 能够使用 Pandas 库完成数据的清洗和整理。
4. 能够熟练使用 Tableau 完成数据的可视化。
5. 能够使用 Matplotlib 库完成数据的可视化分析。

♩ 教学重难点

1. 数据的清洗和整理。
2. 数据的可视化分析。

任务 1　Excel 数据处理

在使用 Excel 作数据前期处理时，分列操作用得非常多。我们需要从列中提取数据，或者进行数据类型的转换，规范化数据，都可以使用分列去完成。

📖 任务描述

小智假期在去哪儿网公司实习，公司让他做一个旅游数据分析报告。他根据去哪儿网的部分原始数据，首先需要完成数据的预处理。

✍ 任务分析

小智打开数据集查看原始数据，发现"酒店"字段数据可进行进一步拆分，分为"酒店""酒店类型""酒店评分"三列数据。整理"酒店类型"中包含的"酒店评分"数据，最后

93

计算机技术与计算思维

将"酒店评分"文本数据转换成数值类型数据，以便后续的进一步数据分析。

任务实现

1. 将"酒店"数据单独分成一列

打开数据文件"去哪儿网数据 .xlsx"，在"酒店"字段后插入两个空列，选中"酒店"列，单击"数据"菜单中的"分列"，如图 5-1 所示。默认选择"分隔符号"。

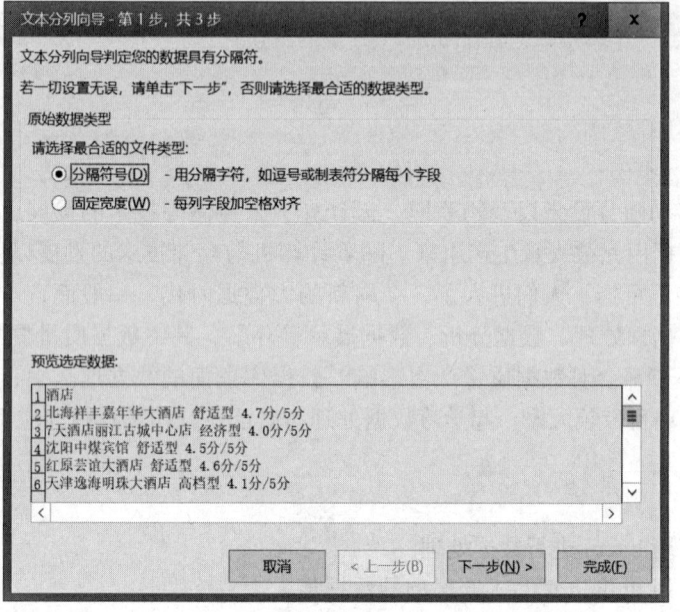

图 5-1　选择合适的文件类型"分隔符号"

单击"下一步"，设置"空格"为分隔符号，如图 5-2 所示。

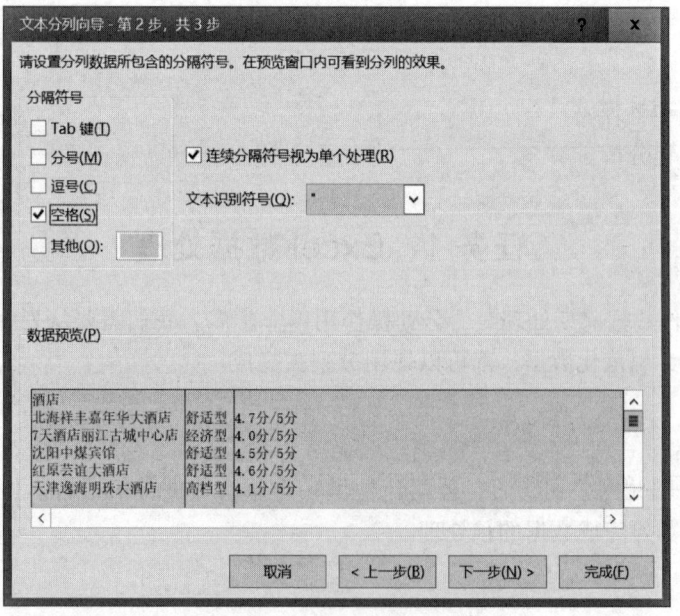

图 5-2　设置分隔符号

单击"下一步"，数据格式默认当前值。单击"完成"，分列后的效果如图 5-3 所示。

94

数据处理与展示　项目5

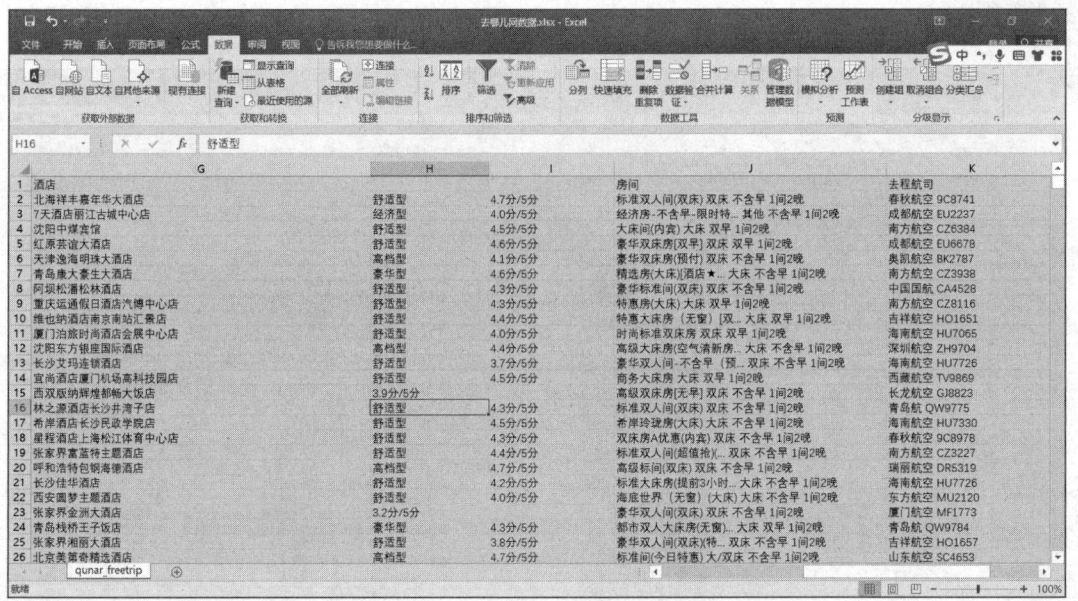

图 5-3　分列后的数据

2.添加表头

在"酒店"后添加列名"酒店类型""酒店评分"。

3.整理"酒店类型""酒店评分"的数据

查看图 5-3 的数据，发现"酒店类型"中包含"酒店评分"数据，于是，将"酒店类型"进行排序。首先选中"酒店类型"列数据，单击工具栏中的"排序"，默认选择"扩展选定区域"，如图 5-4 所示。

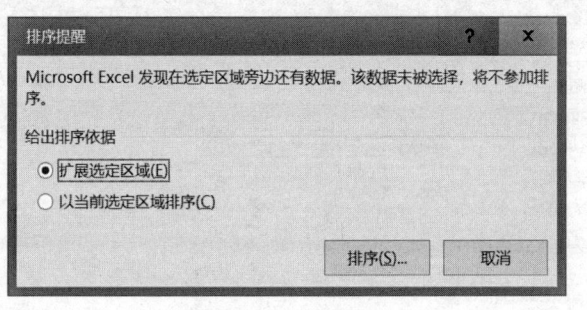

图 5-4　排序依据

单击"排序"，主要关键字选择"酒店类型"，勾选"数据包含标题"，其余设置如图 5-5 所示。单击"确定"，完成"酒店类型"升序排列。

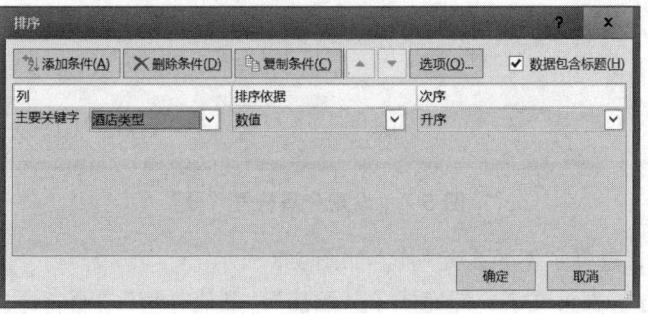

图 5-5　排序参数选择

95

计算机技术与计算思维

如图 5-6 所示，将"酒店类型"数值为分数的数据剪切到"酒店评分"对应的位置。

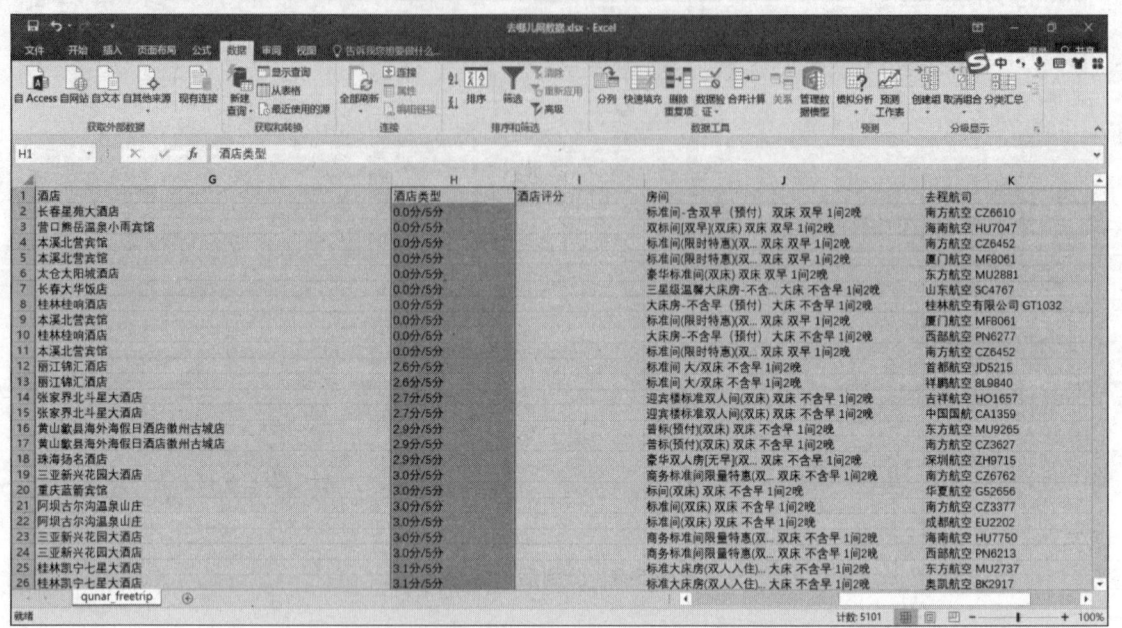

图 5-6　排序后数据

查看"酒店评分"中的数据，满分为 5 分，将第一个"分"字前面的数字分割出来即为评分数据，因此按照上述分列的步骤，在文本分列向导的第 2 步选择"其他"并填写"分"，勾选"连续分隔符号视为单个处理"，如图 5-7 所示。

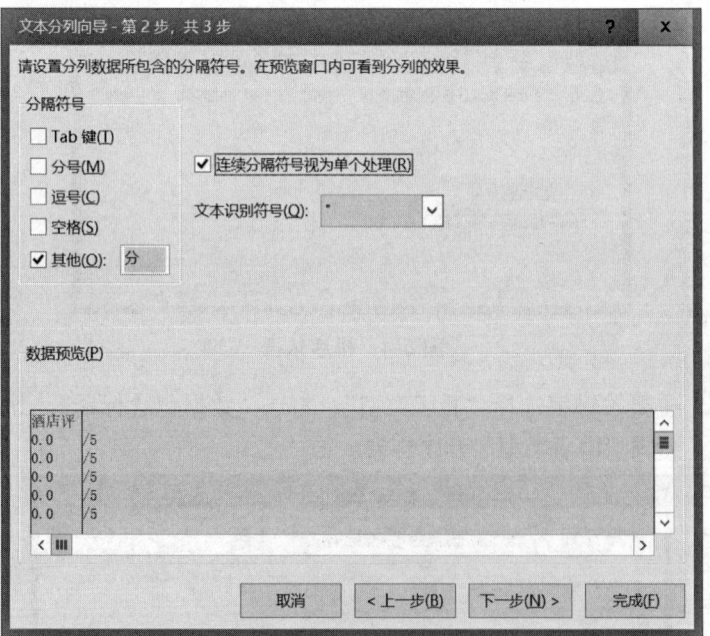

图 5-7　设置分隔符号"分"

单击"下一步"，选择"不导入此列"，如图 5-8 所示。

补全"酒店评分"表头文字，即完成了"酒店""酒店类型""酒店评分"数据的分列操作，处理后的数据如图 5-9 所示。

96

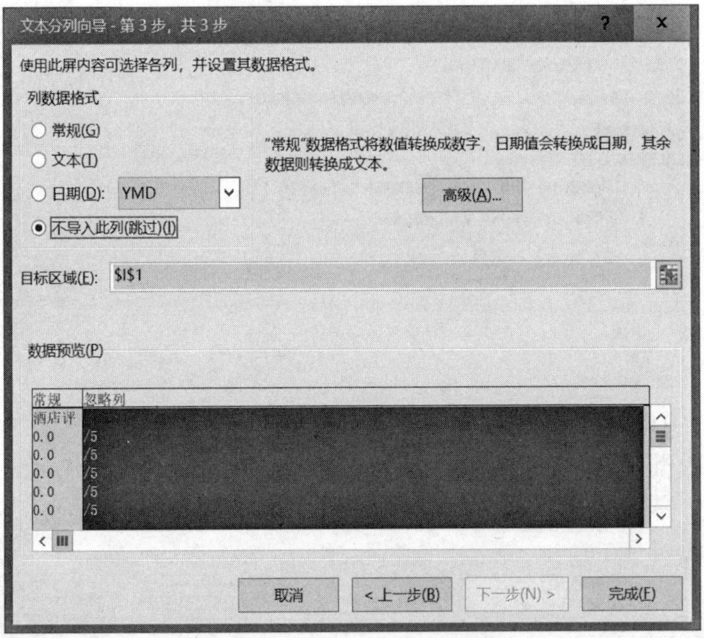

数据处理与展示　项目5

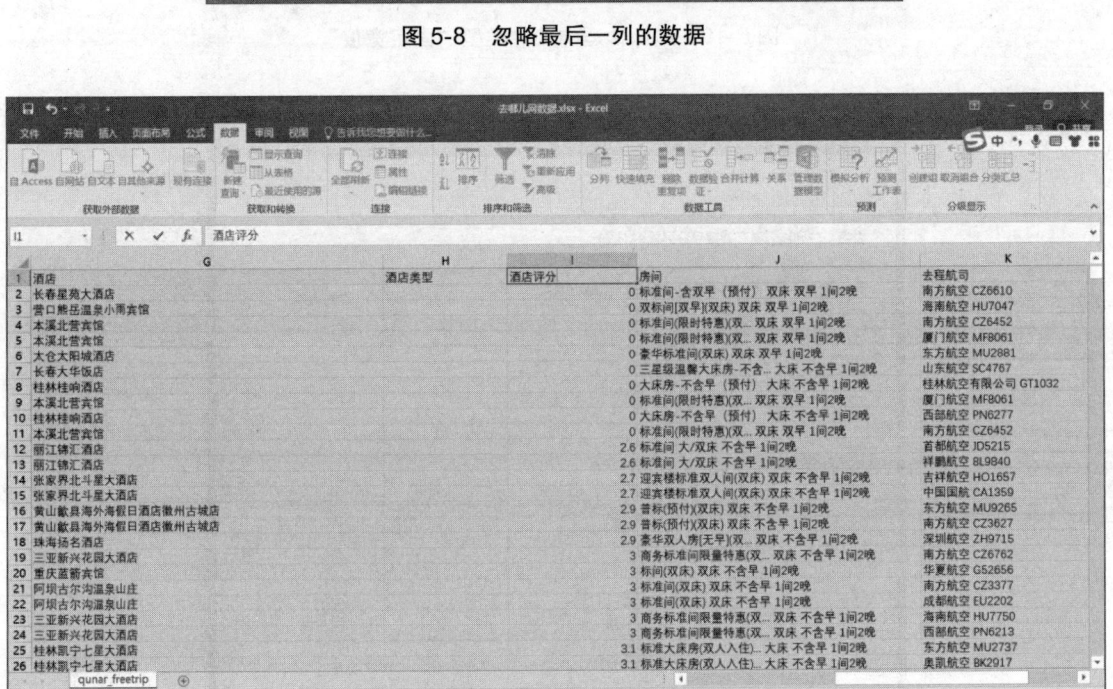

图 5-8　忽略最后一列的数据

图 5-9　处理后的数据

知识拓展

1. 固定位置分列

如果数据是绝对的固定位置，并且每个内容之间的长度都是一样的，没有分隔符，则可以通过固定位置进行分列，操作如图 5-10 所示。

单击"下一步"，再单击"数据预览"区设置分割线，如图 5-11 所示。

97

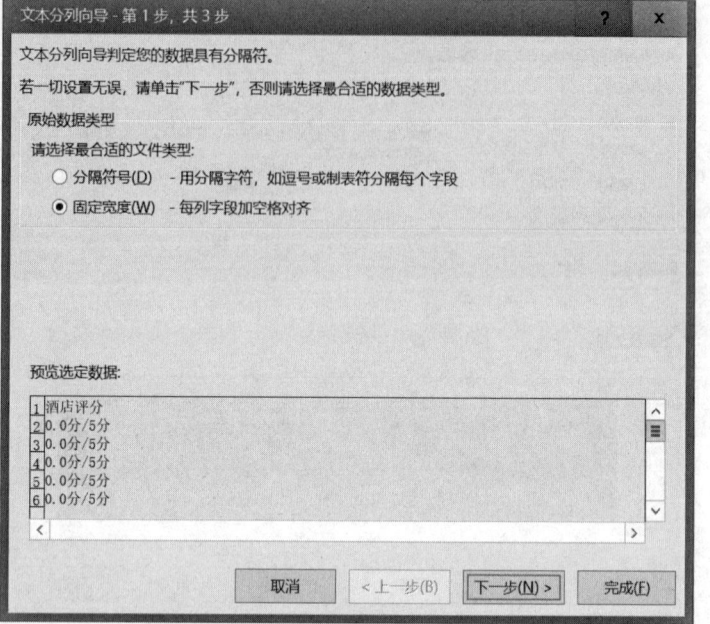

图 5-10 选择合适的文件类型"固定宽度"

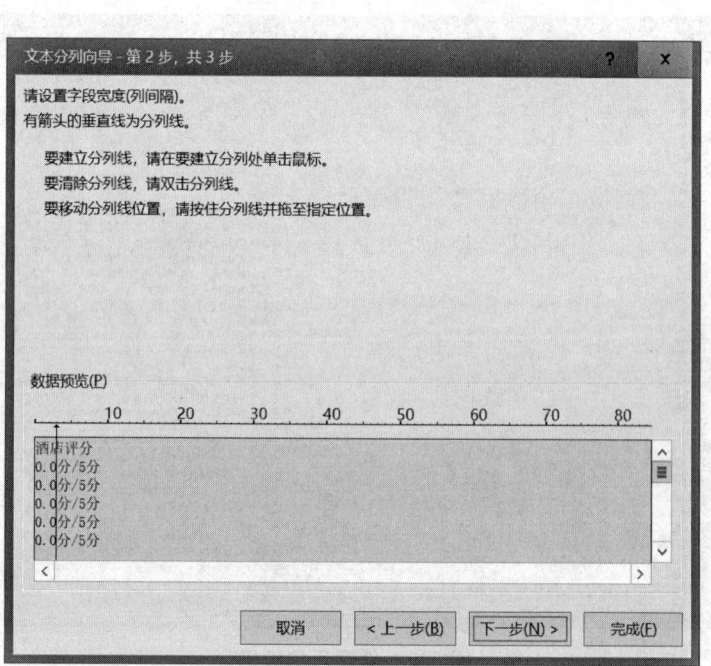

图 5-11 设置字段宽度

2. 用分列转化数值

有时从 ERP 系统导出的数据，可能会存在数值均是文本的情况。当作求和的时候，文本的数字无法进行行求和运算，不需要改成常规格式，然后一个一个地去按回车确认，直接用分列一步就可以到位。选中需要修改格式的列，根据分列向导的提示，前面 2 步默认选择项，第 3 步选择"常规"，操作如图 5-12 所示，即可将数值转换成数字。

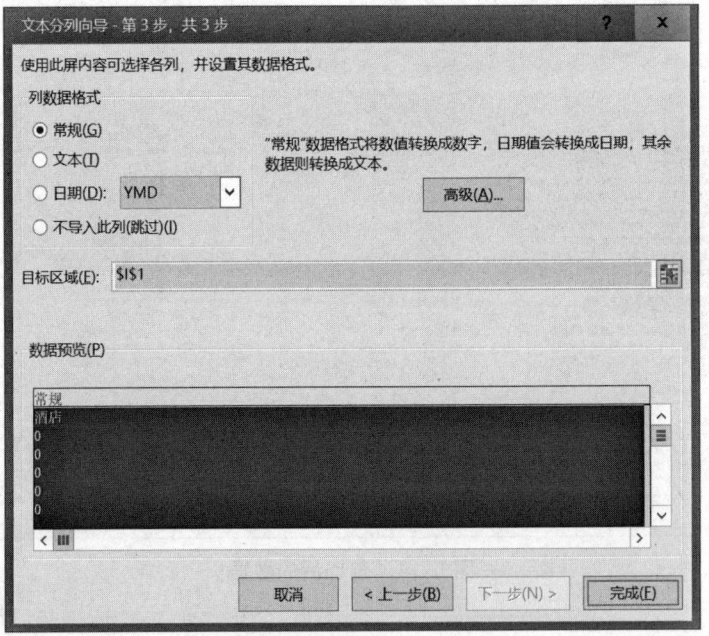

图 5-12 设置数据格式"常规"

3. 用分列转化日期格式

日期的格式如果输入不标准，不需要一个一个地去修改，直接使用分列。选中需要修改格式的列，根据分列向导的提示，前面 2 步默认选择项，第 3 步选择"日期"，如图 5-13 所示。

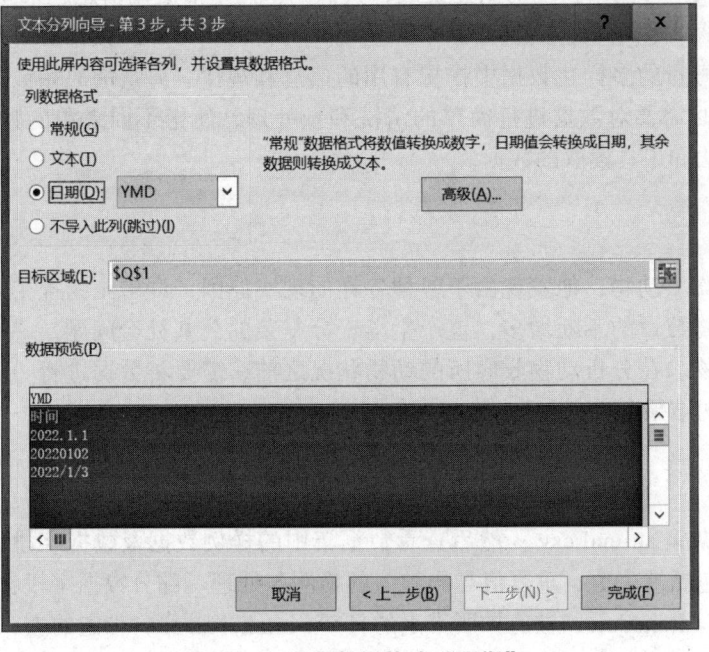

图 5-13 设置数据格式"日期"

整理后的数据如图 5-14 所示。

计算机技术与计算思维

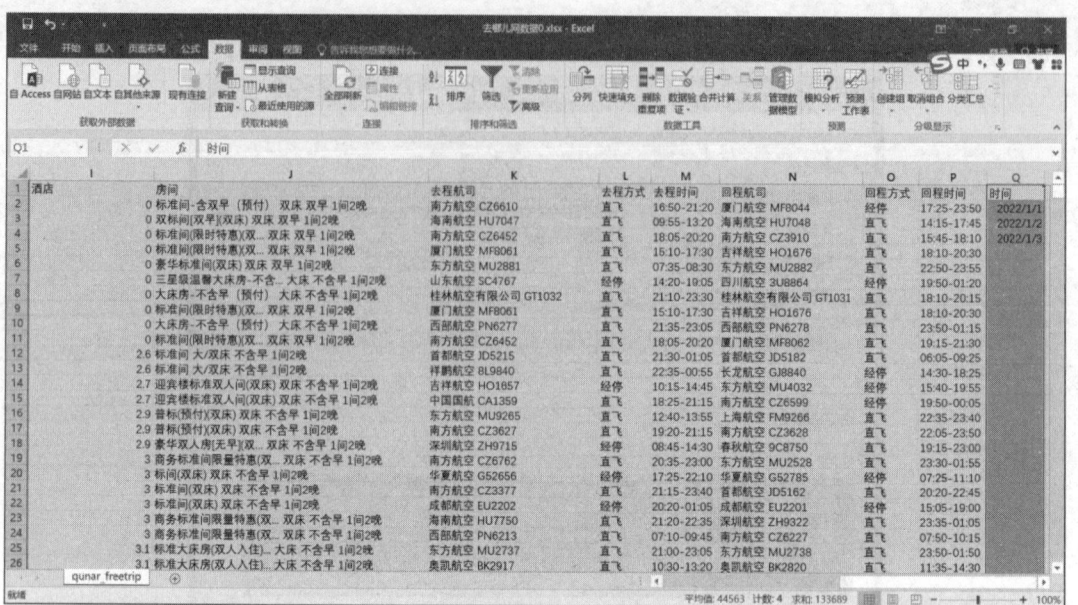

图 5-14　整理后的数据

训练任务

打开教材提供的"job.xlsx"文件，并对"地区经验学历"数据进行处理。

任务 2　Python 数据处理

随着计算机技术和网络技术的高速发展，人们的生产生活活动信息越来越频繁地被数字化，不仅数据量呈现爆发性增长，而且数据来源呈现异构特性。另外，数据的价值也越来越受到重视，人们期望从海量的多样化数据中挖掘有用的信息和规律。海量的原始数据中有不少是重复的或无用的，此时需要对数据进行简单的清洗和预处理，使得不同来源的数据整合成一致的、适合数据分析算法和工具读取的数据。

任务描述

小智非常喜欢小动物，他发现由于各种各样的现实原因，许多宠物被主人遗弃成为流浪动物。随着流浪动物数量的不断增多，也产生了十分复杂的公共社会问题，幸运的是，有很多庇护所帮助流浪动物。在分析动物收容所的动物状况之前，需要将数据进行一定的预处理才能获得更准确、有效的结果。

任务分析

首先加载数据集 animal.csv；然后查看数据集中的样例数据及数据字段；最后，完成数据的清洗和整理，包括缺失值、重复值与异常值的检测与处理。部分数据字段含义如下：id，动物的 id，唯一编码；intakedate，被庇护所带走的日期；intakereason，带走的人；istransfer，是否已经被调到其他地方；sheltercode，庇护所的识别码；identichipnumber，标识，宠物的微芯片 id；animalname，动物的名字；breedname，动物的品种；basecolour，动物的颜色；speciesname，动物的种类；deceasedreason，是否死亡；diedoffshelter，死亡埋葬的地方。

100

数据处理与展示　　项目 5

📖 任务实现

1. 读取并查看数据前 5 行

导入 Pandas 模块，使用该模块下的 read_csv（）函数读取数据，并使用 head（）或 tail（）函数查看前 / 后 5 行数据，如图 5-15 所示。

\# 导入模块并读取数据

import pandas as pd

data=pd.read_csv（open（r'C：\Users\cxn\Desktop\python 程序 \animal.csv'））

data.head（）

	id	intakedate	intakereason	istransfer	sheltercode	identichipnumber	animalname	breedname	basecolour	speciesnam
0	15801	2009/11/28 0:00	Moving	0	C09115463	0A115D7358	Jadzia	Domestic Short Hair	Tortie	C:
1	15932	2009/12/8 0:00	Moving	0	D09125594	0A11675477	Gonzo	German Shepherd Dog/Mix	Tan	Dc
2	28859	2012/8/10 0:00	Abandoned	0	D12082309	0A13253C7B	Maggie	Shep Mix/Siberian Husky	Various	Dc
3	30812	2013/1/11 0:00	Abandoned	0	C1301091	0A13403D4D	Pretty Girl	Domestic Short Hair	Dilute tortoiseshell	C:
4	30812	2013/1/11 0:00	Abandoned	0	C1301091	0A13403D4D	Pretty Girl	Domestic Short Hair	Dilute tortoiseshell	C:

5 rows × 22 columns

图 5-15　查看数据前 5 行

2. 查看数据基本信息

使用 info（）函数查看数据基本信息，发现共有 10296 行 22 列数据，并可查看各字段非空数据的行数及数据类型，如图 5-16 所示。

\# 查看数据基本信息

data.info（）

```
<class 'pandas.core.frame.DataFrame'>
RangeIndex: 10296 entries, 0 to 10295
Data columns (total 22 columns):
id                10296 non-null int64
intakedate        10296 non-null object
intakereason      10294 non-null object
istransfer        10296 non-null int64
sheltercode       10296 non-null object
identichipnumber  8329 non-null object
animalname        10296 non-null object
breedname         10251 non-null object
basecolour        10296 non-null object
speciesname       10296 non-null object
animalage         10296 non-null int64
sexname           10296 non-null object
location          10296 non-null object
movementdate      10296 non-null object
movementtype      10296 non-null object
istrial           10295 non-null float64
returndate        3258 non-null object
returnedreason    10296 non-null object
deceasedreason    10296 non-null object
diedoffshelter    10296 non-null int64
puttosleep        10296 non-null int64
isdoa             10296 non-null int64
dtypes: float64(1), int64(6), object(15)
memory usage: 1.7+ MB
```

图 5-16　查看数据基本信息

101

3. 查看空缺值并处理

使用 isnull（）函数查看当前数据有无空缺值。若存在空缺值，则对应单元格为 True，否则为 False，结果如图 5-17 所示。但这种方式在数据量较大的数据集中并不能很直观地显示出哪些行列存在空缺值。

查看数据集中有无空缺值

pd.isnull（data）

	id	intakedate	intakereason	istransfer	sheltercode	identichipnumber	animalname	breedname	basecolour
0	False	False	False	False	False	False	False	False	False
1	False	False	False	False	False	False	False	False	False
2	False	False	False	False	False	False	False	False	False
3	False	False	False	False	False	False	False	False	False
4	False	False	False	False	False	False	False	False	False
5	False	False	False	False	False	False	False	False	False
6	False	False	False	False	False	False	False	False	False

图 5-17　查看有无空缺值

筛选出空缺值所在具体位置，结果如图 5-18 所示。

筛选出空缺值所在具体位置

null_data=data[data.isnull（）.values==True]

null_data

	id	intakedate	intakereason	istransfer	sheltercode	identichipnumber	animalname	
0	15801	2009/11/28 0:00	Moving	0	C09115463	0A115D7358	Jadzia	D
1	15932	2009/12/8 0:00	Moving	0	D09125594	0A11675477	Gonzo	
2	28859	2012/8/10 0:00	Abandoned	0	D12082309	0A13253C7B	Maggie	
5	30812	2013/1/11 0:00	Abandoned	0	C1301091	0A13403D4D	Pretty Girl	D
7	31469	2013/3/26 0:00	Incompatible with owner lifestyle	0	D1303720	9.81E+14	Bonnie	
8	40705	2015/6/19 0:00	Abandoned	0	R15061738	NaN	Candy	

图 5-18　筛选出空缺值所在位置

对空缺值进行删除，删除空缺值后数据基本信息如图 5-19 所示，可以看出数据只有 2935 行。

删除空值

data.dropna（inplace=True）

data.info（）

4. 查看重复值并处理

使用 duplicated（）函数检查是否存在重复值，结果如图 5-20 所示。这种方式并不能很直观地显示出哪些行存在重复值。

查看重复值

data.duplicated（）

```
<class 'pandas.core.frame.DataFrame'>
Int64Index: 2935 entries, 3 to 10199
Data columns (total 22 columns):
id                 2935 non-null int64
intakedate         2935 non-null object
intakereason       2935 non-null object
istransfer         2935 non-null int64
sheltercode        2935 non-null object
identichipnumber   2935 non-null object
animalname         2935 non-null object
breedname          2935 non-null object
basecolour         2935 non-null object
speciesname        2935 non-null object
animalage          2935 non-null int64
sexname            2935 non-null object
location           2935 non-null object
movementdate       2935 non-null object
movementtype       2935 non-null object
istrial            2935 non-null float64
returndate         2935 non-null object
returnedreason     2935 non-null object
deceasedreason     2935 non-null object
diedoffshelter     2935 non-null int64
puttosleep         2935 non-null int64
isdoa              2935 non-null int64
dtypes: float64(1), int64(6), object(15)
memory usage: 527.4+ KB
```

图 5-19　删除空缺值后数据基本信息

```
3      False
4      True
6      False
10     False
11     False
14     False
15     False
17     False
19     False
26     False
29     False
30     True
33     False
36     False
37     False
38     False
40     False
41     False
43     False
44     False
46     False
50     False
60     False
63     False
64     False
65     False
66     False
67     False
71     False
74     False
       ...
```

图 5-20　查看重复值结果

筛选出重复值所在具体位置，结果如图 5-21 所示。

检查重复值的具体位置

data[data.duplicated（ ）.values==True]

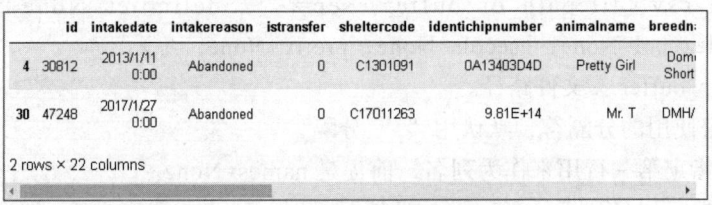

图 5-21　筛选出重复值所在位置

删除重复值所在行并再次查看数据信息，数据为 2933 行，结果如图 5-22 所示。

删除重复值并再次查看数据信息

data.drop_duplicates（inplace=True）

data.info（ ）

5. 查看异常值并处理

绘制箱形图查看动物年龄异常值分布，如图 5-23 所示，发现有动物年龄为 100 岁的数据，判定为异常值。

绘制箱形图查看异常值分布

pd.DataFrame（data, columns=['animalage']）. boxplot（ ）

删除动物年龄超过 40 岁的记录，如图 5-24 所示。

删除动物年龄超过 40 岁的记录

data=data[data['animalage']<=40]

data

```
<class 'pandas.core.frame.DataFrame'>
Int64Index: 2933 entries, 3 to 10199
Data columns (total 22 columns):
id                 2933 non-null int64
intakedate         2933 non-null object
intakereason       2933 non-null object
istransfer         2933 non-null int64
sheltercode        2933 non-null object
identichipnumber   2933 non-null object
animalname         2933 non-null object
breedname          2933 non-null object
basecolour         2933 non-null object
speciesname        2933 non-null object
animalage          2933 non-null int64
sexname            2933 non-null object
location           2933 non-null object
movementdate       2933 non-null object
movementtype       2933 non-null object
istrial            2933 non-null float64
returndate         2933 non-null object
returnedreason     2933 non-null object
deceasedreason     2933 non-null object
diedoffshelter     2933 non-null int64
puttosleep         2933 non-null int64
isdoa              2933 non-null int64
dtypes: float64(1), int64(6), object(15)
memory usage: 527.0+ KB
```

图 5-22　删除重复值后数据信息

计算机技术与计算思维

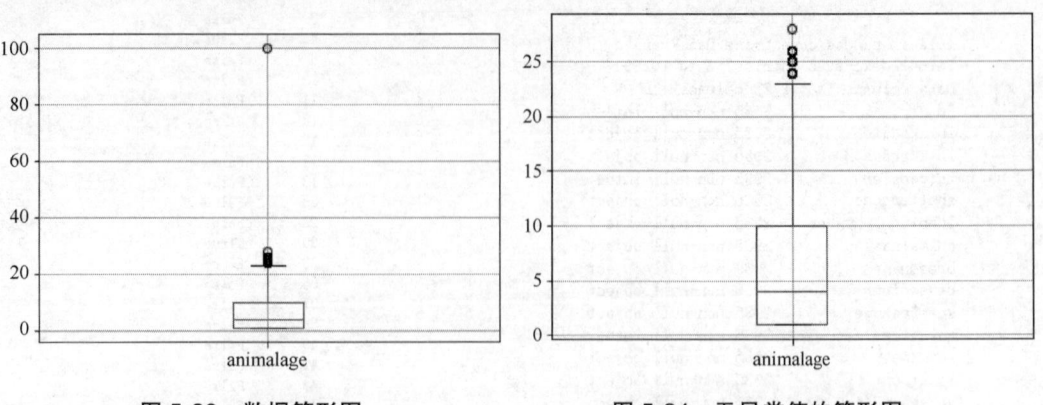

图 5-23　数据箱形图　　　　　　　　图 5-24　无异常值的箱形图

知识拓展

1. 数据读取与写入

文件是数据的载体。在数据预处理时所指的文件一般指计算机文件，是存储在某种储存设备上的一段数据流，我们需要通过适当的方法对其进行读取和写入。以下通过文本文件、表格文件、数据库三种数据存储方式，介绍 Pandas 从多种存储媒介读取以及将不同的数据结构写入不同格式文件的方法。

CSV 文件是一种纯文本文件，可以使用任何文本编辑器进行编辑，它支持追加模式，节省内存开销。read_csv（）函数的作用是将 CSV 文件的数据读取出来，转换成 DataFrame 对象展示。

pandas.read_csv（filepath_or_buffer，sep='，'，delimiter=None，header='infer'，names=None，index_col=None，usecols=None，prefix=None，...）

- filepath_or_buffer：文件路径。
- sep：指定使用的分隔符，默认用"，"分隔。
- header：指定第一行用来作为列名，前提是 names=None。
- names：指定列名列表。当 names 没被赋值时，header 会变成 0，即选取数据文件的第一行作为列名。

pandas.to_csv（）方法的功能是将数据写入 CSV 文件中。

pandas.to_csv（path_or_buf=None，sep='，'，na_rep=''，float_format=None，columns=None，header=True，index=True，index_label=None，mode='w'，...）

- path_or_buf：文件路径。
- index：默认为 True，若设为 False，则将不会显示索引。
- sep：分隔符，默认用"，"隔开。

Excel 文件也是比较常见的存储数据的文件，它里面均是以二维表格的形式显示的，可以对数据进行统计、分析等操作。Excel 的文件扩展名有 .xls 和 .xlsx 两种。

read_excel（）函数的作用是将 Excel 中的数据读取出来，转换成 DataFrame 展示。

pandas.read_excel（io，sheet_name=0，header=0，names=None，index_col=None，**kwds）

- io：表示路径对象。
- sheet_name：指定要读取的工作表，默认为 0。
- header：用于解析 DataFrame 的列标签。

104

数据处理与展示 项目5

● names：要使用的列名称。

pandas.to_excel（excel_writer，sheet_name='Sheet1'，na_rep=''，float_format=None，columns=None，header=True，index=True，...）

● excel_writer：表示读取的文件路径。

● index：表示是否写行索引，默认为 True。

在对海量数据进行存储时一般会选用合适的数据库，这主要是依赖于数据库的数据结构化、数据共享性、独立性等特点。Pandas 支持 MySQL、Oracle、SQLite、MongoDB 等主流数据库的读写操作。

Pandas 的 io.sql 模块中提供了常用的读写数据库函数，见表 5-1。

表 5-1　数据库相关函数

函数名称	说　明
read_sql_table（）	将数据转换为 DataFrame 对象
read_sql_query（）	将结果转换为 DataFrame 对象
read_sql（）	读取数据表或 SQL 语句
to_sql（）	将数据写入 SQL 数据库中

以 MySQL 为例，read_sql（）函数既可以读取整张数据表，又可以执行 SQL 语句。

pandas.read_sql（sql，con，index_col=None，coerce_float=True，params=None，parse_dates=None，columns=None，chunksize=None）

● sql：表示被执行的 SQL 语句。

● con：接收数据库连接，表示数据库的连接信息。

● columns：从 SQL 表中选择列名列表。

pandas.to_sql（）方法的功能是将 Series 或 DataFrame 对象以数据表的形式写入数据库中。

to_sql（name，con，schema = None，if_exists ='fail'，index = True，index_label = None，chunksize = None，dtype = None）

● name：表示数据库表的名称。

● con：表示数据库的连接信息。

● if_exists：可以取值为 fail、replace 或 append，默认为 'fail'。

2. 数据清洗

数据清洗即发现并纠正数据文件中可识别错误，清理影响数据质量的"脏数据"。脏数据在这里指的是对数据分析没有实际意义，格式非法，不在指定范围内的数据。缺失值、重复值和异常值均属于脏数据。

（1）缺失值处理　对缺失值的处理一般有以下 6 种方法：

1）忽略元组：在解决分类问题时，如果样本缺少类标号，通常会选择忽略元组的方式。但需要注意的是，忽略掉的数据可能对挖掘任务是有用的。当每个属性缺失的占比较大时，选择这种清洗方式是不恰当的。

2）人工填写缺失值：很显然，这种方法非常费时。当数据集很大且缺失值较多时，人工填写是不可行的。

3）使用一个全局常量填写缺失值：将缺失的属性值都用同一个常量（如"Unknown"）替换。需要注意的是，如果以同一个常量来替换缺失值，那么可能最终的挖掘结果与该常量有关。所以，尽管这种全局常量填写的方式非常简单，但并不十分可靠。

4）使用属性的中心度量（如均值或中位数）填充缺失值：对于对称的数据分布，可以使用

105

均值替换；对于倾斜的数据分布，则应该使用中位数。

5）使用与给定元组属于同一类的所有样本的属性均值或中位数填写：当样本有标称属性分类时，可以这样做。这样做可以避免类别之间的偏差影响，使填充更加合理。

6）使用最可能的值填写：可以使用回归、贝叶斯等方法，基于一些预测工具确定缺失值。

Pandas 中提供了一些用于检查或处理空值和缺失值的函数或方法。

使用 isnull（）和 notnull（）函数可以判断数据集中是否存在空值和缺失值。isnull（）函数的语法格式如下：

pandas.isnull（obj）

上述函数中只有一个参数 obj，表示检查空值的对象。

isnull（）函数会返回一个布尔类型的值。如果返回的结果为 True，则说明有空值或缺失值；否则为 False。

pandas.notnull（obj）

notnull（）与 isnull（）函数的功能是一样的，都可以判断数据中是否存在空值或缺失值。不同之处在于，前者发现数据中有空值或缺失值时返回 False，后者返回的是 True。

对于缺失数据可以使用 dropna（）和 fillna（）方法对缺失值进行删除和填充。

dropna（）方法的作用是删除含有空值或缺失值的行或列。

dropna（axis=0, how='any', thresh=None, subset=None, inplace=False）

● axis：过滤的方向，0 为过滤行，1 为过滤列。

● how：确定过滤的标准，'any' 为行列中有一个空值则进行过滤，'all' 为行列中全为空值则进行过滤。

● thresh：表示有效数据量的最小要求。若传入了 2，则是要求该行或该列至少有两个非 NaN 值时将其保留。

填充空缺值的方式一般可以使用 Pandas 中的 fillna（）方法。

fillna（value=None, method=None, axis=None, inplace=False, limit=None, **kwargs）

● value：指定固定值填充至空缺值位置。

● method：表示填充方式，默认值为 None，'ffill' 为将前一个正常值填充至下一个空缺值，'bfill' 为将后一个正常值填充至前一个空缺值。

● limit：可以连续填充的最大数量，默认 None。

另外，需要注意的是，不是所有缺失值都需要被填充。在某些情况下，缺失值并不意味着数据有误。

（2）重复值处理　Pandas 提供了两个函数专门用来处理数据中的重复值，分别为 duplicated（）和 drop_duplicates（）。其中 duplicated（）方法用于标记是否有重复值，drop_duplicates（）方法用于删除重复值。它们的判断标准是一样的，即只要两条数据中所有条目的值完全相等，就判断为重复值。

duplicated（）方法的语法格式如下：

duplicated（subset=None, keep='first'）

● subset：用于识别重复的列标签或列标签序列，默认识别所有的列标签。

● keep：保留第一次出现的项，取值可以为 first、last 或 False。

duplicated（）方法用于标记 Pandas 对象的数据是否重复，重复则标记为 True，不重复则标记为 False。所以该方法返回一个由布尔值组成的 Series 对象，它的行索引保持不变，数据则变为标记的布尔值。

对于 duplicated（）方法，这里有如下两点要进行强调：

1）只有数据表中两个条目间所有列的内容都相等时，duplicated（）方法才会判断为重复值。

2）duplicated（）方法支持从前向后（first）和从后向前（last）两种重复值查找模式，默认是从前向后查找判断重复值的。换句话说，就是将后出现的相同条目判断为重复值。

drop_duplicates（）方法的语法格式如下：

drop_duplicates（subset=None, keep='first', inplace=False）

- subset：用于识别重复的列标签或列标签序列，默认识别所有的列标签。
- keep：删除重复项并保留第一次出现的项，取值可以为 first、last 或 False。
- inplace 参数接收一个布尔类型的值，表示是否替换原来的数据，默认为 False。

（3）异常值处理　异常值是指样本中的个别值，其数值明显偏离它所属样本的其余观测值，这些数值是不合理的或错误的。

要想确认一组数据中是否有异常值，常用的检测方法有 3σ 原则（拉依达准则）和箱形图。3σ 原则是基于正态分布的数据检测；而箱形图没有什么严格的要求，可以检测任意一组数据。3σ 原则，又称为拉依达原则，它是指假设一组检测数据只含有随机误差，对其进行计算处理得到标准偏差，按一定概率确定一个区间，凡是超过这个区间的误差都是粗大误差，在此误差的范围内的数据应予以剔除。

在正态分布概率公式中，σ 表示标准差，μ 表示平均数，f(x) 表示正态分布函数。计算公式为

$$f(x) = \frac{1}{\sqrt{2\pi}\sigma}\left(-\frac{(X-\mu)^2}{2\sigma^2}\right)$$

正态分布函数图如图 5-25 所示。

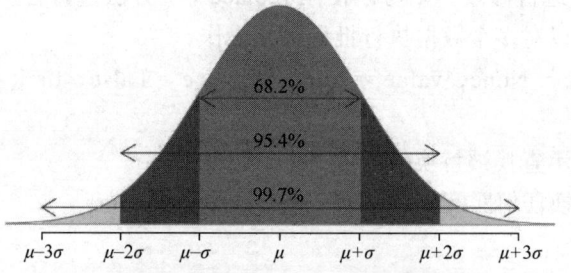

图 5-25　正态分布函数图

根据正态分布函数图可知，3σ 原则在各个区间所占的概率如下：

1）数值分布在（μ-σ, μ+σ）中的概率为 0.682。

2）数值分布在（μ-2σ, μ+2σ）中的概率为 0.954。

3）数值分布在（μ-3σ, μ+3σ）中的概率为 0.997。

数值几乎全部集中在（μ-3σ, μ+3σ）区间内，超出这个范围的可能性仅占不到 0.3%。所以，凡是误差超过这个区间的就属于异常值，应予以剔除。

箱形图是一种用作显示一组数据分散情况的统计图。在箱形图中，异常值通常被定义为小于 QL－1.5IQR 或大于 QU＋1.5IQR 的值。

1）QL 称为下四分位数，表示全部观察值中有 1/4 的数据取值比它小。

2）QU 称为上四分位数，表示全部观察值中有四分之一的数据取值比它大。

3）IQR 称为四分位数间距，是上四分位数 QU 与下四分位数 QL 之差，其间包含了全部观察值的 1/2。

如图 5-26 所示，离散点表示的是异常值，上界表示除异常值以外数据中的最大值；下界表示除异常值以外数据中的最小值。

为了能够从箱形图中查看异常值，Pandas 中提供了一个 boxplot（）方法，专门用来绘制箱形图，如图 5-27 所示。

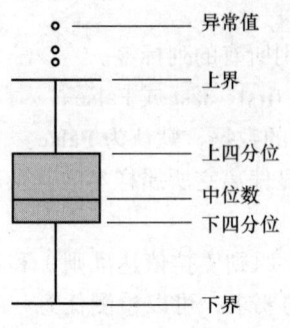

图 5-26　箱形图说明

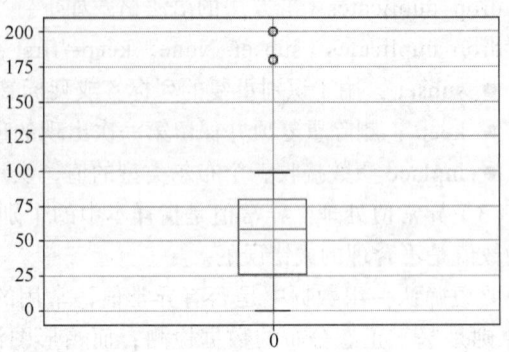

图 5-27　箱形图示例

从输出的箱形图中可以看出，数据中有 2 个离散点，说明箱形图成功检测出了异常值。检测出异常值后，通常会采用如下 4 种方式处理这些异常值：

1）直接将含有异常值的记录删除。

2）用具体的值来进行替换，可用前后两个观测值的平均值修正该异常值。

3）不处理，直接在具有异常值的数据集上进行统计分析。

4）视为缺失值，利用缺失值的处理方法修正该异常值。

如果希望对异常值进行修改，则可以使用 replace（）方法进行替换。该方法不仅可以对单个数据进行替换，也可以对多个数据执行批量替换操作。

replace（to_replace = None，value = None，inplace = False，limit = None，regex = False，method ='pad'）

● to_replace：表示查找被替换值的方式。

● value：用来替换任何匹配 to_replace 的值，默认值 None。

训练任务

打开教材提供的"大学毕业生收入数据集 .csv"文件，并对其中的数据进行清洗。

任务 3　Tableau 数据可视化

数据可视化可以让枯燥的数据以简单、友好的图形形式展现出来，是一种直观、有效的分析方式。Tableau 是一款可视化的分析和商业智能软件，简单易用、极速高效、功能丰富且无须编程，可以帮助个人或公司利用数据来作决策。它的产品体系非常丰富，不仅包括制作报表、视图和仪表板的桌面端设计和分析工具，还包括适用于企业部署的 Tableau 服务器产品，还有适用于网页上创建和分享数据可视化内容的完全免费服务产品 Tableau Public。

任务描述

小智在本项目任务 1 中完成了对原始数据的预处理。在此基础上，根据处理后的旅游数据进行可视化分析。

数据处理与展示　　项目5

任务分析

本任务从目的地酒店评分、酒店类型评分、出发地 / 目的地城市分析、去程 / 回程时间分析等维度，绘制条形图、饼状图、地图等常见图形，实现旅游数据的可视化分析与展示。

任务实现

1. 导入数据

Tableau 可连接多种数据源，包括带分隔符的文本文件、Excel 文件、SQL 数据库、Oracle数据库和多维数据库等。本任务导入的数据格式为 Excel 文件。单击"文件"，打开教材提供的数据"去哪儿网处理后数据 .xlsx"，单击左下角"工作表 1"，进入工作区，如图 5-28 所示。

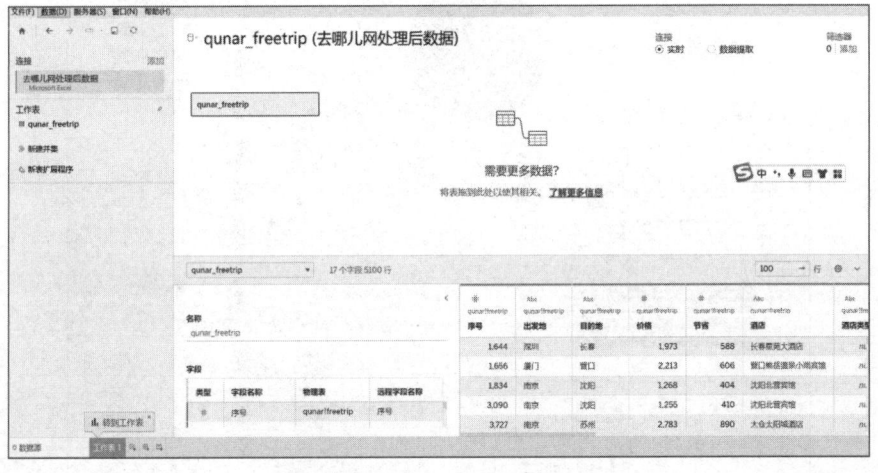

图 5-28　导入 Excel 数据

2. 目的地酒店评分

将左边数据列表中的"目的地"字段拖放到工作区的"列"，"酒店评分"字段拖放到工作区的"行"。单击"酒店评分"的下拉菜单，选择"度量"中的"平均值"，单击工具栏中的"降序"图标 ，单击"标记"中的"标签"图标 ，勾选"显示标记标签"，如图 5-29 所示，可以展示目的地酒店的评分排名。单击工具栏中的"标准"下拉菜单，选择"适合宽度"可以美观地展示条形图。

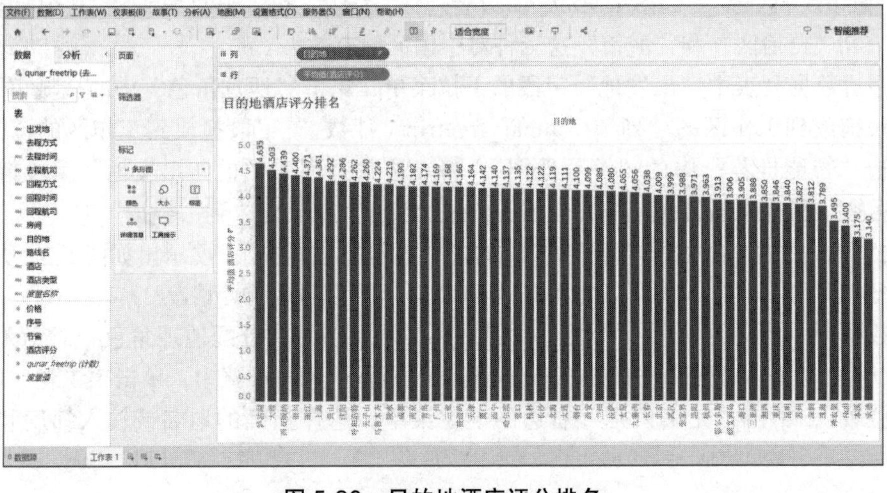

图 5-29　目的地酒店评分排名

109

3. 酒店类型占比

将左边数据列表中的"酒店类型"字段拖放到工作区的"列","qunar_freetrip（计数）"字段拖放到工作区的"行"；单击工作区右边"智能推荐"中的"饼图"，单击"标记"中的"标签"图标 ，勾选"显示标记标签"；单击"角度"标记"计数（qunar_freetrip）"的下拉菜单，选择"快速表计算"；单击"合计百分比"，如图 5-30 所示。饼图中可以展示出酒店类型的占比。

图 5-30　酒店类型占比

4. 出发地 / 目的地城市分析

当数据中有邮编、区号、城市名称或者其他地理区域划分等"地理位置信息"时，可以用 Tableau 中的地图来展示业务数据。从地图上，可以直观地分析每个地理位置上数据的情况。首先在 Tableau 中分配地理角色，Tableau 能够自动识别的地理角色包括"国家 / 地区""省 / 市 / 自治区""城市""区号""CBSA/MSA""国会选区""县"和"邮政编码"。其中只有"国家 / 地区""省 / 市 / 自治区"和"城市"这三种对中国区域有效。

单击左边数据列表中"出发地"字段的下拉菜单，单击"地理角色"中的"城市"，将"出发地"字段拖放到工作区的"列","qunar_freetrip（计数）"字段拖放到工作区的"行"；单击工作区右边"智能推荐"中的"符号地图"，将左边数据列表中的"出发地"字段拖放到"标记"的"标签"和"颜色"，将"qunar_freetrip（计数）"字段拖放到"标记"的"标签"和"大小"；单击"标记"中的"标签"图标 ，勾选"显示标记标签"，展示出如图 5-31 所示的出发地统计情况。采用同样的方法可以展示出图 5-32 所示的目的地统计情况。

如果数据源中的位置信息有些无法识别，则需要手动为其分配地理角色。对于无法识别的数据，可以在"匹配位置"中选择一个"匹配项"即可。具体步骤为，单击菜单栏"地图"，选择"编辑位置"，单击"无法识别"右边的下拉菜单，选择正确的地名或输入纬度和经度，如图 5-33 所示。

项目 5 数据处理与展示

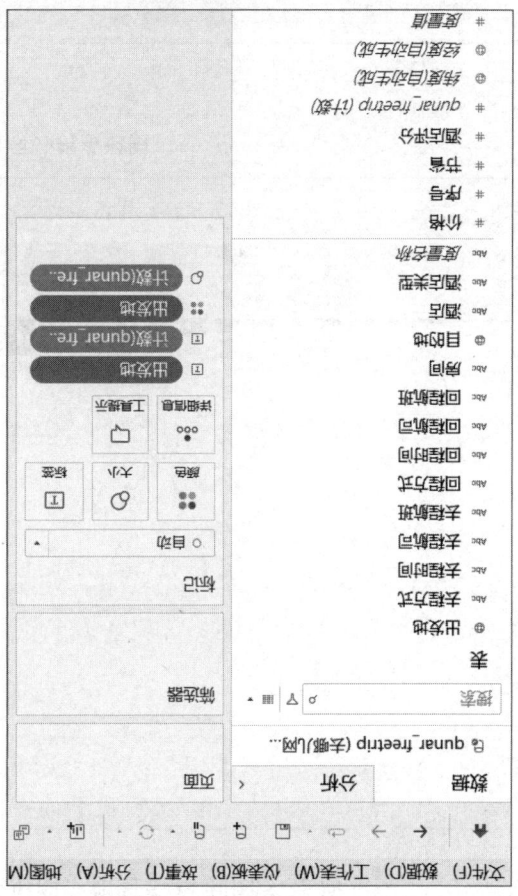

图 5-31 出发城市经纬度情况

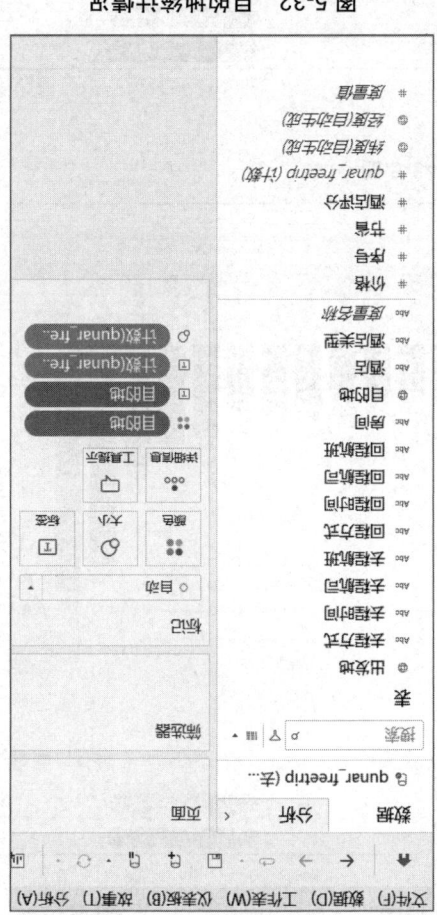

图 5-32 目的地经纬度情况

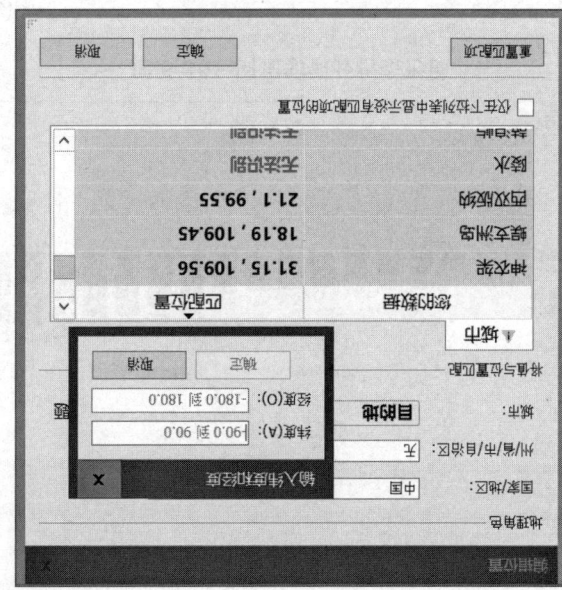

图 5-33 编辑位置

111

5. 去程 / 回程航司分析

参考步骤 2，可绘制出去程 / 回程航司分析条形图，如图 5-34 和图 5-35 所示。

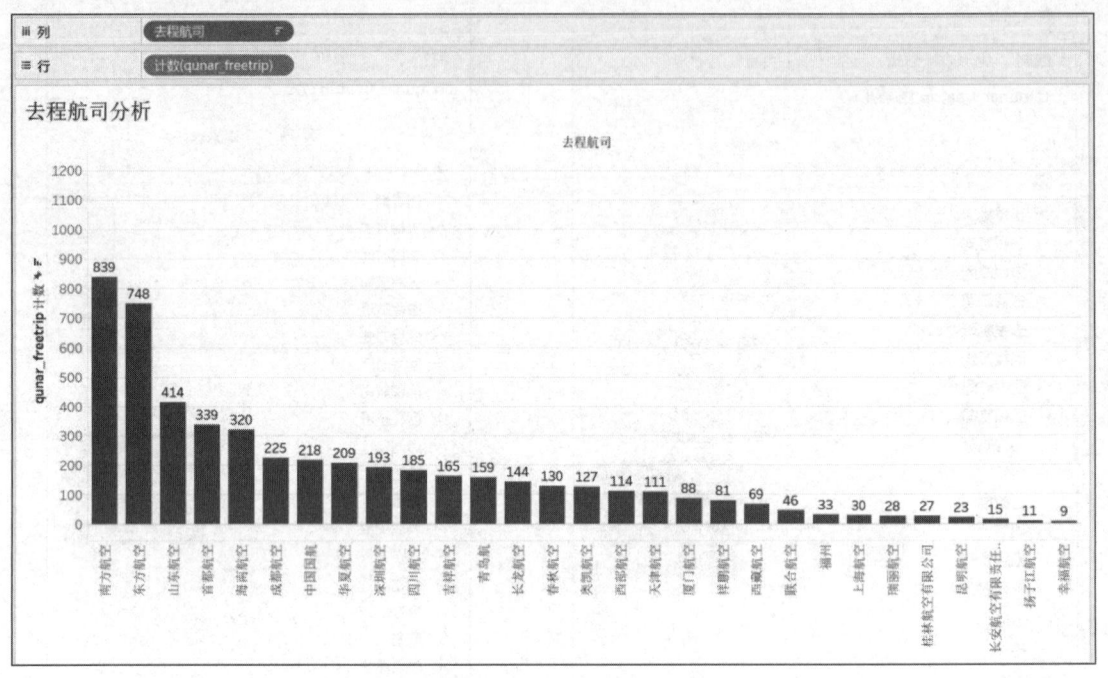

图 5-34　去程航司分析条形图

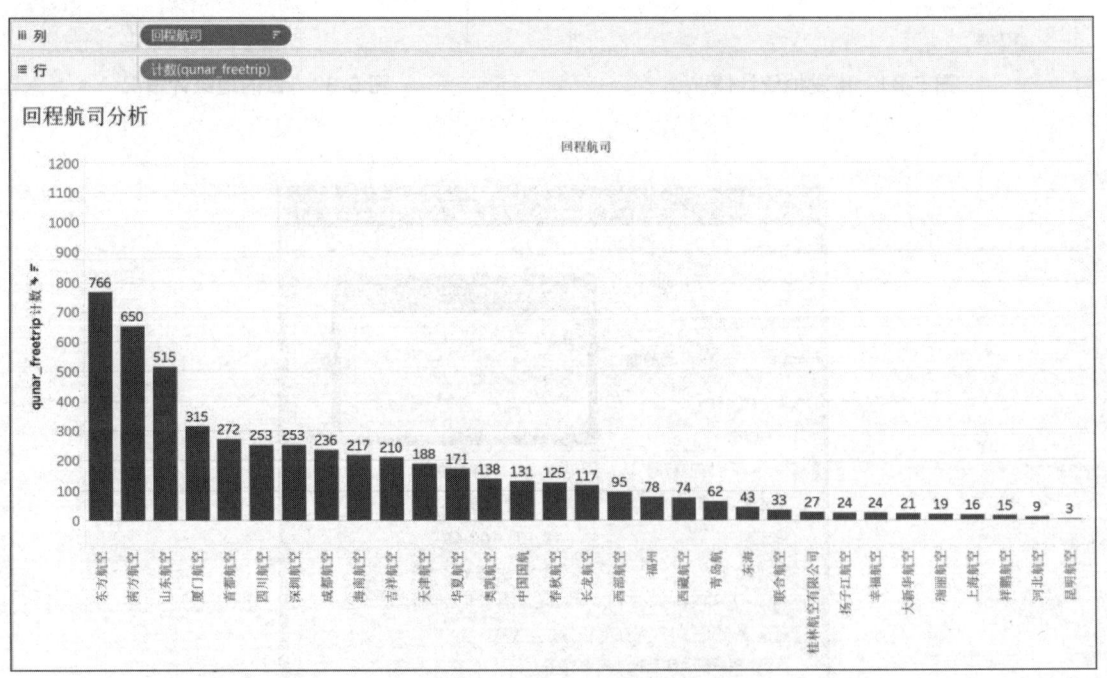

图 5-35　回程航司分析条形图

6. 去程 / 回程时间分析

参考步骤 2，也可绘制出去程 / 回程时间分析条形图，如图 5-36 和图 5-37 所示。

数据处理与展示 项目5

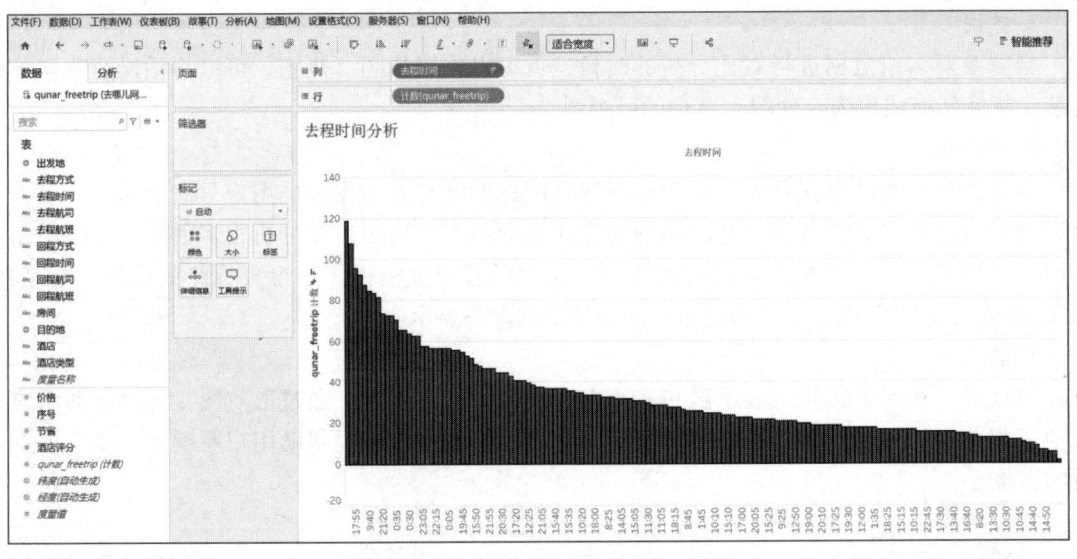

图 5-36 去程时间分析条形图

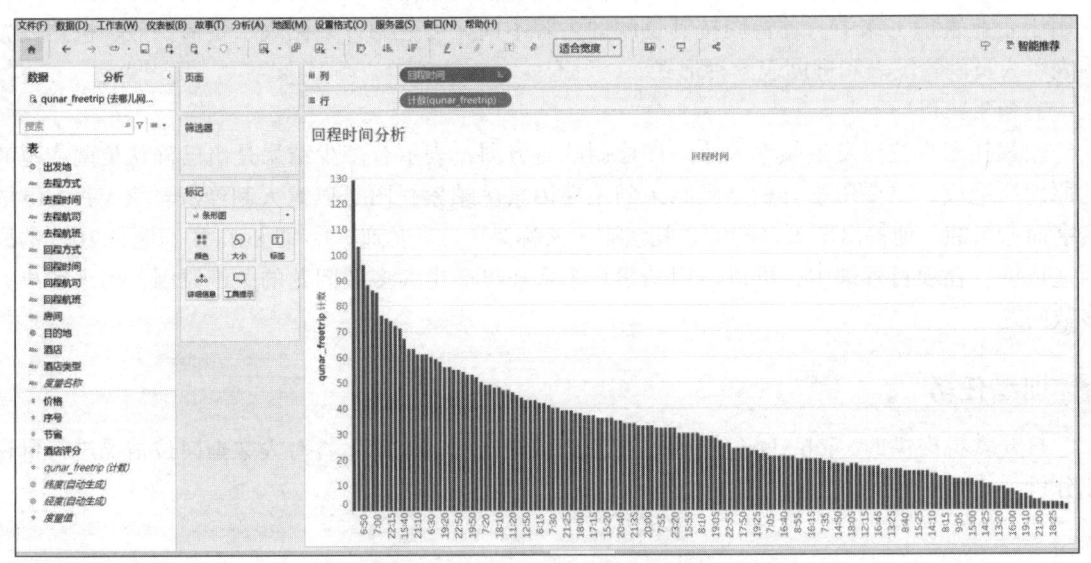

图 5-37 回程时间分析条形图

知识拓展

Tableau 提供了丰富的交互式图例，制作简单、快捷。导入数据后，使用简单的拖放，然后选择合适的具有针对性的图例即可完成相应的数据可视化分析。除了以上介绍的图表外，还有其他丰富的图表。

1. 线形图

线形图是一种非常重要的统计图。线形图一般是由多个时间轴上的离散点连接形成，主要分析其数据趋势变换，因此线形图又被称为点状图、停顿图、星状图。线形图在股价分析中被经常使用，例如分析股价随时间的波动情况等。

2. 复合图

复合图又称为复式条形图，主要由柱状图和线形图组合而成，在一张视图中用多种不同图形来展示数据对比分析。

113

3. 热图

当需要对多组数据进行对比分析的时候，就可以使用热图。热图，可以将枯燥的数据予以屏蔽，将其转换成更为合理的，直观的可视图。

4. 动态图

动态图也称为动态交互图，即动态展现且用户能够交互的图表。用户只需要随手一点，就可以查看自己所关心的数据，并以动画的方式呈现出来。当用户要分析很多数据点之间的相关性时，使用动态图来观察各视图的连续变化比紧盯着一整幅视图进行分析要更直观、更有效。在 Tableau 中，主要通过分页功能来实现各视图的动态显示。

5. 散点图

散点图，顾名思义就是显示散布在笛卡儿平面中的许多点。通过散点图，可以帮助用户有效地发现数据的某种趋势、集中度以及其中包含的异常值，进而帮助用户明确下一步应重点分析的数据。

6. 甘特图

甘特图又称为横道图、条状图，主要通过条状图来显示项目、进度，以及和其他时间相关的系统进展的内在关系随着时间进展的情况。甘特图具有简单、醒目和便于编制等特点，广泛应用于企业管理工作中。甘特图按其反映的内容不同，可分为计划图表、负荷图表、机器闲置图表、人员闲置图表和进度表 5 种形式。

7. 帕累托图

帕累托图是按照发生频率大小顺序绘制的直方图，表示有多少结果是由已确认类型或范畴的原因所造成，主要用于分析导致结果的主要因素。帕累托图是以意大利经济学家 V.Pareto 的名字而命名的，他提出了著名的帕累托法则（又称为"二八原理"），即 80% 的问题是 20% 的原因造成的。在项目管理中，可以使用帕累托图来找出产生大多数问题的关键原因，用来解决大多数问题。

训练任务

打开教材提供的"job.xlsx"文件，在完成数据清洗的基础上，对大数据岗位情况进行可视化分析。

任务 4　Python 数据可视化

数据可视化是一种以通用方式快速、轻松地传达概念的方法，帮助决策者理解数据。鉴于人脑处理信息的方式，使用图表或图形来可视化大量复杂数据要比研读电子表格或报告来得容易。在企业信息管理中，使用可视化方式可以帮助越来越多的企业从浩如烟海的复杂数据中理出头绪，化繁为简，从而实现更有效的决策过程。

任务描述

任务 2 已完成原始数据的预处理，在此基础上，对数据进行可视化分析。

任务分析

利用数据分组统计方法，绘制饼图、柱状图、条形图、折线图、散点图等常用图形，完成对动物品种、性别、退养原因、死亡原因、来源等维度的数据分析。

数据处理与展示   项目5

📖 **任务实现**

1. 动物品种分组与可视化

对被救助动物品种进行分组，统计每个品种的数量并使用饼图进行可视化展示，如图 5-38 所示。Cat 和 Dog 占据被救助动物品种的绝大多数。

```
# 对动物品种进行分组，统计每个品种的数量
data1=data.groupby（by='speciesname'）.size（）
data1

# 可视化
import matplotlib.pyplot as plt
plt.figure（figsize=（8，8））
plt.pie（data1.values，labels=data1.index，autopct='%1.1f%%'）
plt.show（）
```

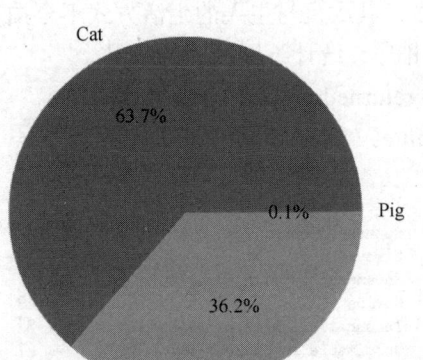

图 5-38 动物品种饼图

2. 动物性别分组与可视化

对被救助动物性别进行分组，并进行可视化展示，如图 5-39 所示。性别占比约 1：1。

```
# 对性别进行分组，统计雌雄的数量
data2=data.groupby（by='sexname'）. size（）
data2

# 可视化
plt.figure（figsize=（8，8））
plt.pie（data2.values，labels=data2.index，autopct='%1.1f%%'）
plt.show（）
```

115

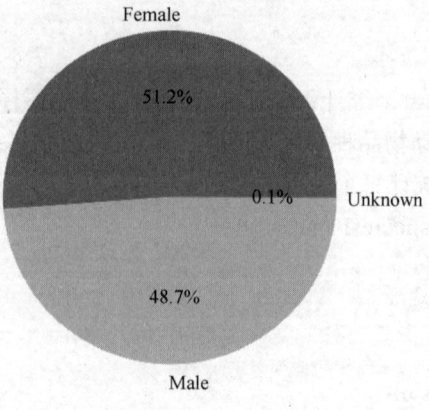

图 5-39 动物性别饼图

3. 动物退养原因分组、排序与可视化

对被救助动物退养原因进行分组、排序，统计不同原因的数量并进行可视化，如图 5-40 和图 5-41 所示。走失的数量最多，其次是与主人的生活方式不合拍。

对退养原因进行分组、排序，统计不同原因的数量

data3=data.groupby（by='returnedreason'）. size（）

data3_sort = data3.sort_values（ascending=False）

data3_sort

```
returnedreason
Stray                              2319
Incompatible with owner lifestyle   300
Moving                               48
Incompatible with other pets         32
Unsuitable Accommodation             27
Biting                               27
Return Adopt - Behavior              26
Allergies                            21
Landlord issues                      20
Return adopt - lifestyle issue       19
Unable to Afford                     16
Return Adopt - Other                 14
Sick/Injured                         10
Rabies Monitoring                    10
Police Assist                         7
Owner requested Euthanasia            7
Abandoned                             6
Behavioral Issues                     5
Transfer from Other Shelter           5
Owner Deceased                        5
Marriage/Relationship split           4
DOA                                   2
Return Adopt - Animal Health          1
Abuse/ neglect                        1
dtype: int64
```

图 5-40 退养原因分组排序

可视化

plt.figure（figsize=（8，8））

plt.bar（data3_sort.index，data3_sort.values）

plt.xticks（rotation=90）

plt.show（）

数据处理与展示　项目5

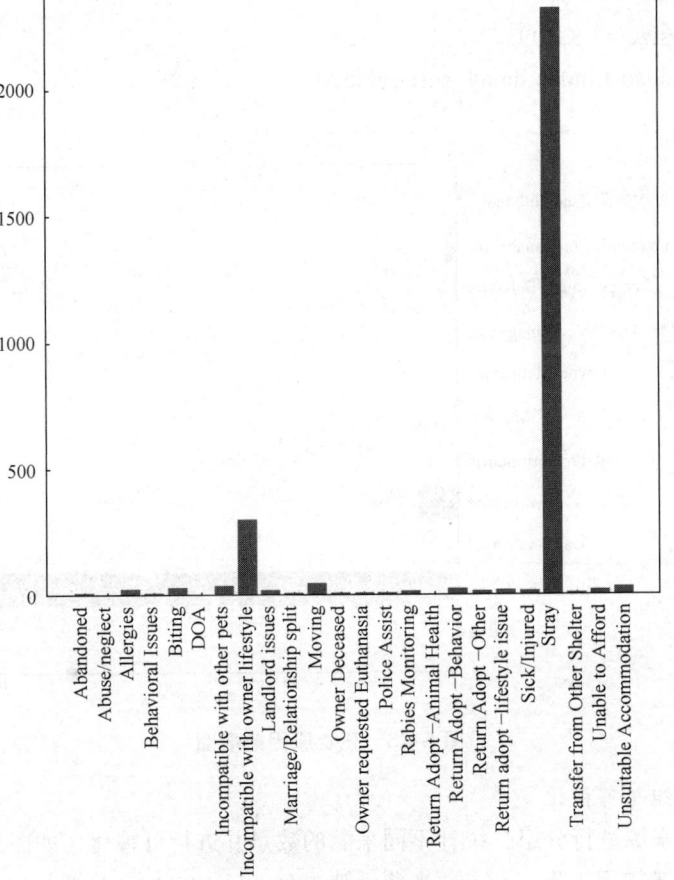

图 5-41　退养原因柱状图

4. 动物死亡原因分组、排序与可视化

对被救助动物死亡原因进行分组、排序，统计不同原因的数量并进行可视化，如图 5-42 和图 5-43 所示。死亡原因绝大多数为法院命令，占比 88.7%；第二名为护理不当，占比 7.4%；其他原因占 3.9%。

# 对死亡原因进行分组、排序，统计不同原因的数量
data4=data.groupby（by='deceasedreason'）.size（）
data4_sort= data4.sort_values（ascending=False）
data4_sort

```
deceasedreason
Court Order/ Legal               2600
Died in care                      218
UU - untreatable, unmanageable     61
Biting                             16
Temperament/Behavior               10
TM - Treatable Manageable           8
Dead on Arrival                     7
Vet advised euthanasia              4
Owner Requested                     3
Medical                             3
Died in community                   2
dtype: int64
```

图 5-42　死亡原因分组排序

117

可视化
plt.figure（figsize =（8,8））
plt.barh（data4_sort.index,data4_sort.values）
plt.show（）

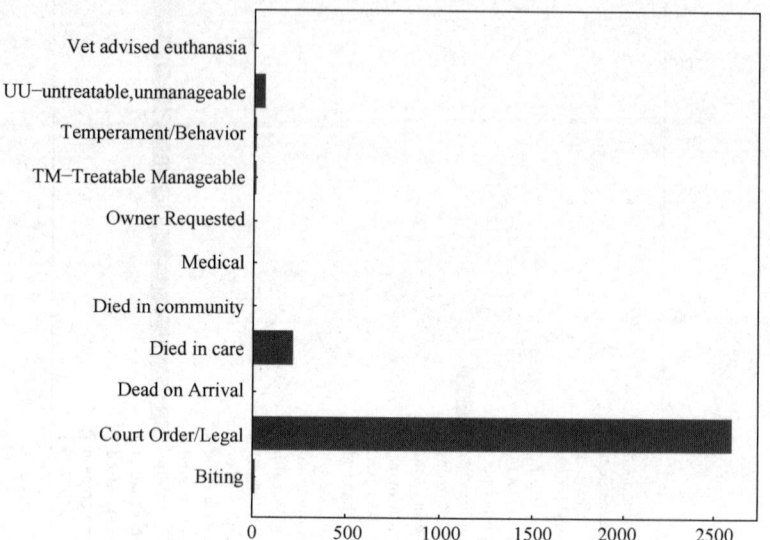

图 5-43　死亡原因条形图

5. 动物来源分组与可视化

对被救助动物来源进行分组，统计不同来源的数量并进行可视化，如图5-44和图5-45所示。被救助动物46.6%来源于走失，13.6%来源于被遗弃，11.6%来源于和主人的生活方式不合拍。

# 对被救助动物的来源进行分组，统计不同来源的数量
data5=data.groupby（by='intakereason'）. size（）
data5_sort= data5.sort_values（ascending=False）
data5_sort

```
intakereason
Stray                             1365
Litter relinquishment              399
Incompatible with owner lifestyle  339
Unsuitable Accommodation           119
Abandoned                          119
Unable to Afford                   116
Moving                              98
Born in Shelter                     86
Transfer from Other Shelter         79
Police Assist                       39
Owner Deceased                      37
Sick/Injured                        29
Landlord issues                     29
Incompatible with other pets        14
Owner Died                          13
Allergies                           13
TNR - Trap/Neuter/Release            8
Marriage/Relationship split          7
Biting                               7
Abuse/ neglect                       6
Rabies Monitoring                    4
Owner requested Euthanasia           3
Behavioral Issues                    3
dtype: int64
```

图 5-44　动物来源分组

数据处理与展示　　项目5

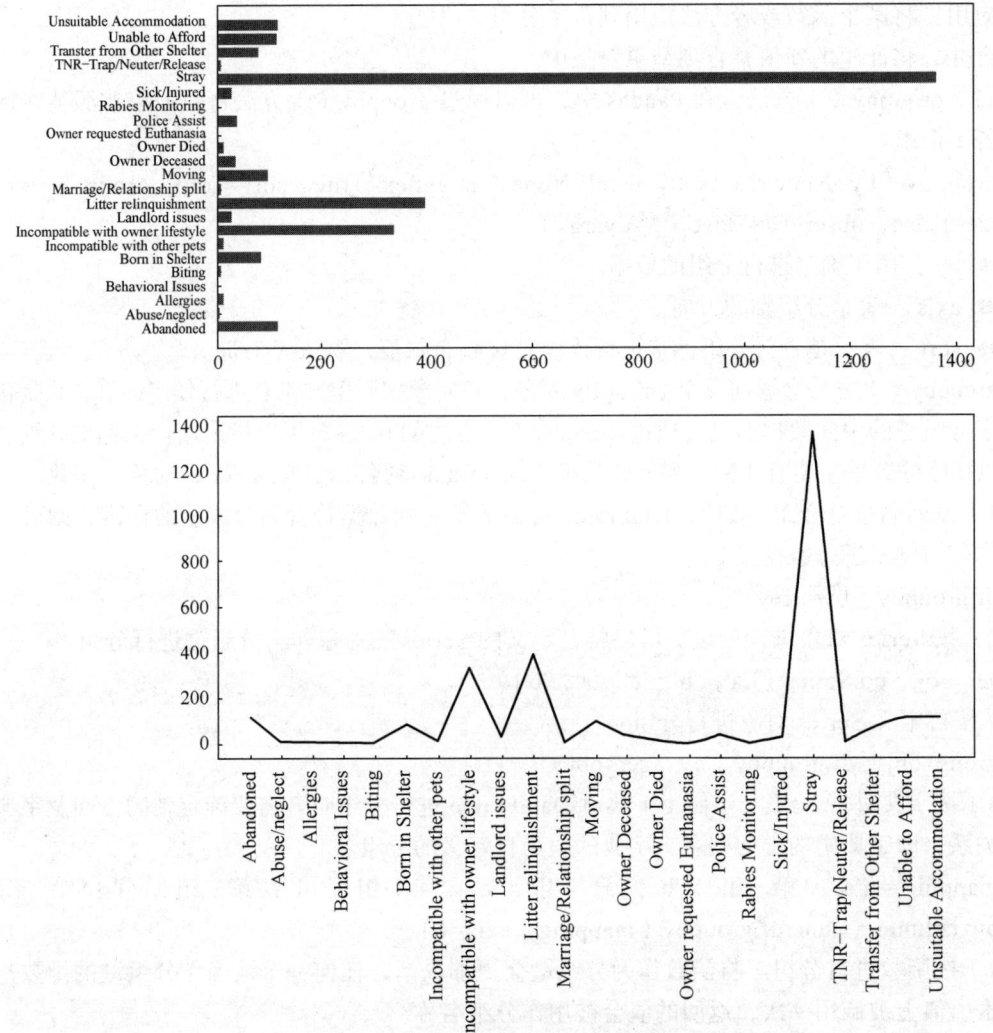

图 5-45　动物来源条形图、线形图

可视化

plt.figure（figsize=（10,10））

plt.subplot（2,1,1）

plt.barh（data5.index,data5.values）

plt.subplot（2,1,2）

plt.xticks（rotation=90）

plt.plot（data5.index,data5.values）

plt.show（）

知识拓展

1. 分组与聚合

分组是使用特定的条件将元数据划分为多个组。聚合是对每个分组中的数据执行某些操作，最后将计算结果进行整合。

分组与聚合的过程大致分为三步：

拆分：将数据集按照一些标准拆分为若干组。

119

应用：将某个函数或者方法应用到每个分组。

合并：将产生的新值整合到结果对象中。

（1）groupby（）方法 在 Pandas 中，可以通过 groupby（）方法将数据集按照某些标准划分成若干个组。

groupby（by=None，axis=0，level=None，as_index=True，sort=True，group_keys=True，squeeze=False，observed=False，**kwargs）

● by：用于确定进行分组的依据。

● axis：表示分组轴的方向。

● sort：表示是否对分组标签进行排序，接收布尔值，默认为 True。

groupby（）方法会返回一个 GroupBy 对象，该对象实际上并没有进行任何计算，只是包含一些关于分组键的中间数据而已。通过 groupby（）方法的 by 参数可以指定按什么标准分组。该参数可以接收的数据主要有 4 种：列表或数组、Dataframe 列名、字典或 Series 对象、函数。

1）按列名进行分组。如果 DataFrame 对象的某一列数据符合划分成组的标准，则可以将该列当作分组键来拆分数据集。

df.groupby（by='Key'）

2）按 Series 对象进行分组。可以将自定义的 Series 类对象作为分组键进行分组。

ser_obj = pd.Series（['a'，'b'，'c'，'a'，'b']）

按自定义 Series 对象进行分组

group_obj = df.groupby（by = ser_obj）

3）按字典进行分组。当使用字典对 DataFrame 进行分组时，需要确定轴的方向及字典中的映射关系，即字典中的键为列名，字典的值为自定义的分组名。

mapping = {'a'：' 第一组 '，'b'：' 第二组 '，'c'：' 第一组 '，'d'：' 第三组 '，'e'：' 第二组 '}

by_column = num_df.groupby（mapping，axis=1）

4）按函数进行分组。将函数作为分组键会更加灵活，任何一个被当作分组键的函数都会在各个索引值上被调用一次，返回的值会被用作分组名称。

使用内置函数 len 进行分组

groupby_obj = df.groupby（len）

（2）数据聚合 一般是指对分组中的数据执行某些操作，比如求平均值、最大值等，并且会得到一个结果集。

1）使用内置统计方法聚合数据。前面介绍过的 Pandas 统计方法，比如用于获取最大值和最小值的 max（）和 mix（）。这些方法常用于简单地聚合分组中的数据。

按 key1 进行分组，求每个分组的平均值

df.groupby（'key1'）.mean（）

2）对每一列数据应用同一个函数。通过 agg（）方法进行聚合，最简单的方式就是给该方法的 func 参数传入一个函数，这个函数既可以是内置的，也可以自定义的。

def range_data_group（arr）：

    return arr.max（）-arr.min（）

使用自定义函数聚合分组数据

data_group.agg（range_data_group）

3）对某列数据应用不同的函数。可以将两个函数的名称放在列表中，之后在调用 agg（）方法进行聚合时作为参数传入即可。

对一列数据用两种函数聚合

data_group.agg（[range_data_group, sum]）

4）对不同列数据应用不同函数。如果希望对不同的列使用不同的函数，则可以在 agg（）方法中传入一个 {"列名"："函数名"} 格式的字典。

data_group.agg（{'a'：'sum'，'b'：'mean'，'c'：range_data_group}）

2. Matplotlib 绘制常用图形

Matplotlib 是一个 Python 的 2D 绘图库。该绘图库允许开发者利用一些基本的 Python 数据结构自定义一些可视化图表，如折线图、散点图、柱状图、条形图和饼图等。

要想使用 Matplotlib 绘制图表，需要先导入绘制图表的模块 pyplot。该模块提供了一种类似 MATLAB 的绘图方式，主要用于绘制简单或复杂的图形。

import matplotlib.pyplot as plt

（1）创建画布和坐标轴　在 Matplotlib 中，plt.figure 类可以看作一个能够容纳各种坐标轴、图形、文字和标签的容器。plt.axes 类是一个带有刻度和标签的矩形，最终会包含所有可视化的图形元素。

此处，fig 代表一个图例，ax 表示一个坐标轴实例或一组坐标轴实例。

import matplotlib.pyplot as plt
import pandas as pd
import numpy as np
%matplotlib inline
fig=plt.figure（）
ax=plt.axes（）
x= np.linspace（0，10，1000）
ax.plot（x，np.sin（x））

（2）创建子图对象　通常我们需要在一个画布中绘制多个图形，这样我们就需要用到 subplot 函数。

subplot（nrows，ncols，plot_number）

● nrows：子图的行数。

● ncols：子图的列数。

● plot_number：子图放的位置。

将画布分为 2*2 四个区域，并在第一个位置绘图

subplot（2，2，1）

（3）绘制饼图　饼图常用于表示个体占总体的占比情况。matplotlib 模块使用 pie（）函数绘制饼图，其调用方式如下：

matplotlib.pyplot.pie（x，explode=None，labels=None，colors=None，autopct=None，pctdistance=0.6，shadow=False，labeldistance=1.1，startangle=0，radius=1，counterclock=True，wedgeprops=None，textprops=None，center=（0，0），frame=False，rotatelabels=False，*，normalize=True，data=None）

● x：数组，绘制饼图的数据。

● explode：默认值为 None 的可选参数。若非 None，则是和 x 相同长度的数组，用来指定每部分的离心偏移量。

● labels：列表，指定每个饼块的名称，默认值 None，为可选参数。

- colors：特定字符或数组，指定饼图的颜色，默认值 None，为可选参数。
- autopct：特定字符，指定饼图中数据标签的显示方式，默认值 None，为可选参数。
- pctdistance：浮点数，指定显示比例距离圆心的距离，默认值 0.6，为可选参数。
- labeldistance：浮点数，指定每个扇形对应标签与圆心的距离，默认值 1.1，为可选参数。
- startangle：浮点数，指定从 x 轴逆时针旋转饼图的开始角度，默认值 None，为可选参数。
- radius：浮点数，指定饼图的半径，默认值 1，为可选参数。
- textprops：字典，设置文本对象的字典参数，默认值 None，为可选参数。
- **kwargs：不定长关键字参数，用字典形式设置条形图的其他参数。

（4）绘制柱状图　柱状图是最常见的图之一，用于表示与分类变量关联的数据。matplotlib 模块使用 bar（）函数绘制柱状图，其调用方式如下：

bar（x，height，width，*，align='center'，**kwargs）

- x：表示 x 轴的数据。
- height：表示条形的高度。
- width：表示条形的宽度，默认值 0.8。
- color：表示条形的颜色。
- align：柱子对齐方式，有两个可选值：center 和 edge。center 表示每根柱子是根据下标来对齐，edge 则表示每根柱子全部以下标为起点，然后显示到下标的右边。如果不指定该参数，默认值 center。
- edgecolor：表示条形边框的颜色。

（5）绘制条形图　条形图是用宽度相同的条形的高度或长短来表示数据多少的图形。matplotlib 模块使用 barh（）函数绘制柱状图，其调用方式如下：

barh（y，width，height，left=None，*，align= 'center'，**kwargs）

- y：y 轴的坐标。
- width：标量或数组之类的，表示条的宽度。
- height：标量或数组之类的，表示条的高度（默认值 0.8）。
- left：标量或标量序列，表示条左侧的 x 坐标（默认值 0）。
- align：{'center'，'edge' } 对齐 y 坐标的基底（默认值 center）。

（6）绘制直方图　直方图用于描述数据的分布情况，matplotlib 模块使用 hist（）函数绘制柱状图，其调用方式如下：

hist（x，bins = None，range = None，color = None，label = None，...，** kwargs）

- x：表示输入值。
- bins：表示绘制条柱的个数。
- range：bins 的上下范围（最大和最小值）。
- color：表示条柱的颜色，默认值 None。

（7）绘制折线图　折线图是用直线段将各数据点连接起来而组成的图形，以折线方式显示数据的变化趋势。matplotlib 模块使用 plot（）函数绘制折线图，其调用方式如下：

plot（x，y，format_string，**kwargs）

- x：x 轴数据，列表或数组，可选。
- y：y 轴数据，列表或数组，可选。
- format_string：控制曲线的格式字符串，可选。

（8）绘制散点图　散点图用于将变量与其他变量进行比较。它定义为一个变量如何影响另一变量。数据表示为点的集合。matplotlib 模块使用 scatter（）函数绘制散点图，其调用方式如下：

scatter（x，y，s=None，c=None，marker=None，alpha=None，linewidths=None，…，**kwargs）

- x，y：表示 x 轴和 y 轴对应的数据。
- s：指定点的大小。
- c：指定散点的颜色。
- marker：表示绘制的散点类型。
- alpha：表示点的透明度，接收 0~1 之间的小数。

训练任务

打开教材提供的"大学毕业生收入数据集 .csv"文件，在完成数据清洗的基础上，对大学生收入情况进行可视化分析。

6 Project 项目6

多媒体技术与新媒体应用

多媒体技术将计算机中的文字、数据、图形、图像、动画、声音等多种媒体信息进行综合处理和管理，这是计算机技术发展的重要方向。随着多媒体技术在各行各业中的深入发展，多媒体产物在极大地改变着人们获取信息的方法，影响着人们在信息时代下的思维方式。

本项目中，首先介绍多媒体技术相关概念及发展现状，然后分别学习音视频图像素材的处理，最后综合形成新媒体、自媒体作品进行使用和推广。

☞ 教学目标

1. 了解多媒体技术的基本概念以及在现代社会中应用现状。
2. 理解图形与图像的区别及各自特点，熟悉各种常用图形图像文件格式及颜色模式。
3. 熟悉数字化图形图像处理方法，掌握常用图像处理软件的相关知识、技术和操作。
4. 掌握新媒体和自媒体的区别和关系。
5. 熟悉新媒体和自媒体推广的方式和平台。

🔔 教学重难点

1. 图像处理软件的熟练使用。
2. 新媒体作品设计与实现。
3. 新媒体和自媒体推广与营销。

任务 1　认识多媒体和多媒体技术

多媒体（multimedia）是多种媒体的综合。在计算机系统中，多媒体指组合两种或两种以上媒体的一种人机交互式信息交流和传播媒体。多媒体技术则是利用计算机把文字材料、影像资料、音频及视频等媒体信息数字化，并将其整合到交互式界面上，使计算机具有了交互展示不同媒体形态的能力。多媒体技术的发展促进了计算机使用领域的改变，拓展了巨大的适用空间。

📖 任务描述

小智来到新学校后，发现校园风光很美，也看到了很多美好的事物。他会常常拿出手机拍摄各种照片，希望能将新学校里的美丽风景和美丽心情发到朋友圈，分享给自己的亲朋好友。但是，有时候他发现手机中的照片并不完美，希望能使用手机方便、快捷地处理这些照片。

多媒体技术与新媒体应用　项目6

任务分析

要完成本任务，首先应该了解手机中的照片是常见的多媒体图像（image），与图形（graph）都是多媒体系统中的可视元素。在智能手机平台上，有许多不同焦点和样式的图片编辑应用程序，允许裁剪、锐化、调整对比度，或者添加某种滤镜来给照片添加颜色等。因此，只要选择一款好用的手机APP，即可使用图像处理技术方便快捷地处理照片。

任务实现

APP是英文Application的简称，多指智能手机的第三方应用程序。现在手机上进行图片处理的软件有许多，到底选择哪一款，需要先了解一下这些手机APP。

1.手机图片处理软件对比

（1）美图秀秀　由厦门美图科技有限公司研发、推出的一款免费影像处理软件，全球累计超10亿用户，在影像类应用排行上保持领先优势。

（2）Photoshop Express　以免费的策略扩大Photoshop Express在移动端图片处理领域的影响力，可轻松美化、设计和分享照片，随手编辑、修饰、拼接和组合多张照片，制作高品质图片组。

（3）天天P图　由腾讯出品，有美化图片、自然美妆、疯狂变妆、魔法抠图等模块，有简单实用的图片编辑功能，让手机也可轻松制作单反机效果。

（4）MIX滤镜大师　由移动互联网摄影类品牌Camera360出品，是一款强大且易用的照片编辑应用，能瞬间提升照片的品质，可无限地自定义滤镜创造空间。

2.美图秀秀的使用

经过同学介绍、网友推荐和手机APP下载排行对比后，小智最终选择在手机中安装美图秀秀这款手机APP进行图片处理。

（1）批量修图　小智有时需要在图片上添加一些文字、贴图效果，以及剪裁图片等，总希望能方便、快速地一并完成。在美图秀秀中，他找到了图片美化功能。

1）打开美图秀秀，单击"图片美化"，如图6-1所示。

2）在页面右上角，单击进入"批量模式"，如图6-2所示。

图6-1　图片美化

3）进入图片保存路径，选好一些图片，单击"开始修图"，如图6-3所示。

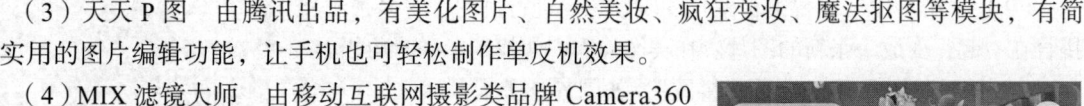

图6-2　批量模式

图6-3　开始修图

4）编辑图片，添加文字、贴纸、调色、滤镜等操作都可以同步到其他图片上，批量如添加图片拍摄时间、地点都很容易，大大提高了编辑图片的效率，如图6-4所示。

如果想实现图片的各种特殊效果，可以使用滤镜功能。在美图秀秀中有很多系列的滤镜，可以自由选择；也可以去搜索想要的滤镜。每个系列滤镜有多款滤镜效果，每一款滤镜应用程度可以拖动滑块来改变，如图6-5所示。

125

计算机技术与计算思维

图 6-4　批量编辑图片

图 6-5　使用滤镜

（2）合并图片　小智编辑图片的时候想要进行拼图，将多张图片拼合在一起，变成一张新的图片。在美图秀秀中他找到了拼图功能。

1）打开美图秀秀，单击"拼图"，如图 6-6 所示。

2）进入图片保存路径，选好一些图片，单击"开始拼图"，如图 6-7 所示。

3）进入设置图片的页面。可以选择海报、模板、拼接和自由任一应用场景，每种场景中都有多种拼图效果可供选择。确认达到满意效果后，单击页面右上角"保存"，拼接成的新图便保存到手机相册中，同时提示可以分享到微信好友、朋友圈、QQ 好友等，如图 6-8 所示。

图 6-6　拼图

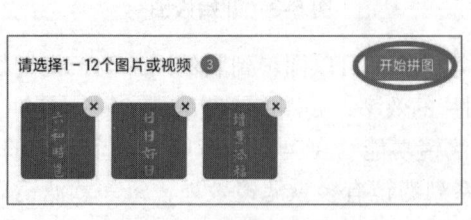

图 6-7　选择图片或视频

图 6-8　设置图片拼图效果

美图秀秀会根据选择图片的张数自动调整场景中图片的布局，也可以自行调整图片显示区域、大小，编辑每张图片，如滤镜、旋转、翻转等，如图6-9所示。

美图秀秀提供的拼图功能还有很多可再尝试的设置，不同应用场景有不同的拼图效果，每张图片还可以有更多可再编辑设置的可能性。

（3）人像美容　小智在编辑人像图片的时候，想要把照片中的人变得美美的，瘦脸、祛痘、描眉、涂口红、擦腮红等，在美图秀秀中他找到了人像美容功能。

1）打开美图秀秀，单击"人像美容"，如图6-10所示。

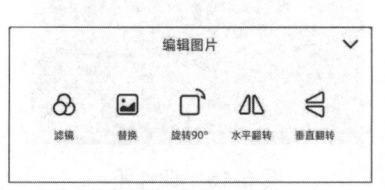

图6-9　编辑图片

图6-10　人像美容

2）进入图片保存路径，选好一张图片。美图秀秀人像美容功能包括美容配方、一键美颜、美妆、面部重塑等，如图6-11所示。根据需要选择对应的功能，美图秀秀会自动识别面部、身体对应部位和区域，进行人像美容设置，如图6-12所示。

图6-11　美容功能

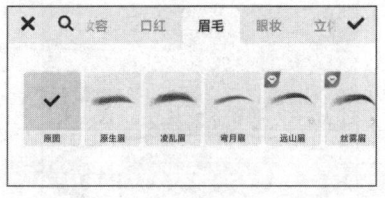

图6-12　自动识别后人像美容

3）单击"一键美颜"中的"微笑"功能，"美妆"中"眉毛"和"眼妆"功能，达到满意效果后，单击页面右上角"保存"，人像美容后的新图片保存在手机相册中；同时，提示可以分享到微信好友、朋友圈、QQ好友等，如图6-13所示。

图6-13　一键美颜功能前后效果对比

如图 6-14 所示，在编辑界面中，单击"图层"，能展开设置了每个人像美容的功能层。单击每层前面的"眼睛"图标，可以显示和隐藏该人像美容效果。

美图秀秀提供的人像美容功能还有很多效果设置，如面部重塑功能，神奇的捏脸术，哪里不满意捏哪里；还可以瘦脸、瘦身，手指一推，想瘦哪里瘦哪里。

（4）制作证件照　小智到新学校后，要提交个人最新的证件照，可是手头上没有现成的。他想到美图秀秀的功能很强大，在美图秀秀中他找到了证件照功能。

1）打开美图秀秀，单击"证件照"，如图 6-15 所示。

图 6-14　显示隐藏图层

图 6-15　证件照

2）选择证件照类型。美图秀秀提供了寸照、职业资格、签证、考试等多种证件照类型，如图 6-16 所示。可以"直接拍摄"，也可以使用"相册导入"保存的图片。完成后开始制作证件照，如图 6-17 所示。

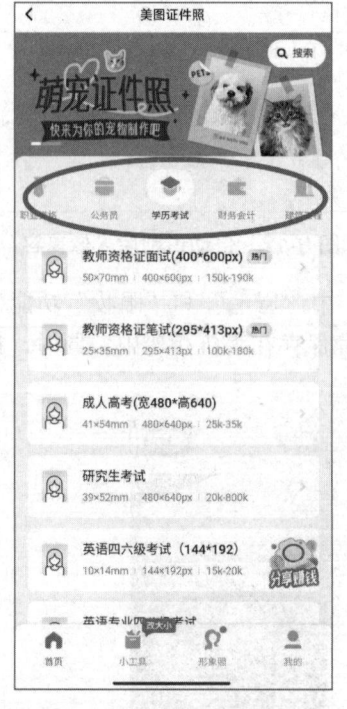

图 6-16　选择证件照类型

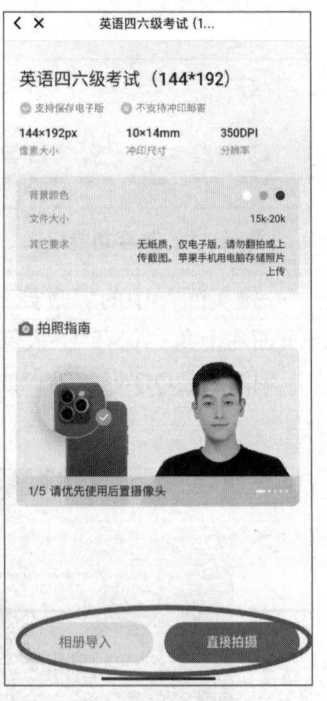

图 6-17　选择证件图片来源

3）在照片预览中，根据需求可以选择寸照和排版照，以及选择不同背景色，开启美颜和换服装功能，如图 6-18 所示。

多媒体技术与新媒体应用　　项目6

美图秀秀提供有偿保存电子版和冲印纸质版邮寄的功能。

美图秀秀的证件照功能是一个使用率很高且很实用的工具，可以制作各种官方照片，可以生成任何尺寸的证件照，并且能适当地美化图片质量和增强显示效果。

（5）添加个性水印　在使用过程中，小智发现美图秀秀不但能使图片美化，还可以直接拍照，可以添加个性化 Logo，选择喜欢的风格，拍照就能直接生成个性风格的图片。

1）打开美图秀秀，单击页面中右下角的"我"进入页面，单击右上角的"设置"图标，如图 6-19 所示。进入设置页面中，单击"我的个人水印"，进入我的个人水印页面，如图 6-20 所示。

2）单击"添加"之后按照提示设置好即可。可以添加个性签名、时间、地点以及系统图标。页面右上角也可以删除建好的个人水印。水印图片右上角有个√标识，表明选中了该水印，如图 6-21 所示。

3）打开美图秀秀，单击"相机"，如图 6-22 所示。

4）在拍摄页面设置好萌拍、风格、美颜等参数后，单击"拍摄"按钮，如图 6-23 所示。如果想要延时自动拍摄，开启定时 3 秒功能即可延时 3 秒拍摄，如图 6-24 所示。

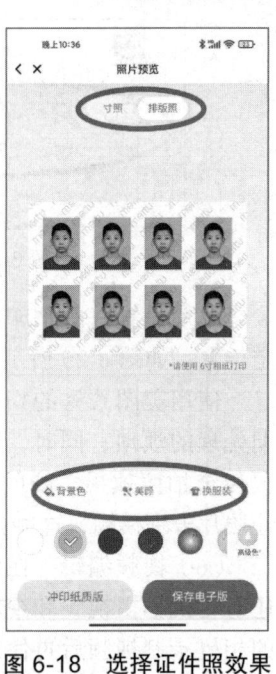

图 6-18　选择证件照效果

图 6-19　软件功能设置

图 6-20　我的个人水印

图 6-21　管理个人水印

图 6-22　相机

129

计算机技术与计算思维

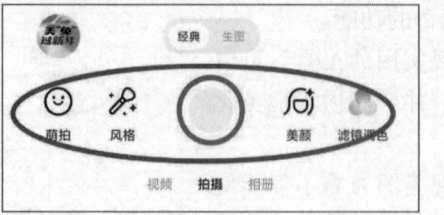

图 6-23　拍摄

图 6-24　延时拍摄

之前设置好的水印在拍摄完成后自动显示在图片指定位置，如图 6-25 所示。

使用美图秀秀的相机功能，可以减少拍照后图片后期处理的烦琐；同时，拍照时自动美肌和智能美型，颠覆传统拍照效果。瞬间自动美颜，完美保留脸部细节，让照片告别模糊，这些让很多年轻人追捧。

（6）视频编辑　在使用过程中，小智发现美图秀秀还有相机拍摄视频和视频剪辑功能，不用先使用手机里的相机录制视频后再使用其他软件处理视频素材，这样方便不少。

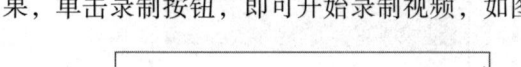

图 6-25　水印自动显示

1）打开美图秀秀，单击"相机"。

2）在页面下方，单击"视频"，选择萌拍、风格、美颜和滤镜调色选项卡里喜欢的显示效果，单击录制按钮，即可开始录制视频，如图 6-26 和图 6-27 所示。

图 6-26　视频拍摄

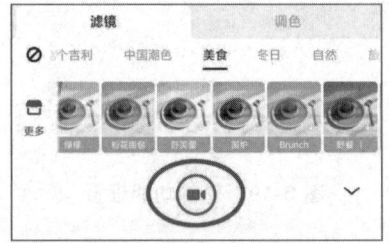

图 6-27　选择滤镜

3）录制完视频后，可以直接分享视频，也可以进行视频剪辑，添加音乐等，如图 6-28 所示。

4）也可以单击"视频剪辑"，进入视频剪辑页面。这里可以添加文字、贴纸、音频、特效等，还能调色和增加滤镜等，如图 6-29 所示。

图 6-28　视频剪辑

图 6-29　视频剪辑功能

5）单击"贴纸"，选择喜欢的贴纸效果。在视频时间轴下方能看到新添加效果时间轴，拖拉时间轴可以缩短和延长效果生效时长。达到满意的效果后，单击页面右上方"保存"，编辑好的视频便保存在手机相册中，如图 6-30 所示；同时，提示可以分享到微信好友、朋友圈、QQ 好友等。

130

多媒体技术与新媒体应用 项目6

图 6-30 保存编辑好的视频

6）也可以单击"视频美容"，进入视频美容页面，如图 6-31 所示。

7）单击"精致五官"，设置五官效果参数。达到满意效果后，单击右上角√，效果生效，如图 6-32 所示。退回视频编辑页面，选择其他视频美容功能。最后单击页面右上角"保存"，编辑好的视频保存到手机中，同时提示可以分享到微信好友、朋友圈、QQ 好友等。

图 6-31 视频美容

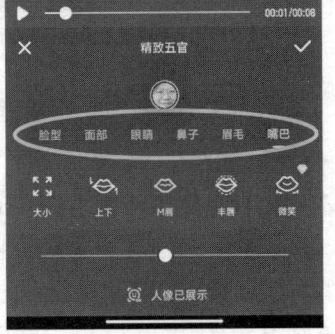

图 6-32 精致五官

美图秀秀不仅具备强大的修图功能，还为用户提供了拍摄功能和视频剪辑功能。不管是照片还是视频，用美图秀秀都可以轻松拍摄与处理，满足用户在不同场景下多样化、个性化的拍摄需求，更多样化的视频美化需求。

131

知识拓展

1. 媒体与媒体类型

媒体（media）一词来源于拉丁语"medius"，意为两者之间。媒体是传播信息的媒介。它是指人借助用来传递信息与获取信息的工具、渠道、载体、中介物或技术手段，也指传送文字、声音等信息的工具和手段；也可以把媒体看作为实现信息从信息源传递到受信者的一切技术手段。媒体有两层含义，一是承载信息的物体，二是指储存、呈现、处理、传递信息的实体。

国际电话电报咨询委员会 CCITT（Consultative Committee on International Telephone and Telegraph），国际电信联盟 ITU 分会把信息的表示形式、信息编码、信息转换与存储设备、信息传输网络等统一规定为媒体，并把其分成五类：

1）感觉媒体（perception medium）：指直接作用于人的感觉器官，使人产生直接感觉的媒体，如引起听觉反应的声音，引起视觉反应的图像等。

2）表示媒体（representation medium）：指传输感觉媒体的中介媒体，即用于数据交换的编码，如图像编码（JPEG、MPEG 等）、文本编码（ASCII 码、GB2312 等）和声音编码等。

3）表现媒体（presentation medium）：又名"显示媒体"，指进行信息输入和输出的媒体，如键盘、鼠标、扫描仪、话筒、摄像机等为输入媒体，显示器、打印机、扬声器等为输出媒体。

4）存储媒体（storage medium）：指用于存储表示媒体的物理介质，如硬盘、ROM 及 RAM 等。

5）传输媒体（transmission medium）：指传输表示媒体的物理介质，如电缆、光缆等。

通常所说的"媒体"包括其中的两点含义：一是指信息的物理载体（即存储和传递信息的实体），如书本、挂图以及相关的播放设备等；二是指信息的表现形式（或者说传播形式），如文字、声音、图像、动画等。多媒体计算机中所说的媒体是指后者，即计算机不仅能处理文字、数值之类的信息，而且还能处理声音、图形、电视图像等各种不同形式的信息。

五类媒体的关系如图 6-33 所示。

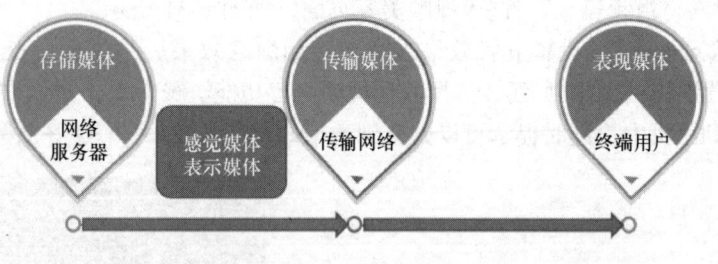

图 6-33　媒体类型

2. 多媒体

多媒体不是各种媒体的简单组合，而是多种媒体综合、处理、利用的结果；是一种与计算机、数字化、交互性紧密结合的全新信息载体，是计算机处理的多种信息载体的统称，包括文本、声音、图形、动画、图像和视频等。

3. 多媒体技术

多媒体技术是指通过计算机对文字、数据、图形、图像、动画和声音等多种媒体信息进行综合处理和管理，使用户可以通过多种感官与计算机进行实时信息交互的技术，是一种迅速发展的综合性电子信息技术。它给传统的计算机系统、音频和视频设备带来了方向性的变革，将对大众传媒产生深远的影响。

4. 多媒体系统特征

多媒体改变了传统媒体的单一性，多媒体技术的发展带来了感官新体验，多媒体系统呈现了综合集成的飞跃。综合起来看，多媒体系统有集成性、交互性、非线性、实时性、智能性、信息使用方便性、信息结构动态性等特征。

（1）集成性　能够将各种媒体、设备、软件和数据进行多通道统一获取、存储、组织与合成，形成有机整体。

（2）交互性　交互性是多媒体应用有别于传统信息交流媒体的主要特点之一。传统信息交流媒体只能单向地、被动地传播信息，而多媒体技术则可以实现人对信息的主动选择和控制。

（3）非线性　非线性特点改变了人们传统循序性的读写模式，多媒体技术借助超文本链接（hyper text link）的方法，把内容以一种更灵活、更具变化的方式呈现给用户。

（4）实时性　当用户给出操作命令时，相应的多媒体信息都能够得到实时控制。

（5）智能性　提供了易于操作、十分友好的界面，使计算机更直观、更方便、更亲切、更人性化。它可以形成人与机器、人与人及机器间的互动，互相交流的操作环境及身临其境的场景，人们根据需要进行控制。人机相互交流是多媒体最大的特点。

（6）信息使用方便性　用户可以按照自己的需要、兴趣、任务要求、偏爱和认知特点来使用信息，任取图、文、声等信息表现形式。

（7）信息结构动态性　"多媒体是一部永远读不完的书"，用户可以按照自己的目的和认知特征重新组织信息，增加、删除或修改节点，重新建立链接。

5. 多媒体技术应用

多媒体技术应用是当今信息技术领域发展最快、最活跃的技术，是新一代电子技术发展和竞争的焦点。多媒体技术应用的意义在于：

1）使计算机可以处理人类生活中最直接、最普遍的信息，从而使得计算机应用领域及功能得到了极大的扩展。

2）使计算机系统的人机交互界面和手段更加友好和方便，非专业人员可以方便地使用和操作计算机。

3）多媒体技术使音像技术、计算机技术和通信技术三大信息处理技术紧密地结合起来，为信息处理技术发展奠定了新的基石。

多媒体技术借助日益普及的高速信息网，实现了计算机的全球联网和信息资源共享，因此被广泛应用在咨询服务、图书、教育、通信、军事、金融、医疗等诸多行业，并正潜移默化地改变着我们的生活，使人类社会工作和生活的方方面面都沐浴着它所带来的阳光，新技术所带来的新感觉、新体验超越了以往任何时候。

整体上，多媒体技术正向两个方向发展：一是网络化发展趋势，与宽带网络通信等技术相互结合，使多媒体技术进入科研设计、企业管理、办公自动化、远程教育、远程医疗、检索咨询、文化娱乐、自动测控等领域；二是多媒体终端的部件化、智能化和嵌入化，提高了计算机系统本身的多媒体性能。

6. 多媒体关键技术

多媒体技术作为综合性技术，涉及硬件、软件、算法等方面。按照层次划分，其中关键技术包括视频点播技术、视频压缩技术、多媒体数据库技术、虚拟现实技术和流传媒技术等。

（1）视频点播技术　简言之就是将通信、计算机和电视三者相结合。

随着计算机多媒体服务技术的深入性和广泛性，视频点播技术成为互联网和计算机发展过程中的优质产物。这种将通信、计算机和电视三者相结合的技术，实现了人们随意进行电视观看的想法，改变了传统单一的电视传媒娱乐方式。另外，视频点播技术也进入了学生们的课堂，生动有趣的教学模式加上灵活的课堂互动，极大地改善了传统教学中刻板老套的弊端。视频点播技术的主要载体是视频服务器，这种核心功能的有效发挥，让视频播放的质量也有了更好的保障。因此，越来越多的领域愿意采用视频点播技术来传播自身的价值。

（2）视频压缩技术　简而言之，就是按照信号源的特点对其进行有针对性的编排。

压缩编码是视频压缩技术的核心部分。传统的压缩方式，是以压缩编码的集合为基础，在多接受者的动能性上以及事件本身的含义上，不能得到有效的发挥。因此，现阶段的视频压缩技术对其不断地完善，按照信号源的特点对其进行有针对性的编排，从而形成了最受欢迎、最先进的基于内容的压缩编码方法。

（3）多媒体数据库技术　简而言之，就是将数据库技术和程序设计语言进行融合。

多媒体信息在数据的存储和处理上，由于面向的存储对象比较复杂，所以有着不够集中的特点。所以，需要建立良好的基础数据模型来对多媒体资料的管理进行多态、对象等概念的描述。有效地将数据库技术和程序设计语言进行融合，是当前多媒体关键性技术的主要研究方向。

（4）虚拟现实技术　简而言之，就是通过计算机来展现出形象逼真的三维立体效果画面。

虚拟现实（Virtual Reality，VR）技术涉及了很多复杂的学科，也可以将它理解为将传感技术、网络技术、人工智能，甚至是计算机图形学进行融合的一种集成性技术，并通过计算机来展现出形象逼真的三维立体效果画面。这一技术的研发，让信息技术的成像出现了更多的可能性。这一技术不仅受到了诸多领域人员的喜爱，更是已经出现了常态化使用的趋势。

（5）流传媒技术　简而言之，就是让用户在文件下载的过程中就可以进行观看。

流传媒技术将动画和声乐等通过服务器实现流式的传输。这种新型的在线观看方式，可以让用户在文件下载的过程中就可以进行观看，这不仅有效地节省移动终端客户的存储空间，更极大地提升了效率。这种可视化和交互性的新型计算机多媒体技术，给我们的学习和生活带来了极大的便利。

7. 常用术语

（1）受众　受众指的是信息传播的接收者，包括报刊和书籍的读者、广播的听众、电影电视的观众、网民。受众从宏观上来看是一个巨大的集合体，从微观上来看有体现为具有丰富的社会多样性的人。

（2）广告　广告是为了某种特定的需要，通过一定形式的媒体，公开而广泛地向公众传递信息的宣传手段。

（3）目标受众　目标受众也可以称为目标顾客、目标群体或目标客群，指营销或者传播针对的接受人群。

（4）收视率　指在某个时段收看某个电视节目的目标观众人数占总目标人群的比重，以百分比表示。

（5）媒体价值指数　针对媒体的受众、广告报价、收视率、覆盖率等进行媒体评估的一个标准。

训练任务

1. 在校园内要进行某一活动的宣传和推广，使用什么形式的多媒体比较容易得到同学们的响应？

2. 在多媒体技术中，就你当前的认识，你认为哪一种技术使用频率会比较高？为什么？

多媒体技术与新媒体应用　　项目6

任务2　多媒体音频处理

数字化声音和视频、动画一样，都是重要的信息表达方式，由于其在加工、存储、传递方面的便捷性，正成为信息化社会人们进行信息交流的重要手段。声音是人类社会历史最悠久、使用频率最高的信息媒体。当某种频率的声音通过听觉系统刺激人的大脑时，会促使大脑以相同频率的活动来回应这种刺激，产生脑波共鸣，因此声音不需要再做更多的渲染，就可以立即吸引听众的注意力。

计算机被发明出来后，信息技术应用逐渐深入到生活、工作的方方面面，在记录自然界和社会生活中的声音信息上，利用数字化技术去模拟、存储、传递声音十分便捷。使用专用设备对来自话筒或音响设备的模拟音频信号进行采样、量化，转换成由二进制序列标识的数字音频，这个过程就是声音的数字化。

📖 任务描述

小智是学校的活跃分子，很喜欢参加学校组织的各种活动。学校马上要举行迎新晚会，学生会想以多媒体形式把晚会举办的相关信息广而告之。小智争取到完成这一任务的机会。经过前面的学习，小智基本了解了多媒体及多媒体技术，这次要以多媒体形式介绍和推广迎新晚会，氛围要搞得轻松和活跃。因此，他首先想到应该在声音上有比较突出的表现。为了达到声情并茂的效果，小智想在多媒体作品中添加一些背景音乐和解说词。于是，他准备先了解一下声音怎么收集，声音文件有哪些格式，然后再了解声音文件怎么处理，最后还需要听到声音处理后的效果。

✍️ 任务分析

要完成本任务，首先应该了解音频文件的采集方式、音频文件的主要参数和文件格式。这些在采集音频时需要进行设置，采集后期有些参数无法再次设置和修改。其次采集到的音频文件怎么处理才能达到想要的效果，最后处理好的音频文件还要试听，确认效果。

📖 任务实现

1. 录制声音

（1）手机录制声音　目前市场上几乎99%以上的手机都带有录音功能，小智的手机自然也能想录什么就录什么。

1）打开手机系统工具中的录音机。

2）第一次使用录音机时，单击页面右上角的设置按钮，进入相关参数设置。选择录音格式为"MP3"，录音音质为"标准"，如图6-34所示。

MP3是音频文件最常用的文件格式，除此之外，还可以选择WAV和AAC格式。录音音质就是录出来声音的质量，是指经传输、处理后音频信号的保真度，通常用数码率来衡量。数码率高音质就更好，反之更差，如图6-35所示。

3）单击"录音"按钮，开始录音，如图6-36所示。在录音的过程中，需要做标记的地方，单击页面左下角的旗子▷图标，标记一个时间点，记录下关键时间点的位置。在录制完成后播放该音频时，可以直接跳至任一标记时间点位置开始播放，如图6-37所示。

4）在录音完成后，可以单击页面右下角的列表按钮，如图6-38所示，可查看保存好的音频文件，以及播放、重命名、删除和分享该音频文件，还可以开启云同步上传文件。

135

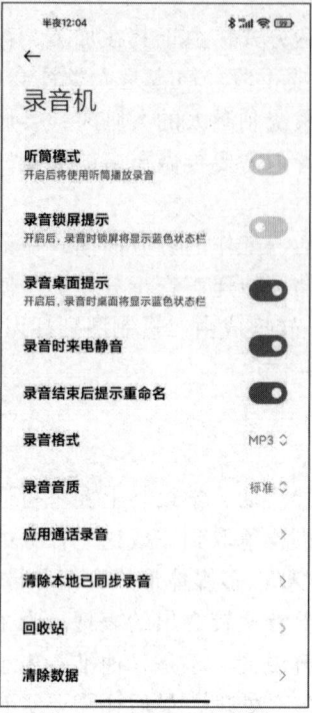

图 6-34　录音录制参数设置

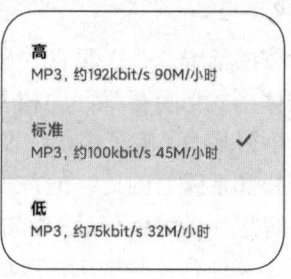

图 6-35　录音音质

图 6-36　开始录音

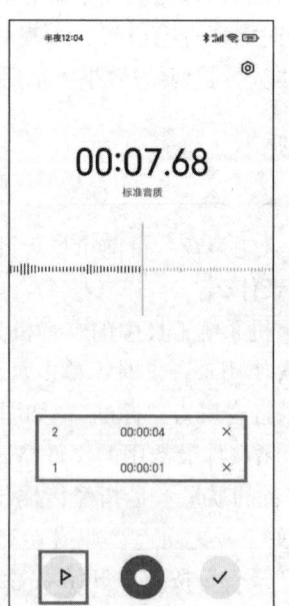

图 6-37　录音标记

（2）计算机录制声音　计算机通过声卡能采集到声音信息。声音是一种模拟信号，而计算机只能处理数字信息 0 和 1。因此，首先要把模拟的声音信号变成计算机能够识别处理的数字信号，这个过程称为数字化，也叫作模数转换。在计算机对数字化后的声音信号处理完后，得到的依然是数字信号。用计算机采集声音的好处是便于下一步编辑采集到的声音，不需要再将手机中的文件传输到计算机中再编辑。相对于手机录音而言，用计算机录音以及下一步编辑声音，功能上更完备。于是小智打开自己的计算机，准备开始尝试着录制一些声音素材。

1）使用 Windows 11 系统录音机。

① Windows 11 系统上没有录音软件，可以下载安装。在确保计算机声卡驱动程序正确安装和有声音采集设备（如麦克风）的前提下，打开计算机 Windows 设置，找到"隐私"并单击，如图 6-39 所示。

在打开页面"应用权限"项中，确保在应用访问中能找到麦克风，这样录制声音时才能找到麦克风设备，如图 6-40 所示。

该页面滑块往下滑动，能看到当前使用到麦克风的应用列表，如图 6-41 所示。

图 6-38　保存 / 分享音频文件

图 6-39　计算机中 Windows 设置

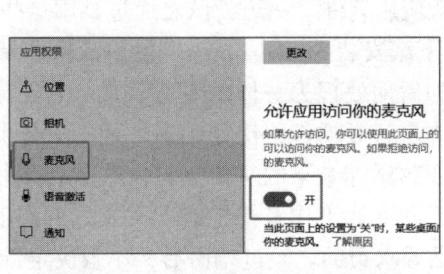

图 6-40　打开麦克风设备访问权限

② 在开始菜单中找到并启动"录音机"应用，单击软件中的"话筒"图标，即可开始自动录音，如图 6-42 所示。如果在开始菜单中没有找到"录音机"应用，可以单击计算机底部的搜索图标，在搜索栏中输入"录音机"，在列出的应用中找到录音机，双击即可打开录音机应用进行声音录制，如图 6-43 所示。

Windows 11 录音机录音音质清晰，可以支持无限制录音，应用时只需一次单击，即可开始录音，或恢复已暂停的录音，自动保存录音，是日常会议音频录制或者教学演示的好帮手。但录音完成后进行声音编辑的功能稍有欠缺。

图 6-41 使用到麦克风应用列表

图 6-42 启动"录音机"应用

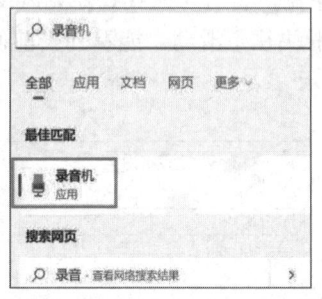

图 6-43 搜索"录音机"应用

2）使用 Sound Forge、Adobe Audition 和 Audacity 软件录制。除了 Windows 系统录音机之外，小智希望能结合录制声音和编辑声音功能多调研几款软件。接下来他一边下载安装大众口碑较高的几款应用软件，一边尝试着通过试用这些软件去简单录制一些声音素材。

① 下载安装 Sound Forge，使用该软件录制一段声音。Sound Forge 是一款集音频录制、音频编辑和后期处理为一体的专业软件。它支持用户对音频的混音修音等操作，在多年的升级中增加了许多音频插件，比如动态处理的效果器插件、单音频混音插件和颤音插件等，这些插件是它为音频添加效果的主要工具。这款音频软件体积不大，安装简单，价格也相对较便宜，同时对新手和专业工作者都抱有非常友好的态度，如果用户在使用上有什么困难，可以进入软件中文网站寻求帮助。经过调研后，小智决定首先使用计算机软件 Sound Forge。

a. 打开 Sound Forge 官网 https : //www.soundforge.cn，进入下载页面，根据提示下载安装软件，如图 6-44 所示。

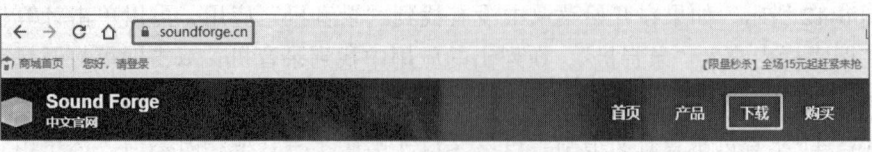

图 6-44 Sound Forge 官网

b. 打开 Sound Forge 软件，单击"录音"按钮，即可开始录音，如图 6-45 所示。

c. 在录制页面，要确保出现波形，表明有声音输入，这样才能成功录音，如图 6-46 所示。

图 6-45　Sound Forge 软件录音按钮

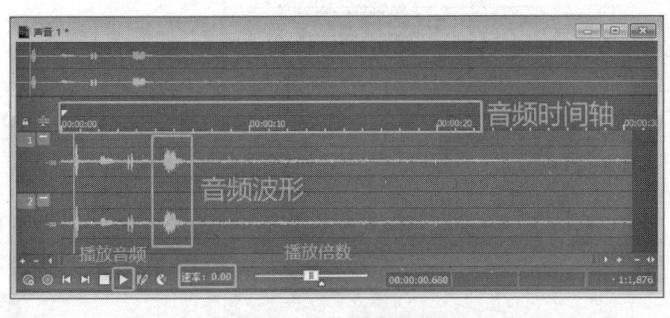

图 6-46　录制页面

d. 录制完成后，播放录音，试听录音效果。调整速率，可以以倍数播放录音。

e. 保存文件，利用快捷键 <Ctrl+S>，或者单击菜单"文件"中的"保存"（第一次保存时提示另存为）。选择保存路径和文件格式，给文件命名，单击"保存"后该录音保存到指定路径下，如图 6-47 所示。

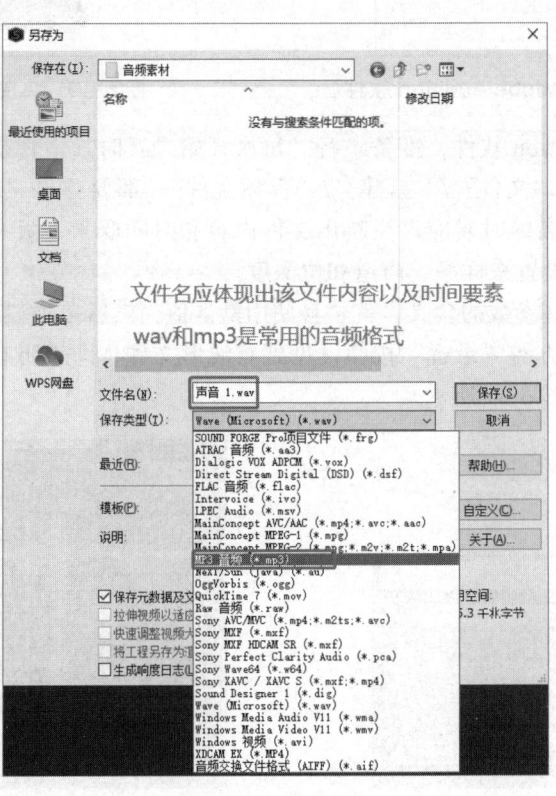

图 6-47　保存文件

计算机技术与计算思维

② 下载安装 Adobe Audition，使用该软件录制一段声音。Adobe Audition（Au）是由 Adobe 公司开发的一款多轨编辑音频软件，其批量操作的方法对编辑任务多、成品目标相似的用户非常有益。这一功能也使得它的混音效果与众不同，它可以实现多轨音频的混合而非单纯的效果音混合。小智经过调研，得知这款软件的操作难度比较大，对使用者在音频领域的专业素养要求更高。为一探究竟，小智决定尝试使用更专业的 Adobe Audition 软件。

a. 打开 Adobe 公司官网 https://www.adobe.com/cn/，在"创意和设计"栏目下单击"查看所有产品"，如图 6-48 所示。在弹出的页面中找到 Audition，选择"免费试用"后根据提示下载安装软件，如图 6-49 所示。

图 6-48　查看 Adobe Audition 软件

图 6-49　免费试用软件

b. 打开 Adobe Audition 软件，准备录音。每次开始录音时，不管是单击编辑窗口下方的录音按钮，还是通过菜单"文件"/"新建"/"音频文件"，都要弹出"新建音频文件"对话框。按照上节所述，文件命名的时候应该反映出文件内容和时间要素、版本等，此时还需要按照录制声音的具体要求分别设置采样率、声道和位深度。

小智无法弄明白这些参数的含义，就暂且使用默认值，然后单击"确定"，如图 6-50 所示。

c. 单击编辑窗口下方的"录音"按钮，见到有波形文件，即表明有声音输入计算机中，可以成功录制到声音，如图 6-51 所示。

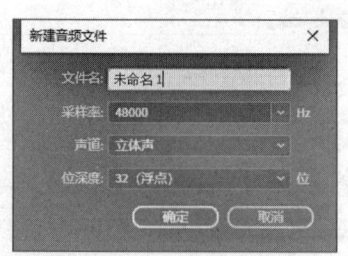

图 6-50　声音录制参数

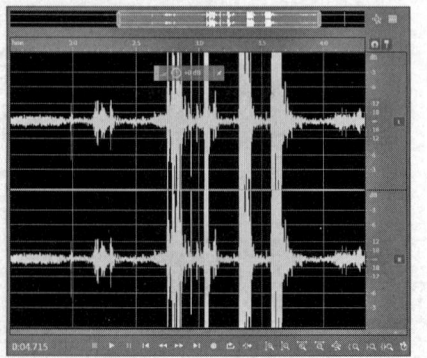

图 6-51　确认声音输入

d. 录制完成后听一下声音效果，确保无误后保存该文件。

小智对比了以上软件的下载安装和简单使用情况，发现 Sound Forge 软件下载较容易，安装较快；Adobe Audition 软件下载较难，安装较慢。两款软件都可以短期试用。录制声音界面的直观性和录制声音的便捷性都差不多。小智还想调研对比一下其他有相似功能的软件，他找到了 Audacity。

③ 下载安装 Audacity，使用该软件录制一段声音。Audacity 是一款免费的遵循 GNU 协议的国外音频处理软件，具有易用、多轨音频录制和编辑自由、开放源代码等特点，能在 Windows、Mac OS X、GNU/Linux 和其他操作系统上使用。另外，具有的明显优势就是安装文件小，安装速度快。看了这些介绍，小智十分希望能试用一下这款软件。

a. 打开 Audacity 的官网 https://www.audacityteam.org/，选择与计算机操作系统对应的安装版本下载并成功安装，如图 6-52 所示。

b. 打开 Audacity 软件，单击"录音"，完成后试听声音效果，确认后保存声音文件，如图 6-53 所示。

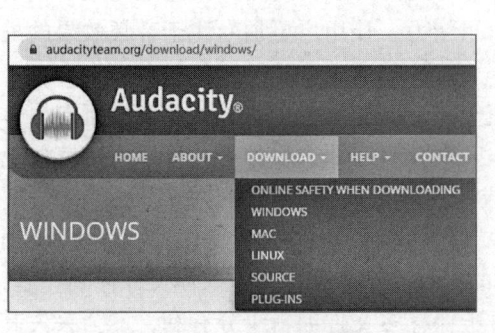

图 6-52　Audacity 官网

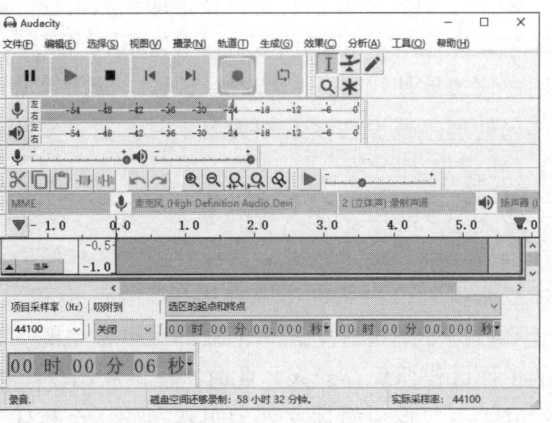

图 6-53　Audacity 录音

经过使用这款软件后发现，其能实现的功能比较简单，如果对声音要求不高，或者录制时间短且出错概率小，或者临时性使用，这款软件可以满足需求。但如果要编辑声音，前面两款软件要更胜一筹。

2. 编辑声音

在日常工作、生活和学习中都会或多或少地接触到声音媒体，但并不是所有的声音都是我们所需要的，因此常常会做一些常规的声音编辑，如剪贴、复制、粘贴、多文件合并和混音等，有时还会对音频波形进行"反转""静音""放大""扩音""减弱""淡入""淡出""规则化"等常规处理，设置"混响""颤音""延迟"等特效。随着进一步学习，小智发现在多媒体音频处理方面还有很多自己未知的知识，于是他进图书馆查阅书籍，网上搜索学习视频，对照着进行声音编辑的实践操作。

（1）使用 Sound Forge 编辑声音

1）打开 Sound Forge 软件，认识工作界面，如图 6-54 所示。

① 在 Sound Forge 软件界面中，可以看到软件的主菜单栏下有两行快捷菜单功能，其中第一行快捷菜单是标准工具栏，包括日常任务访问，如文件的创建、打开、保存、剪切等功能的快捷方式。第二行快捷菜单是媒体工具栏按钮，主要用来控制音频的播放、快进、暂停等功能。

计算机技术与计算思维

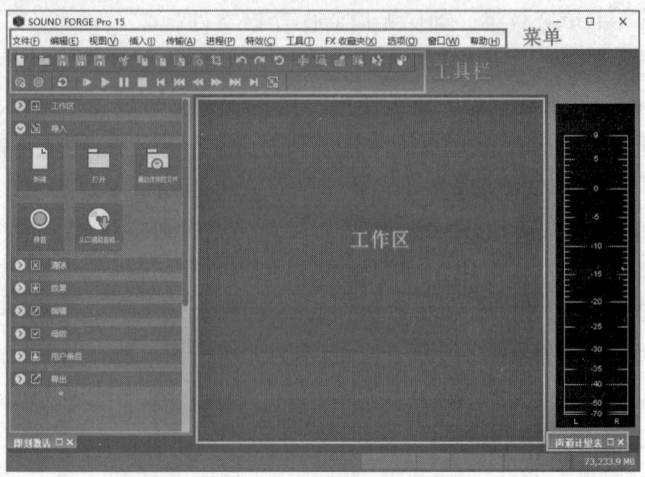

图 6-54　Sound Forge 软件工作界面

② 在工具栏下方，左边位置是即刻激活栏。如果没有显示，进入菜单"编辑"，勾选"即刻激活"就能显示。Sound Forge（Windows 系统）即刻激活窗口功能集合了各种常用的任务，可供用户快速地使用导入、特效、预设、导出等常用功能。这些可以帮助用户快速地完成音频的一体化处理，减少在搜索相关菜单时花费过多的时间与精力，让用户更加专注于音频效果的处理上，提高工作效率。

③ 在工具栏下方，中间位置是工作区，是用户进行音频数据处理的区域，打开的所有媒体文件都会显示在这个区域。当打开多个文件时，工作区内会对媒体进行排列。可以通过菜单上的命令来排列，当然也可以直接在工作区拖动来完成，这样可以直接操作工作区内任一文件。在音频数据处理过程中，单击顶部菜单栏中的"文件"，并找到其中的"工作区"，就可以将当前的工作区快照保存起来。此时工作区相当于编程中的工程，把涉及的所有媒体文件存到一起，保存其关系，形成媒体文件编辑状态的一个整体，对于保存多文件编辑十分有利，不会丢失其中的媒体文件。

④ 在工具栏下方，右边位置是声道计量表。如果没有显示，单击 Sound Forge 的"视图"选项，并选择其中的"声道计量表"就能显示。在默认情况下，Sound Forge 提供了包括峰值仪表 V2、VU 计量表、峰值计量表、相位范围、单声道兼容性计量表在内的五大监视仪表。通过声道计量表可以监控音频文件的音量，光标在里面的位置就是音频的音量。在绿色标尺内属于正常情况；到达了红色标尺，表示溢出了，可能出现了破音的情况。因此，通过实时观察声道计量表，可快速地监视音频中出现的各种问题。

2）单击菜单"打开"（快捷键 <Ctrl+O>），选中要编辑的音频，单击"打开"。

3）工具栏中编辑工具 为选中状态时，在数据窗口中以拖动方式选择数据，如图 6-55 所示。

此时要观察鼠标的样式：鼠标显示为 I^L 时，表示选择左声道数据；鼠标显示为 I_R 时，表示选择右声道数据；鼠标显示为 I 时，表示同时选择两个声道数据。

4）为了更准确控制选择数据区域，进入菜单"编辑"/"选择"/"设置"（快捷键 <Ctrl+Shift+D>），调整参数后单击"确定"，数据窗口下方就能准确显示当前选择区域起点、终点位置和声音文件时长，如图 6-56 所示。

图 6-55　选择音频数据

142

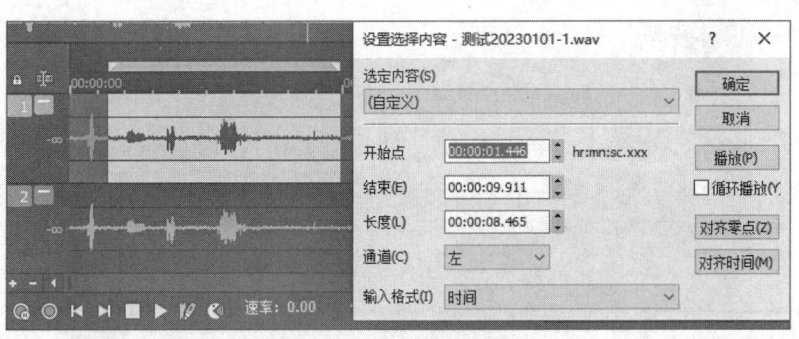

图 6-56　声音数据信息

此时播放声音时，由于只选择了左声道数据，只能从耳机左边听筒听到声音，从音响也是左边音箱有声音。

声道是指声音在录制或播放时在不同空间位置采集或回放的相互独立的音频信号。双声道（立体声）采用了两路信号通道来采集、传输、接收、放大，在音质改善、临场感加强、声源空间定位等方面有优良表现。声音听起来像来自不同的位置，更接近于临场感受。

5）拆分和合并音频。有时仅仅需要用到部分声音，那就需要去拆分音频；另外一些时候有可能需要把多个声音放到一起，那就要去合并音频。

① 进入菜单"文件"/"打开"（快捷键 <Ctrl+O>），选择待编辑音频文件。

② 通过鼠标拖动方式选择拆分的区域，如图 6-57 所示。

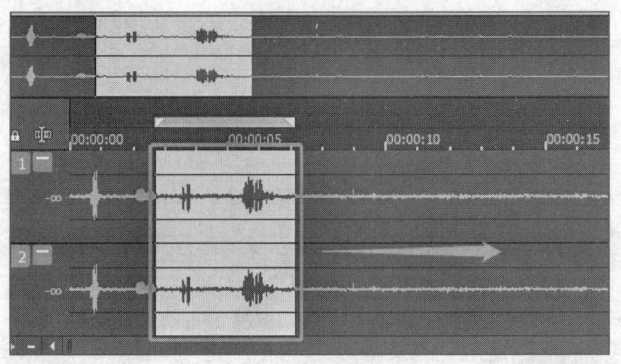

图 6-57　选择拆分区域

③ 按住鼠标左键拖拉到工作区的空白区域，如图 6-58 所示。释放鼠标左键的同时，系统将自动创建一个新的窗口，保存该文件，即可完成音频拆分，如图 6-59 所示。

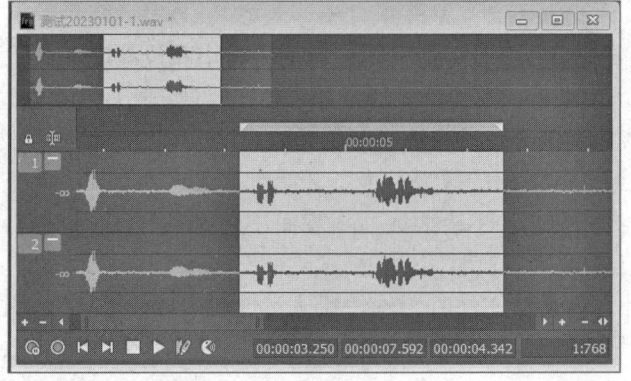

图 6-58　选择拖拉音频

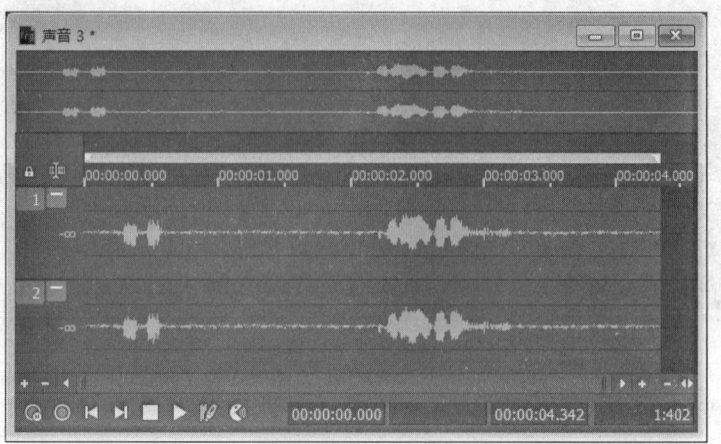

图 6-59　音频拆分

如果按住鼠标左键拖拉到同一个文件空白处，释放鼠标左键的同时，显示"混音 / 替换"窗口，单击"确定"后相当于把选中区域进行复制，如图 6-60 所示。

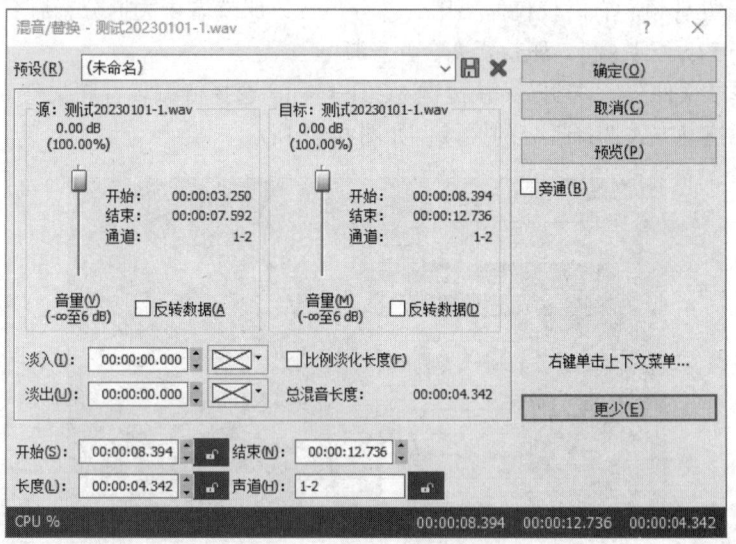

图 6-60　"混音 / 替换"窗口

④ 要合并音频，先在目标文件中选择好目标段落，右击，选择"复制"。接着，在工作区的空白处右击选择"粘贴"。按照这样的方法，把每一段需要合并的音频粘贴到同一个窗口中，就合并成功了。

在合并音频前，要确定需要合并的几段音频的采样率和位深度。在"混音 / 替换"窗口中，单击"预览"相匹配。如果不一致，将无法合并音频，应重新选取或执行位深度转换。

6）为音频添加淡入淡出音效。在声音开始播放和结束播放的时候，或者多个声音合并到一起的时候，往往会用到淡入淡出的效果。声音开始时从无声到有声，结束前到完全结束逐渐无声。音量和谐过渡，比较和缓，不会因突然出现而让人惊恐不已，也不会因突然消失而让人难受，给听者一种听觉上的心理过渡时间。

① 打开音频文件，在选择文件时，软件默认勾选了"自动播放"，因此弹窗会自动播放音频，弹窗底部显示音频文件基本信息，如图 6-61 所示。选中添加淡入音效音频区域，如图 6-62 所示。

多媒体技术与新媒体应用　　项目6

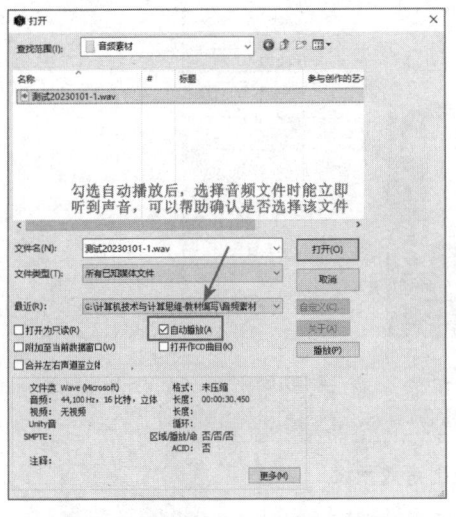

图 6-61　软件默认勾选"自动播放"

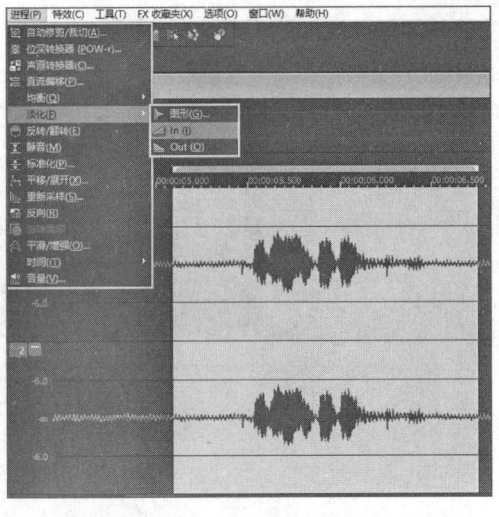

图 6-62　添加淡入音效

进入菜单"进程"/"淡化"/"In"，修饰音频波形。从完成前后波形图对比来看，在相同时间范围内，声音的波形起伏在淡入效果后变得更平和。单击"播放"试听效果，音频由无至有缓缓进入。添加"淡出"音效与添加"淡入"音效方法基本一致。能缓缓进入，缓缓退出，视听效果更加舒适，如图 6-63 所示。

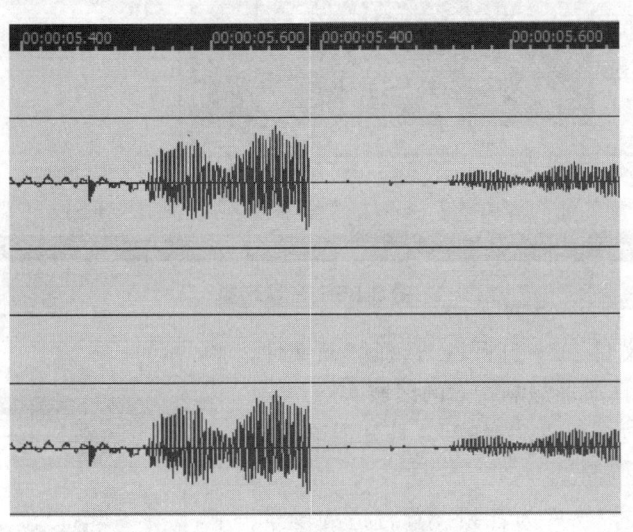

图 6-63　修饰音频前后波形对比

② 添加淡入 / 淡出音效预设。进入菜单"进程"/"淡化"/"图形"，打开"图形淡化"界面。选择一项预设效果，单击"预览"听淡入 / 淡出后的音效，如图 6-64 所示。

选中"预设"效果后，矢量图中红线表示音量在整个音频阶段的增益情况，如图 6-65 所示。

选择"[Sys]+6dB 逐步提升"，表示音效为：0% ~ 25% 音频部分音量由正常逐步提升至200%；25% ~ 75% 音频部分音量保持 200%；75% ~ 100% 音频部分音量由 200% 逐步降为正常音量。淡入 / 淡出音效添加完成。

7）为音频添加混响特效。声波在室内传播时，要被墙壁、天花板、地板等障碍物反射，每反射一次都要被障碍物吸收一些。这样，当声源停止发声后，声波在室内要经过多次反射和吸收，最后才消失，我们就感觉到声源停止发声后还有若干个声波混合持续一段时间。混响可以让声音听起来更有空间感，更有气势。

145

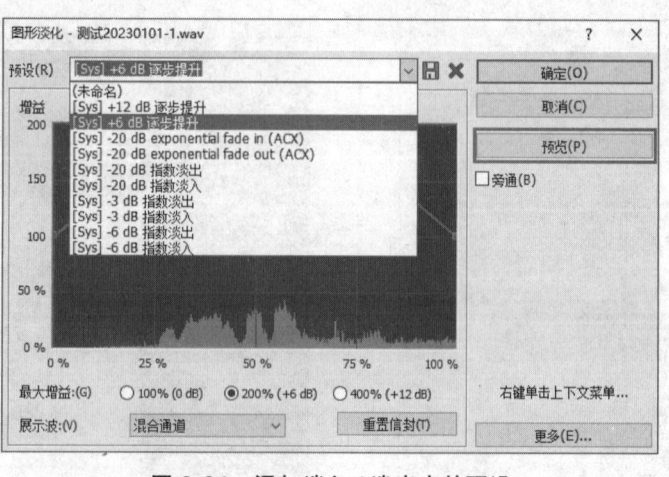

图 6-64　添加淡入 / 淡出音效预设

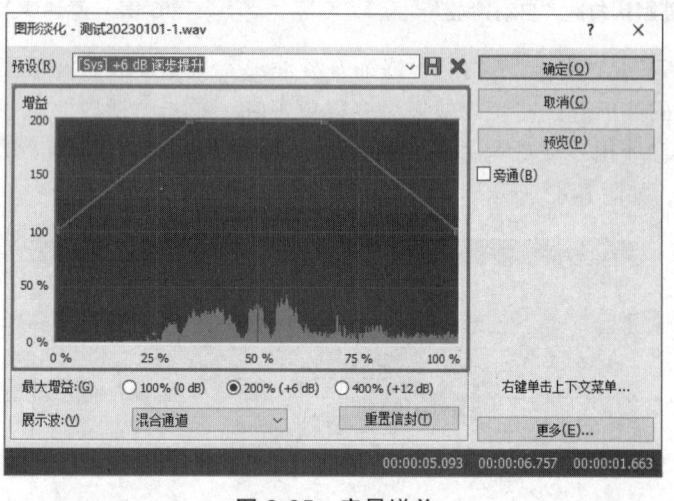

图 6-65　音量增益

① 进入菜单"文件" / "打开"，选择音频文件，通过鼠标拖动方式选择添加混响特效的区域。

② 进入菜单特效，单击"混响"，打开混响效果设置界面，如图 6-66 所示。

先选择混响模式，软件为音频设置合适的场景，满足场景下的混响设置。单击"预览"，试听效果。可以多试几个混响模式，达到满意效果后，单击"确定"，混响特效设置生效。

如果对混响有更高的要求，可以对具体设置项进行调节，设置输出大小、反射样式、衰减时间等选

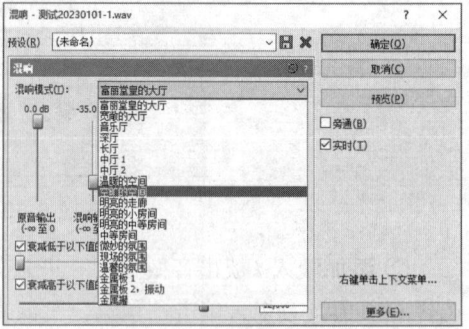

图 6-66　混响效果设置

项，可平衡原音、混响、早期的音效，以达到更佳的效果。这些需要对声音有专业的认识，才知道设置调节后是什么样的效果。

经过以上实践操作后，小智对 Sound Forge 软件有了更具体的了解。在试用过程中，他发现 Sound Forge 虽然是一款功能极其强大的专业化数字音频处理软件，但是上手比较容易，对当前他对声音编辑的需求而言，能完全胜任此项工作。不断探索、不断提高，才能不断进取，小智决定试着使用 Adobe Audition 编辑声音。

（2）使用 Adobe Audition 编辑声音

1）打开 Adobe Audition 软件，认识工作界面，如图 6-67 所示。

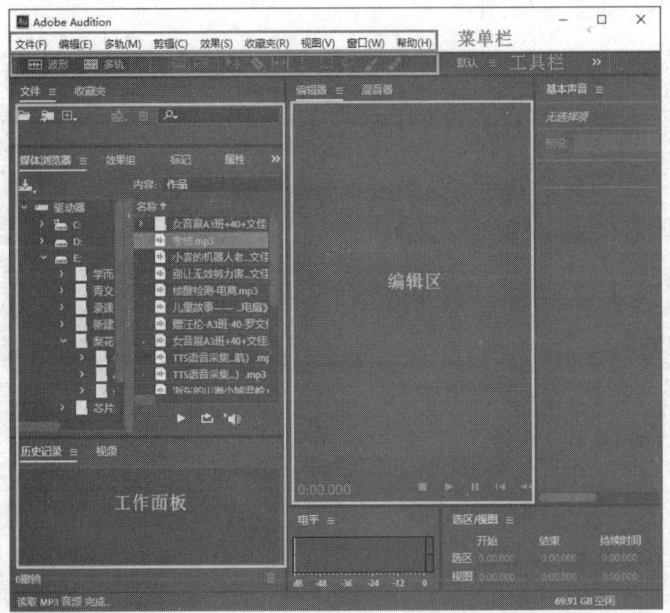

图 6-67　Adobe Audition 软件工作界面

Sound Forge 和 Adobe Audition 这两款软件工作界面很相似。在使用 Adobe Audition 时，要学会打开菜单栏中的"窗口"，勾选不同的项，对应功能操作会显示在工作面板中，进而方便快捷地使用其各项功能。

2）打开待编辑的声音文件。可在文件面板空白处双击打开文件，或单击"文件"/"打开"，也可在文件面板空白处右击打开文件，但最快捷和常用的还是直接拖拽文件到文件面板。

3）降低解说词中的噪声。

① 进入菜单视图，勾选"显示频谱"，可视化方式看见声音文件，如图 6-68 所示。

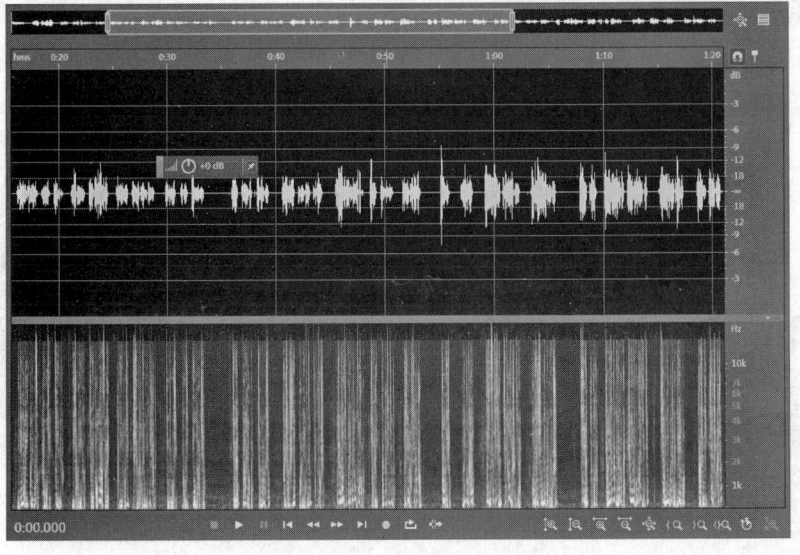

图 6-68　可视化显示频谱

上部分为波形图，下部分为频谱视图。音频波形随时间显示振幅（或响度），而频谱视图显示每个频率在一段时间内的能量。

② 查找噪声样本，如图 6-69 所示。

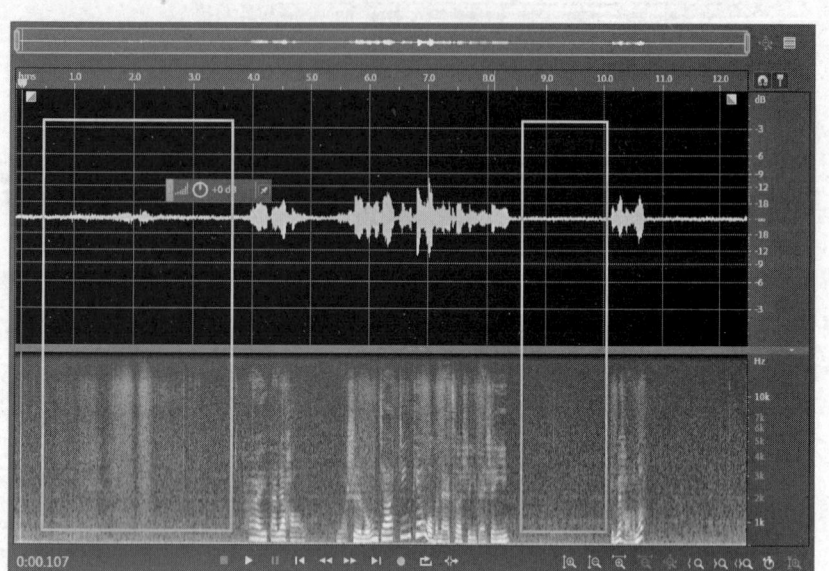

图 6-69　查找噪声样本

噪声是在录制过程中不可避免会被录制下来，且影响听感的声音，一般会出现在声音开始、结束和停顿的地方。从波形和频谱上能看到噪声的"样子"，与正常声音的波形有明显区别，如图 6-70 所示。

在声音开始部分，以鼠标拖拉的方式选择有噪声的区域，弹出鼠标右键选择"捕捉噪声样本"（快捷键 <Shift+P>），让软件知道是什么样的噪声。

③ 打开降噪设置。进入菜单"效果"/"降噪/恢复"中，选择"降噪（处理）"，如图 6-71 所示。

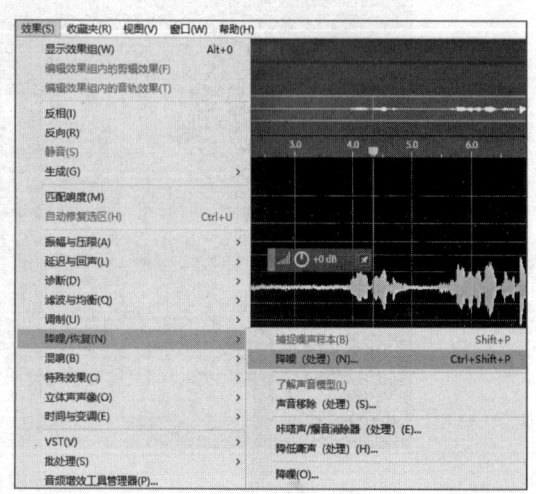

图 6-70　波形和频谱上看噪声　　　　　图 6-71　降噪（处理）

多媒体技术与新媒体应用　　项目 6

在出现的效果界面中，依次单击"捕捉噪声样本""选择完整文件"和"应用"，如图 6-72 所示。

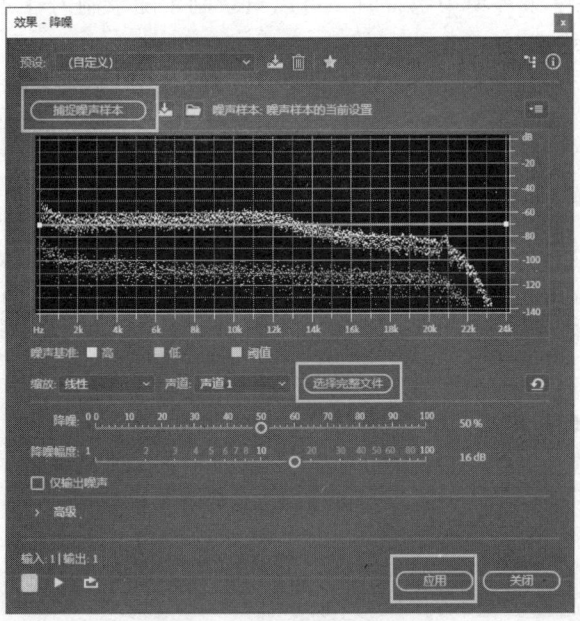

图 6-72　捕捉噪声样本等

回到编辑器窗口，试听一下降噪后的效果，之前的噪声大部分被去掉。对比前后波形图，也能看到降噪前后的变化，如图 6-73 所示。

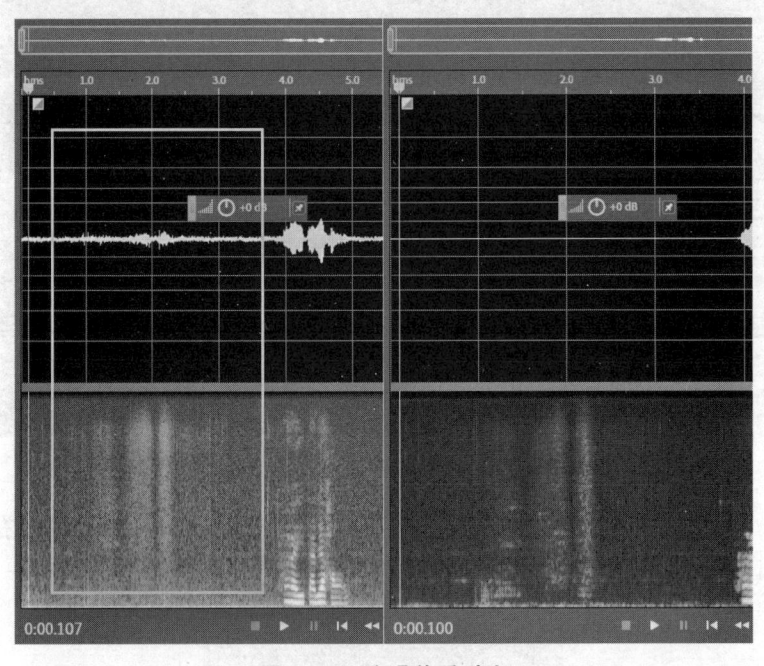

图 6-73　降噪前后对比

如果还有不同的噪声，重复捕捉噪声样本。打开降噪设置，然后依次单击"捕捉噪声样本""选择完整文件"和"应用"，即可把不同的噪声尽可能地处理完。但需要注意的是，过多降噪会导致语音听起来虚弱或呆板，稍微留点噪声比去除过多噪声更好。

149

计算机技术与计算思维

经过对降低解说词中噪声的处理，小智看到了 Adobe Audition 降噪效果在用于清理噪声和减少录音中背景声音的强大。认识到查找噪声样本的节点是各阶段之间的暂停或音频内容中的任何其他自然停顿。在嘈杂环境中录音时，可以只录制紧随录制内容之前或之后的环境噪声，从而特意捕捉"室内环境声"。

4）编辑背景音乐。Adobe Audition 软件除了在处理声音上，还在编辑音乐上有良好的表现。在多媒体作品中少不了恰当、合适的背景音乐，这对多媒体作品的表现有积极的促进作用。虽然在网上已经能找到许多背景音乐素材，但在每一部作品中的使用往往都需要重新编辑，比如合并不同的音乐素材，从其他音乐素材中拆解一小段。小智这次希望能使用 Adobe Audition 软件录制一段个性化的原创音乐，加上具有校园特色的说唱，好好地去宣传一下迎新晚会。

① 打开 Adobe Audition 软件，进入菜单"文件"/"新建"，选择"多轨会话"（快捷键 <Ctrl+N>），如图 6-74 所示。

图 6-74　Adobe Audition 新建多轨会话

② 通过打开媒体浏览器各级目录，将现有的音乐素材通过单击鼠标左键拖拉文件的方式拖进轨道 1 中，拖拉调整起始位置，如图 6-75 所示。

图 6-75　鼠标左键拖拉文件到轨道

③ 选择另外的轨道，供人声输入和存放。单击"R"键，做好录制准备。右下角能看到音量计量表，如图 6-76 所示。

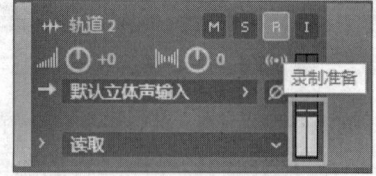

图 6-76　音量计量表

150

④ 单击"录制"，能看到两个轨道中音量计量表都在跳动，下方的电平也在正常范围值内变化。停止录制后，试听效果，如图 6-77 所示。

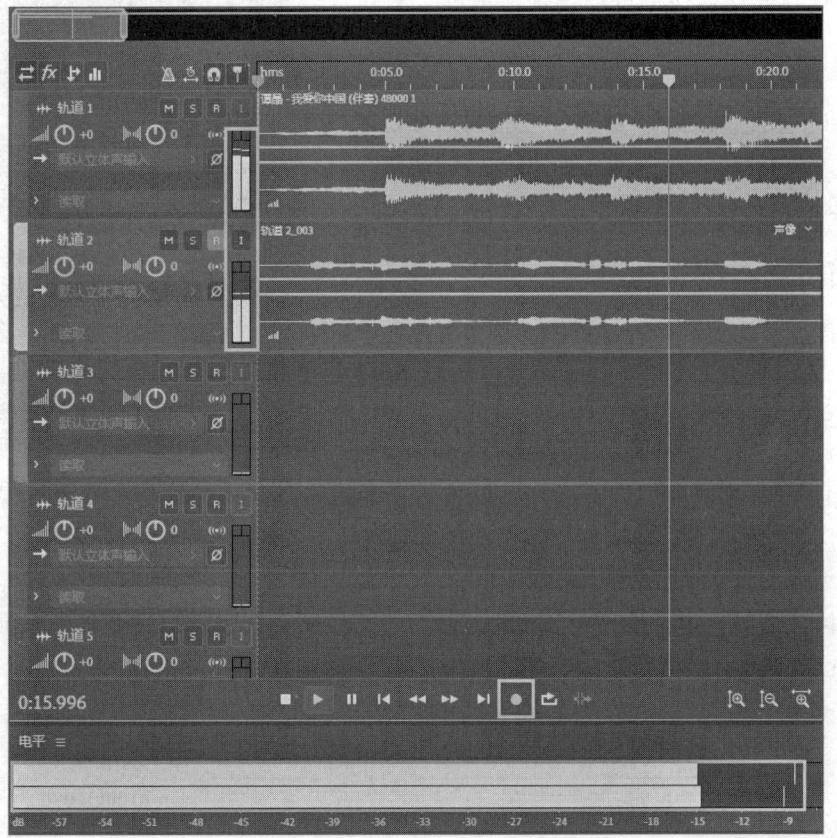

图 6-77　录制过程中音量、电平显示

⑤ 选中录好的音轨混缩到新音轨中，混缩好的音轨进入编辑模式，如图 6-78 所示。

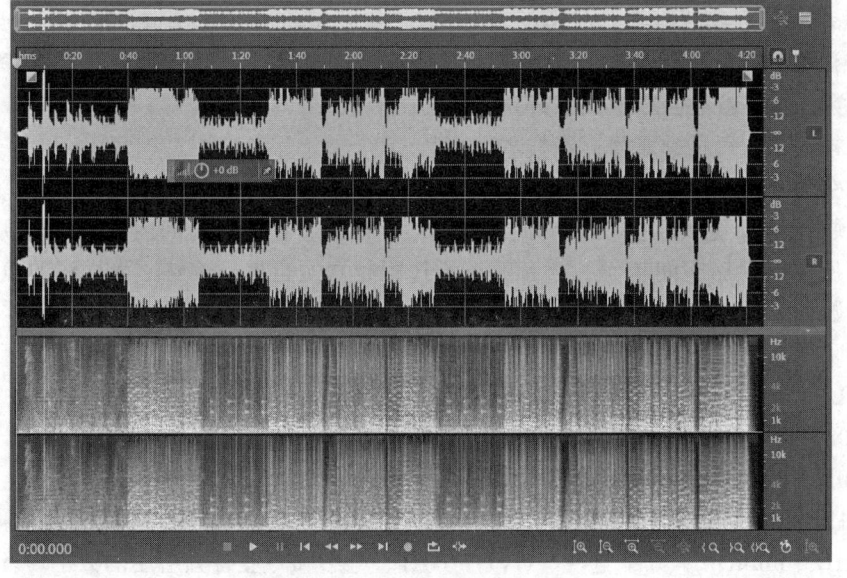

图 6-78　编辑混缩的音轨

完成去噪、延长时长等编辑后，即可导出文件，如图 6-79 所示。

文件格式应该选择常用的 MP3 格式。对于采样类型、格式设置、混音选项都可以单击对应的"更改"，重新设置。

通过对 Adobe Audition 软件的试用，小智感受到 Adobe Audition 在音频混合、编辑、控制和效果处理功能上的先进，希望自己以后能坚持学习软件的使用，提高音频处理的技能。

图 6-79　导出文件

✐ 知识拓展

声音是传递信息的一种重要媒体，是多媒体技术研究中的一个重要内容。声音最初由物体振动产生声波，通过介质（空气或固体、液体）传播，最后被人或动物听觉器官所感知和识别。可以被人耳识别的声音频率为 20Hz ~ 20kHz。计算机处理、存储和传输声音的前提是必须将声音信息数字化。音频技术用于实现计算机对声音的处理。

1. 音频文件采集

声音是模拟信号。为了使用计算机进行处理，必须将它转换成二进制编码表示的形式，这就是声音信息数字化。声音信息数字化的过程，如图 6-80 所示。

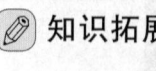

图 6-80　声音信息数字化

音频文件的常见采集，方法有 3 种：直接获取已有音频；利用音频处理软件捕获截取声音；用麦克风录制声音。音频文件采集就是声音信息数字化的过程。

2. 音频文件质量主要参数

在数字化采样、量化和编码过程中，衡量数字音频文件质量的三大参数有采样频率、采样位数和声道数。这些参数会影响数字音频文件的质量。

（1）采样频率　每秒钟取得声音样本的次数。

采样频率是描述声音文件音质、音调，衡量声卡、声音文件的质量标准，计量单位为 Hz（赫兹）。采样频率越高，意味着采样的时间间隔越短，因此，在单位时间内计算机得到的声音样本数据越多，所需的存储空间越大，声音的还原过程越真实自然。44kHz 采样率的声音就是要花费 44000 个数据来描述 1s 的声音波形。原则上，采样频率越高，声音的质量越好。

常见的采样频率有 8kHz、11.025kHz、22.05kHz、44.1kHz、48kHz 等。

1）8kHz：电话所用采样频率，对于一般通话已经足够。

2）11.025kHz：AM 调幅广播所用采样频率。

3）22.05kHz 和 24kHz：FM 调频广播所用采样频率。

4）44.1kHz：音频 CD，也常用于 MPEG-1 音频（VCD、SVCD、MP3）所用采样频率。

5）48kHz：miniDV、数字电视、DVD、DAT、电影和专业音频所用的数字声音采样频率。

（2）采样位数　也叫作采样大小或量化位数，是用来衡量声音波动变化的一个参数。

取得的样本需要进行量化。量化位数也称为"量化精度"，是描述每个采样点样本值的二进制位数。量化位数是 8，表示每个采样值可以用 2^8 个不同的量化值来表示。量化位数决定了声音的动态范围。量化位数越高，音质越好，但音频文件的数据量也越大。

音频的量化位数常用的有：

1）8bit（也就是 1 字节），只能记录 256 个数，也就是只能将振幅划分成 256 个等级。

2）16bit（也就是 2 字节），可以细到 65 536 个数，这已是 CD 标准了。

3）32bit（也就是 4 字节），能把振幅细分到 4 294 967 296 个等级，但实在没必要。

（3）声道数　即声音通道的数目。当人听到声音时，能对声源进行定位，那么通过在不同的位置设置声源，就可以造就出更好的听觉感受。如果配合影像进行音频位置的调整，则会得到更好的视听效果。

常见的声道有：

1）单声道：mono。

2）双声道：stereo，最常见的类型，包含左声道及右声道。

3）2.1 声道：在双声道基础上加入一个低音声道。

4）5.1 声道：包含一个正面声道、左前方声道、右前方声道、左环绕声道、右环绕声道、一个低音声道。最早应用于早期的电影院。

5）7.1 声道：在 5.1 声道的基础上，把左右的环绕声道拆分为左右环绕声道以及左右后置声道，主要应用于蓝光光盘 BD 以及现代的电影院。

除以上参数外，还有其他参数：

（4）帧　音频帧跟编码格式相关，是音频文件的最小的组成单位，帧的常见大小有 960、1024、2048、4096 等。一帧记录了一个声音单元，它的长度是样本长度和声道数的乘积。不同的音频文件，音频的帧采样点是不一样的。

（5）比特率　也叫作码率，每秒的传输速率，也可以理解成音乐每秒播放的数据量，单位为 bit/s，CD 音质的 MP3 文件码率是 128kbit/s。

3. 音频文件格式

音频文件格式专指存放音频数据的文件的格式。有两类主要的音频文件格式：

1）无损格式，例如 WAV、FLAC、APE、ALAC、WavPack（WV）。无损的音频格式（例如 FLAC）压缩比大约是 2∶1，解压时不会产生数据质量上的损失，解压产生的数据与未压缩的数据完全相同。如需要保证音乐的原始质量，应当选择无损音频编解码器。

2）有损格式，例如 MP3、AAC、Ogg Vorbis、Opus。有损文件格式是基于声学心理学的模型，除去人类很难或根本听不到的声音，例如，一个音量很高的声音后面紧跟着一个音量很低的声音。MP3 就属于这一类文件。

4. 音频文件播放

音乐播放器是一种用于播放各种音乐文件的多媒体播放软件，比如 MP3 播放器、WMA 播放器等。当前很多软件已经把各种格式播放器兼容到一起，使得尽可能多地播放各种格式的音频文件。它们不仅界面美观，而且操作简单，给用户带来完美的音乐享受。

常见的播放软件有：

（1）计算机上的播放软件

1）百度音乐：装机常见播放器，国内著名的免费音乐播放软件。

2）酷狗音乐：国内极受欢迎的免费中文播放软件。

3）QQ 音乐：一款带有精彩音乐推荐功能的播放器。

计算机技术与计算思维

4）搜狗音乐：搜狗网络音乐盒，依靠搜狗的搜索技术，自创封闭的 p2p 下载技术。

（2）手机上的播放软件

1）手机酷狗：酷狗的手机版，常见手机音乐播放器之一。叮咚（原名手机酷狗）是一款免费音乐软件。漂亮的界面带来音乐视听享受，具有卡拉 OK 歌词逐字同步播放功能，支持全屏歌手背景头像。

2）手机 QQ 音乐：QQ 音乐播放器的手机版，适合播放流行音乐。它是一款带有音乐推荐功能的播放器，同时支持在线音乐和本地音乐的播放，是国内内容较丰富的音乐平台。音乐搜索和推荐功能可以让用户享受流行、动听的音乐。

3）天天动听：由用户需求主导的手机播放器，把用户思想融入其中，国产手机音乐播放软件之一。这是一款免费的手机音乐播放软件，支持歌词和歌曲图片下载，皮肤可更换，具备多种可视化效果；同时预置多种均衡器，支持音效增强，操作简单，带来手机听歌的较好体验。

训练任务

1. 分别使用计算机和手机录制一段介绍校园文化的解说词，对比两种方式各自的优势。

2. 尝试使用专业的音频编辑软件，对新录制的音频文件降噪和分解；将能用到活动宣传推广的背景音乐进行筛选，并合并出一首更恰当、合适的背景音乐文件，与解说词分别存放到不同轨道上，为迎新晚会活动宣传做好准备。

任务 3 多媒体图像处理

图像是人类视觉的基础，是自然景物的客观反映，是人类认识世界和人类本身的重要源泉，是人们最主要的信息源。据统计，一个人获取的信息大约有 75% 来自视觉。在多媒体中运用图像补充文字信息，可以增强人们对展示信息的理解和记忆。有时用语言和文字难以表达的事物，用一张简单的图就能精辟而准确地展现，因此在计算机中图像信息的获取和处理十分普遍，也非常重要。

对于大多数图片来说，一张图片可能会胜过千言万语。使用图像可使文档内容更清楚，有时使用图像比用文字表达更直观和恰当，能达到事半功倍的效果。

任务描述

小智在经过前面学习后，他感受到使用手机 APP 软件处理图片非常的便捷。但是对于一些素材处理、效果变换等，使用手机软件处理操作上不是十分便捷，同时有些效果也不能实现。经过调研，他发现计算机上大家常常使用软件 Photoshop、CorelDRAW 实现对图形图像的设计与处理。这次迎新晚会的宣传，除了在手机等移动端发布电子的宣传资料之外，在一些重要的场所还要张贴宣传海报。于是，他下载并安装 Photoshop 软件，试着使用 Photoshop 完成海报设计和制作。

任务分析

要完成本任务，首先，应该了解这次迎新晚会海报设计在外观尺寸、表达内容、传递元素、视觉效果等方面的需求。其次，应该逐渐熟悉和掌握 Photoshop 软件的使用，从一些基本的、简单的功能使用上入手，完成图像简单的处理。最后，能将搜集到的素材进行整合，调整图层、色彩等参数，设置滤镜等，以期达到最优的显示效果。

154

多媒体技术与新媒体应用　　项目6

📖 任务实现

1. 熟悉 Photoshop 工作环境

（1）下载并安装 Photoshop　打开 Adobe Photoshop 产品官网 https：//www.adobe.com/cn/products/photoshop.html，使用免费试用的方式下载安装并试用 Photoshop，如图 6-81 所示。如需要长期使用，应采取付费购买方式下载安装使用 Photoshop。

图 6-81　免费试用 Photoshop

（2）Photoshop 软件工作界面　Photoshop（PS）是由 Adobe Systems 开发和发行的图像处理软件，处理以像素所构成的数字图像。使用其众多的编辑与绘图工具，可以有效地进行图片编辑和创造工作。操作界面友好，得到了广大第三方开发厂家的支持，赢得了众多用户的青睐。

1）单击 Photoshop 软件图标，启动软件。Photoshop 软件有些版本在启动时，会弹出新建文档的窗口，如图 6-82 所示。

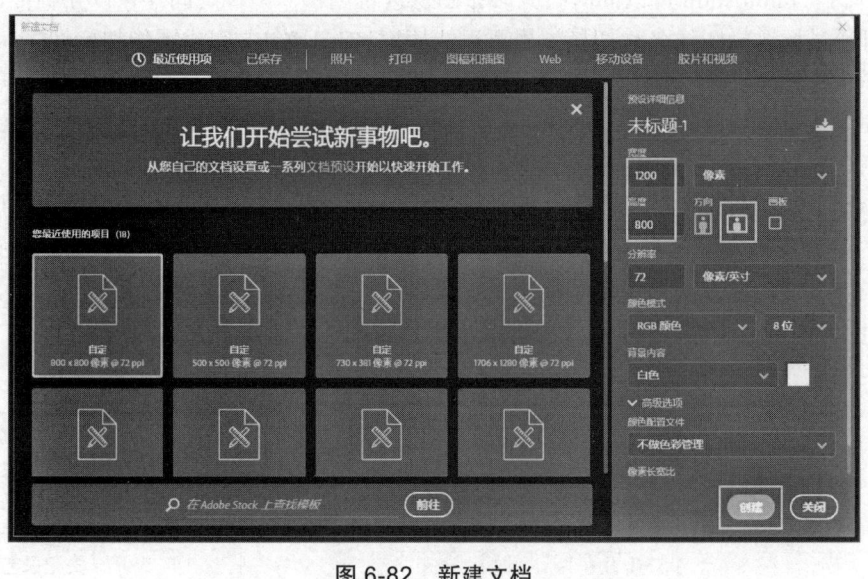

图 6-82　新建文档

在这个页面的左方可以选择最近使用过图像尺寸，也可以在右方预设详细信息中按照需求键入新建文档名称、宽度、高度的像素值，修改图像方向，设置分辨率、RGB 颜色模式和背景内容。确认后，单击"创建"。

2）在打开的 Photoshop 软件工作界面，可以看到 Photoshop 的界面由菜单栏、工具栏、工具属性栏、工作区、浮动面板、状态栏、标题栏这几个部分组成，如图 6-83 所示。

① 菜单栏。顶部区域是菜单栏，将 Photoshop 所有的操作分为九类，除了"帮助"选项，共九项菜单，如编辑、图像、图层、滤镜等。单击各个菜单，了解各菜单下有哪些功能项。

② 工具属性栏。左侧工具栏中的每个工具选项都对应不同的工具属性，在选择不同的工具或选择不同的对象，菜单栏下的工具属性栏中出现的选项也不同。

③ 工具栏。界面左侧为工具栏，也称为工具箱。对图像的修饰以及绘图等工具，都从这里调用。几乎每种工具都有相应的键盘快捷键。

155

④ 标题栏。标题栏显示的是对工作区命名。

图 6-83　Photoshop 工作界面

⑤ 工作区。Photoshop 可以同时打开多张图像进行创作，图像之间还可以互相传送数据。打开的图像可通过标题栏图像名称切换，也可以快捷键 <Ctrl+Tab> 完成图像切换。

⑥ 状态栏。包含四个部分，分别为图像显示比例、文件大小、浮动菜单按钮及工具提示栏。分别单击工具栏中的工具，在工作区中试着通过鼠标单击、拖曳等方式了解不同工具的使用，同时查看工具属性栏中不同的内容。选择不同的图像，分别在状态栏中查看图像的信息。

⑦ 浮动面板。界面右方是浮动面板区域。浮动面板是 Photoshop 中非常重要的辅助工具，它为图形图像处理提供了各种各样的辅助功能。每个浮动面板都可以用鼠标进行拖曳随意放置符合个人工作习惯的地方。关闭浮动面板后，可以通过菜单"窗口"勾选后重新打开浮动面板。

（3）Photoshop 软件常用工具　Photoshop 软件常用工具见表 6-1。

表 6-1　Photoshop 软件常用工具

工具名称	快捷键	功　能	工具名称	快捷键	功　能
移动工具	V	移动图层或选区里的图像 与它并列的有：画板工具	历史记录画笔工具	Y	将图像的某些部分恢复到以前的状态 与它并列的有：历史记录艺术画笔工具
椭圆选框工具	M	创建椭圆形状的选区 与它并列的有：矩形选框工具、单行选框工具、单列选框工具	橡皮擦工具	E	将像素更改为背景颜色，或者使它们透明 与它并列的有：背景橡皮擦工具、魔术橡皮擦工具
多边形套索工具	L	创建直边选区 与它并列的有：套索工具、磁性套索工具	渐变工具	G	创建颜色之间的渐变混合 与它并列的有：油漆桶工具、3D 材质拖放工具
魔棒工具	W	选择色彩类似的图像区域 与它并列有：快速选择工具	模糊工具	—	用来模糊图像中的区域 与它并列的有：锐化工具、涂抹工具

（续）

工具名称	快捷键	功能	工具名称	快捷键	功能
裁剪工具	C	裁切或扩展图像的边缘 与它并列的有：透视裁剪工具、切片工具、切片选择工具	加深工具	O	调暗图像中的区域 与它并列的有：减淡工具、海绵工具
吸管工具	I	从图像中吸取颜色 与它并列的有：3D材质吸管工具、颜色取样器工具、标尺工具、注释工具、计数工具	钢笔工具	P	通过锚点与手柄来创建和更改路径或形状 与它并列的有：自由钢笔工具、弯度钢笔工具、添加锚点工具、删除锚点工具、转换点工具
污点修复画笔工具	J	移去标记或污点 与它并列的有：污点画笔工具、修补工具、内容感知移动工具、红眼工具	横排文字工具	T	添加横排文字 与它并列的有：直排文字工具、直排文字蒙版工具、横排文字蒙版工具
画笔工具	B	绘制自定义画笔描边 与它并列的有：铅笔工具、颜色替换工具、混合器画笔工具	路径选择工具	A	选择整个路径 与它并列的有：直接选择工具
仿制图章工具	S	使用来自图像其他部分的像素绘画 与它并列的有：图案图章工具	矩形工具	U	绘制矩形 与它并列的有：圆角矩形工具、椭圆工具、多边形工具、直线工具、自定义形状工具

2. 使用 Photoshop 简单处理图像素材

（1）认识图像大小　海报设计是视觉传达的表现形式之一，通过版面的构成在第一时间内将人们的目光吸引过来，并获得瞬间的刺激。这要求设计者要将图片、文字、色彩、空间等要素进行完整的结合，以恰当的形式向人们展示出宣传信息。

海报标准尺寸有 13cm×18cm、19cm×25cm、30cm×42cm、42cm×57cm、50cm×70cm、60cm×90cm、70cm×100cm。宣传海报比较常见的尺寸便是 50cm×70cm、57cm×84cm。由于迎新晚会用到的海报需要张贴，因此使用 50cm×70cm 的尺寸。

打开 Photoshop，新建文件（快捷键 <Ctrl+N>），设置宽度为 50cm，高度为 70cm，方向纵向。海报需要印刷出来，分辨率设置 200~300 像素/英寸，如图 6-84 所示。

在图像处理过程中，可以通过菜单"图像"/"图

图 6-84　设置新建文件的参数

像大小"（快捷键 <Ctrl+Alt+I>）查看图像的大小，如图 6-85 所示。

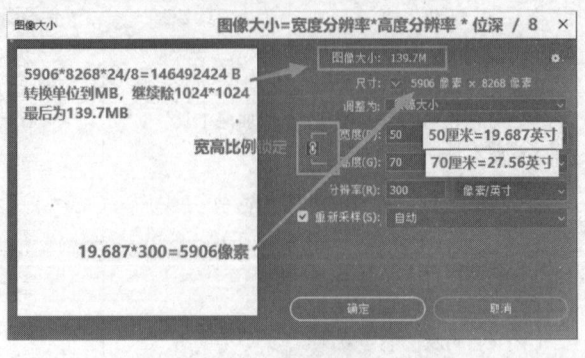

图 6-85　查看图像大小

每个像素点保存 1 个颜色。当图像较大需要变小时，会牺牲掉一些像素点；而在图像较小需要变大时，没法找到像素点补上。因此一般情况下，图像大小会设置成比需求稍微大一点，这样利于后续图像在尺寸上的修改。

（2）剪裁图像　打开一张图片，尺寸不合适，要剪裁图像。单击工具栏中的裁剪工具，当鼠标移动到工具图标附近，会提示该工具的名称。工具图标右下角显示有三角符号时，表示右键单击该工具图标会有更多工具可选择。Photoshop 软件有些版本中，会以简短动画的形式介绍工具的使用，单击"了解如何使用"，会以简要教程的形式一步步演示如何使用该工具，如图 6-86 所示。

打开一张校园风景的图片，选择裁剪工具，通过按住鼠标左键拖拉框选保留的区域，按 <Enter> 键后剪裁完成。当框选了区域后，由于构图需要，还可以通过按住图片移动，之前框选的区域会重新框选区域；当框选的区域尺寸需要调整时，鼠标移至边角处拖拉即可完成，如图 6-87 所示。

图 6-86　工具的使用

图 6-87　裁剪图片

剪裁图片的时候不要随意进行，需要考虑构图，按照比例去剪裁，保留最重要的部分，凸显主题，才会带来美感，如图 6-88 所示。

（3）调整图像明度、饱和度和色相　明度、饱和度、色相统称为"颜色的三属性"。明度表示亮度的程度，饱和度表示鲜艳度，色相表示色调。利用色彩这三个属性的特点，可以让图像更有层次感和立体感，达到增强图像吸引力的作用。

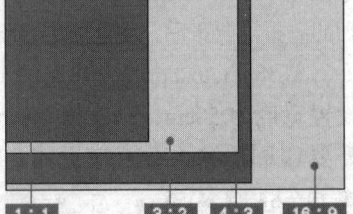

图 6-88　剪裁图片比例

1）调整图像明度。

① 打开校园风景的图片。

② 打开菜单"图像"/"调整"/"匹配颜色"，如图 6-89 所示。

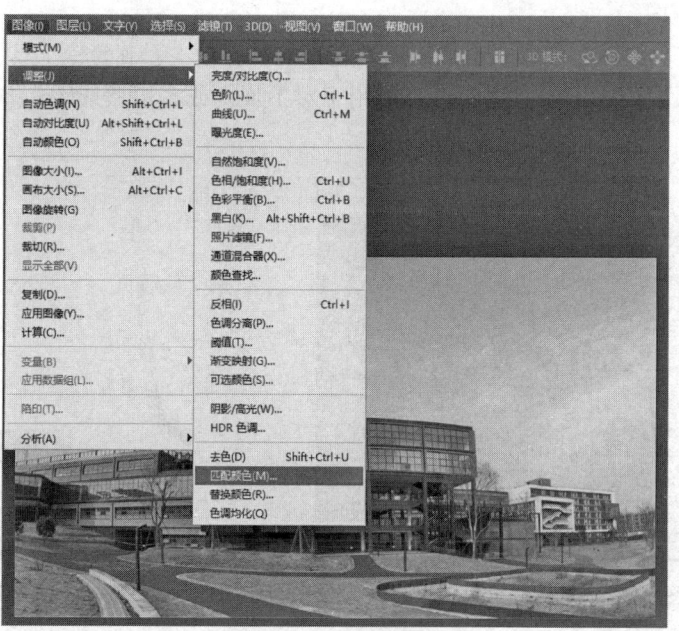

图 6-89　匹配颜色

③ 在弹出的"匹配颜色"窗口中，将明亮度调到合适的值，最大可以到 200，如图 6-90 所示。

④ 打开菜单"图像"/"调整"/"色相/饱和度"，继续调整明度，如图 6-91 所示。

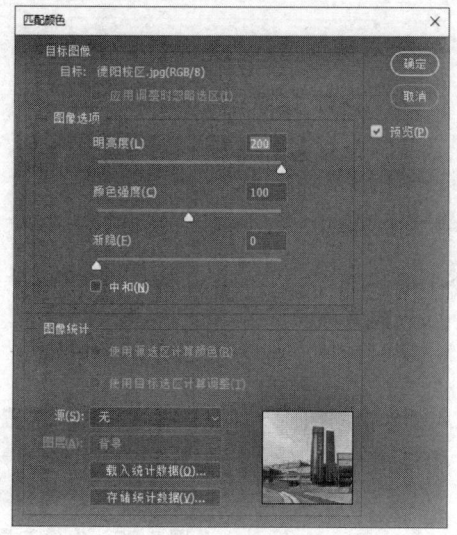

图 6-90　调整明亮度

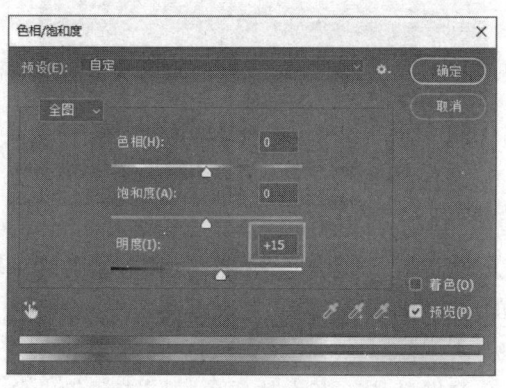

图 6-91　调整明度

⑤ 处理完成后，将制作好的图片存储为想要的格式即可。

2）调整图像饱和度和色相。

① 继续使用校园风景图片，打开菜单"图像"/"调整"/"色相/饱和度"，如图 6-92 所示。

② 调整色相值和饱和度值。前后对比，可以看到调整色相的参数，还可以看到颜色会发生变化。饱和度反映了颜色的鲜艳程度。

（4）抠图　抠图就是把需要的内容从照片中抠出来。

1）套索工具抠图。

① 右击套索工具图标右下角三角形，展开套索工具，依次看到套索工具、多边形套索工具、磁性套索工具，如图 6-93 所示。这些工具适用于对不规则或多边形选区，方便选取及抠取图片中的实物。

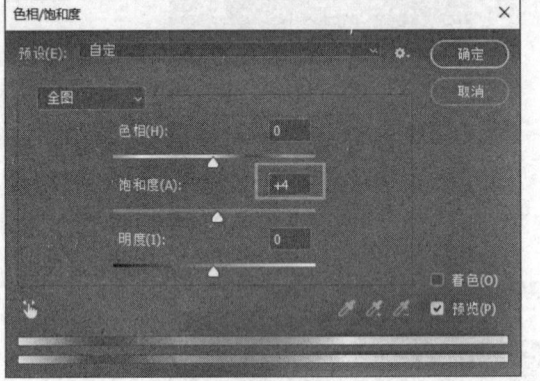

图 6-92　调整饱和度

图 6-93　套索工具

② 选择"磁性套索工具"，当鼠标放到所需的图形边上时就会自动选取，如图 6-94 所示。

③ 在图层没有被锁定的情况下，按住 <Ctrl+Alt> 键的同时按住鼠标左键拖曳就可以把选择区域图像移除，保留原图像，相当于复制了选框区域图像。如果不按任何键，按住鼠标左键拖曳会移除选框，没有任何图像；只按住 <Ctrl> 键，选择区域图像移除，不保留原图像，如图 6-95 所示。

图 6-94　选择磁性套索工具

图 6-95　复制选框区域图像

2）魔棒工具抠图。

① 魔棒工具能快速选择颜色基本相同的区域，达到快速抠图的目的。右击魔棒工具图标右下角三角形，选中"魔棒工具"，如图 6-96 所示。

图 6-96　魔棒工具

② 在图片中，有大片颜色相同或颜色十分接近的区域，单击左键，即可完成区域选择，如图 6-97 所示。

通过两张图对比可以看到，不同容差值下魔棒工具的使用会出现明显不同。容差是魔棒在自动选取相似的颜色选区时的近似程度，容差越大，被选取的区域越大。设置合适的容差值，可以达到事半功倍的效果。

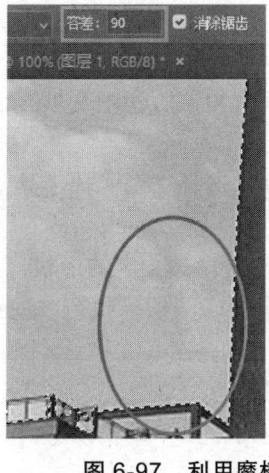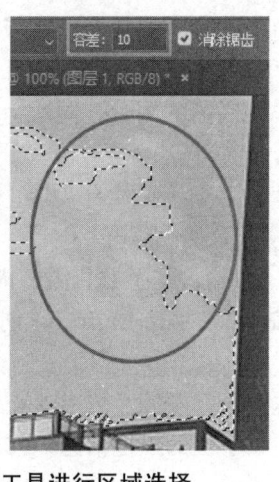

图 6-97　利用魔棒工具进行区域选择

3. 使用 Photoshop 设计海报

（1）认识图层　图层就是带有各种图像信息的层，一层一层叠加在一起。比如图片、文字和效果都是层，叠加在一起就是 3 层，每层都是独立的，互不影响，但又互相配合。图层最常用的类型有 8 种，有名称、效果、模式、属性、颜色、智能对象、选定和画笔。本次海报设计保持默认设置，如图 6-98 所示。

由于每层之间会有遮挡，要较好地图像表现，图层顺序很重要，从上到下依次遮盖。在出现被遮挡的情况时，可以直接拖动图层改变从上到下的顺序。

（2）色彩　表现视觉的传达是人类认知世界的最主要途径。因此，对于海报设计而言，如果色彩运用得当，无疑可以起到锦上添花的作用。总体上来看，色彩的应用原则是要实现整体协调，在局部可以形成差异对比。整体协调是指海报的整体色彩效果需要达到和谐，与主题思维紧紧相扣，而局部差异对比则是指可以在小范围区域内运用强烈色彩差异来起到对比互衬的效果。

暖色调的海报版面色彩搭配方面，大多采用红、黄、紫等颜色，常见的例如大红色、橘黄色等。这些颜色的运用可以让海报整体设计偏向于温馨、喜庆，给人以热情奔放的感觉。如果没法准确调色，使用吸管工具，去吸其他相似海报中的各种颜色，是一种比较简便的方式，如图 6-99 所示。

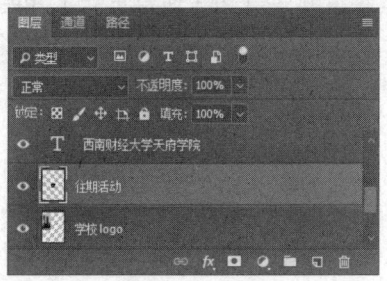

图 6-98　图层

图 6-99　吸管工具

（3）海报设计　在素材准备齐全的情况下，对海报设计有一定的构思就可以开始使用 Photoshop 设计海报了。

1）打开 PS，新建一空白文档，背景色设置为白色，文档大小根据实际需要来定义。本次设置为宽 50cm，高 70cm，分辨率为 200 像素 / 英寸。

2）选择一张可作为底图的图片并打开，利用"移动工具"将该图片移动到当前文档界面中，以创建"图层 1"。双击图层改名为"背景"，然后按 <Ctrl+T> 对其大小和位置进行调整。

3）单击"图层"面板中的"添加图层蒙版"按钮，为当前图层添加蒙版。然后选择"渐变填充工具"，为其填充"黑白"渐变。

4）再打开一张可作为底图的图片，同时为其应用蒙版和渐变填充，并调整其透明度，使其看起来略显暗一些。

5）再插入一张图片，由于该图片有背景，因此选择"魔术棒工具"，将背景选中并删除掉。然后设置其"图层混合模式"为"强光"。

6）选择"文字工具"，输入与主题相关的内容，设置文字的形状，并应用样式。

7）新建一图层，按 <Ctrl+Alt+Shift+E> 创建盖印图层。执行"滤镜" / "艺术效果" / "海报边缘"。

8）接着再执行"滤镜" / "锐化" / "USM 锐化"。

9）最后再加入一些文字性的描述信息，并应用相关样式。

知识拓展

1. 数字图像及其特点

数字图像，又称为数码图像或数位图像，是二维图像用有限数字数值像素的表示。数字图像由模拟图像数字化得到，以像素为基本元素，可以用数字计算机或数字电路存储和处理。数字图像可以由许多不同的输入设备和技术生成，如数码相机、扫描仪、坐标测量机等，也可以从任意的非图像数据合成得到，如数学函数或者三维几何模型等。

2. 像素和分辨率

像素（或像元，pixel）是数字图像的基本元素，图像中的最小单位，在模拟图像数字化时对连续空间进行离散化得到。每个像素具有整数行（高）和列（宽）位置坐标，同时每个像素都具有整数灰度值或颜色值。像素可以用一个数表示，如 30 万像素的数码相机；也可以用一对数字表示，例如"640×480 显示器"，它表示横向 640 像素和纵向 480 像素，因此其总数为 $640 \times 480 = 307200$ 像素。

分辨率（resolution）是指单位长度上能表达的像素的数量，能决定位图图像细节的精细程度，可以细分为显示分辨率、图像分辨率、打印分辨率和扫描分辨率等。通常情况下，图像的分辨率越高，所包含的像素就越多，图像就越清晰，印刷的质量也就越好。同时，它也会增加文件占用的存储空间。描述分辨率的单位有：DPI（点每英寸）、LPI（线每英寸）、PPI（像素每英寸）和 PPD（像素每度）。如图像分辨率为 72PPI，表示该图像中每英寸能表达 72 个像素点；打印分辨率为 300DPI，表示在打印时每英寸长度上能打印 300 个像素点。

3. 颜色模式

颜色模式，是将某种颜色表现为数字形式的模型，或者说是一种记录图像颜色的方式。常见模式有 RGB（光色模式）、CMYK（四色印刷模式）、Lab（标准颜色模式）、Bitmap（位图模式）和 Grayscale（灰度模式）等。

（1）RGB 模式　自然界中所有的颜色都可以用红（Red）、绿（Green）、蓝（Blue）这三种颜色频率的不同强度组合而得，这就是人们常说的三基色原理，如图 6-100 所示。在计算机中每个颜色分量数字化，用 0~255 来表达各颜色的多少，因此三个颜色组合叠加就会形成 255^3 约 1658 万种颜色。

RGB 的应用很广泛，主要是在 LED 领域，屏幕显示和视频的输出等方式。多存在于电子显示屏、投影仪、数码相机、扫描仪等媒介，十分依赖电子设备。

（2）CMYK 模式　CMYK 模式是一种印刷模式。其中四个字母分别指青（Cyan）、洋红

（Magenta）、黄（Yellow）、黑（Black），在印刷中代表四种颜色的油墨。CMYK 模式在本质上与 RGB 模式没有什么区别，只是产生色彩的原理不同。在 RGB 模式中，由光源发出的色光混合生成颜色；而在 CMYK 模式中，由光线照到有不同比例 C、M、Y、K 油墨的纸上，部分光谱被吸收后，反射到人眼的光产生颜色。由于 C、M、Y、K 在混合成色时，随着 C、M、Y、K 四种成分的增多，反射到人眼的光会越来越少，光线的亮度会越来越低，所以 CMYK 模式产生颜色的方法又被称为色光减色法，如图 6-101 所示。

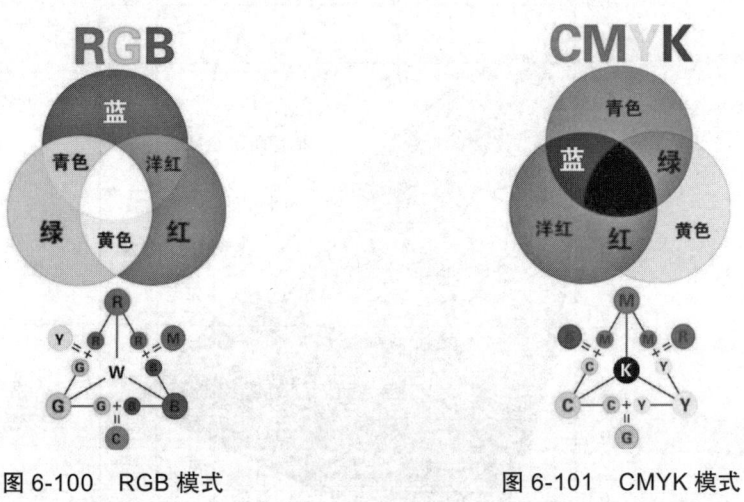

图 6-100　RGB 模式　　　　　　　图 6-101　CMYK 模式

由于 CMYK 是印刷模式，媒介多是打印机、印刷机等印刷器械，常运用在画册、包装、海报等印刷品中。

（3）Lab 模式　Lab 颜色是由 RGB 三基色转换而来的，它是由 RGB 模式转换为 HSB 模式和 CMYK 模式的桥梁。该颜色模式由一个发光率（Luminance）和两个颜色（a，b）轴组成。它由颜色轴所构成的平面上的环形线来表示色的变化，其中径向表示色饱和度的变化，自内向外，饱和度逐渐增高；圆周方向表示色调的变化，每个圆周形成一个色环；而不同的发光率表示不同的亮度并对应不同环形颜色变化线。它是一种具有"独立于设备"的颜色模式，即不论使用任何一种监视器或者打印机，Lab 的颜色不变。Lab 颜色空间中的 L 分量用于表示像素的亮度，取值范围是 [0，100]，表示从纯黑到纯白；a 表示从红色到绿色的范围，取值范围是 [127，-128]；b 表示从黄色到蓝色的范围，取值范围是 [127，-128]，如图 6-102 所示。

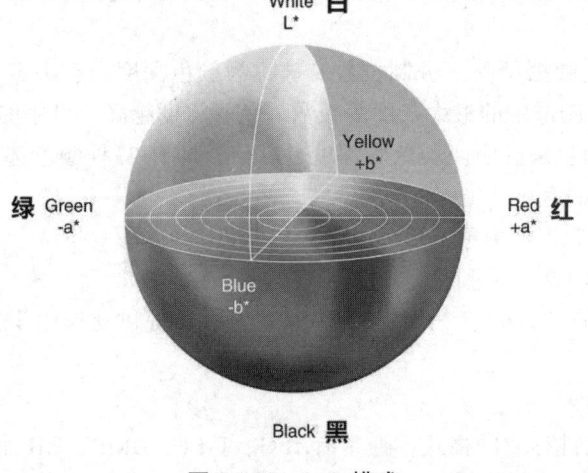

图 6-102　Lab 模式

使用 Lab 色彩模式进行设计，再根据输出的需要转换成 RGB（显示用）或 CMYK（印刷用）。这样做的最大好处是它能够在最终的设计作品中，获得比在任何色彩模式下都更佳优质的色彩。

Lab 模式是颜色范围最广的一种颜色模式，它可以涵盖 RGB 和 CMYK 的颜色范围。为了避免色彩失真，处理方法从 Lab 模式编辑图像，再转为 CMYK 模式进行打印，如图 6-103 所示。

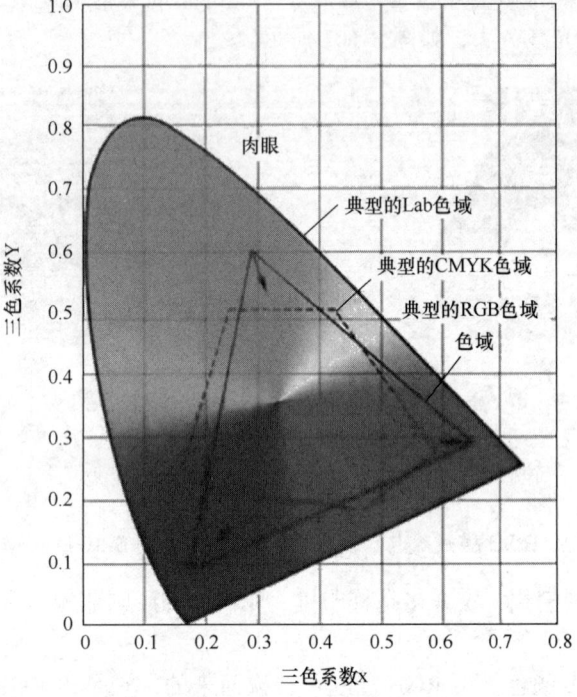

图 6-103　各模式下颜色范围

（4）Bitmap 模式　Bitmap 位图模式用两种颜色（黑和白）来表示图像中的像素。位图模式的图像也叫作黑白图像，它包含的信息最少，因而图像也最小。当一幅彩色图像要转换成黑白模式时，不能直接转换，必须先将图像转换成灰度模式。

（5）Grayscale 模式　灰度模式用于将彩色图像转为高品质的黑白图像（有亮度效果），可以使用多达 256 级灰度来表现图像，使图像的过渡更平滑细腻。灰度图像的每个像素有一个 0（黑色）到 255（白色）之间的亮度值。灰度值也可以用黑色油墨覆盖的百分比来表示（0% 等于白色，100% 等于黑色）。使用黑白或灰度扫描仪产生的图像常以灰度显示。

4. 颜色深度

图像中每个像素的数据所占二进制位数，被称为颜色深度。它决定了彩色图像中可以出现的最多颜色数，或灰度图像中的最大灰度等级数。色彩深度越高，可用的颜色就越多。

颜色深度用 n 位颜色来说明。若色彩深度是 n 位，即有 2^n 种颜色选择，而储存每个像素所用的位数就是 n。常见的有：

1）1bit（位）：2（2^1）种颜色，单色光，黑白二色。

2）8bit（位）：256（2^8）种颜色。

3）24bit（位）：16777216（2^{24}）种颜色，真彩色，能提供比肉眼识别更多的颜色，用于拍摄照片。

5. 常见图像文件格式

图像格式即图像文件存放的格式，通常有 JPG、TIFF、BMP、GIF 和 PNG 等。由于数码相机拍下的图像文件很大，储存容量却有限，因此图像通常都会经过压缩再加以储存。

（1）JPG（或 JPEG）格式　联合照片专家组 JPG 或 JPEG（Joint Photographic Expert Group），是一种有损压缩格式，支持多种压缩级别，其压缩比可达 1∶100，一般在 1∶10 左右。右侧的值越大，文件越小，但清晰度也越低。JPG 压缩方案可以很好地压缩类似的色调，但是 JPG 压缩方案不能很好地处理亮度的强烈差异或处理纯色区域，对于颜色较少、对比级别强烈、实心边框或纯色区域大的较简单的作品，JPG 压缩无法提供理想的结果。JPG 是有损压缩，PNG 是无损的。正因如此，同一图像质量，PNG 文件的大小，大于 JPG 文件。

（2）TIFF 格式　TIFF（Tag Image File Format）是 Mac 中广泛使用的图像格式，它由 Aldus 公司和微软联合开发，最初是出于跨平台存储扫描图像的需要而设计的。它的特点是图像格式复杂、存储信息多。正因为它存储的图像细微层次的信息非常多，图像的质量也得以提高，故而非常有利于原稿的复制。

（3）BMP 格式　位图 BMP（Bitmap），是 Windows 操作系统中的标准图像文件格式，能够被多种 Windows 应用程序所支持。这种格式的特点是包含的图像信息较丰富，几乎不进行压缩，但由此导致了它与生俱来的缺点——占用磁盘空间过大。它采用位映射存储格式，除了图像深度可选以外，不采用其他任何压缩，因此，BMP 文件所占用的空间很大。BMP 文件的图像深度可选 1bit、4bit、8bit 及 24bit。BMP 文件存储数据时，图像的扫描顺序是从左到右、从下到上。

由于 BMP 文件格式是 Windows 环境中交换与图有关的数据的一种标准，因此在 Windows 环境中运行的图形图像软件都支持 BMP 图像格式。典型的 BMP 图像文件由三部分组成：位图文件头数据结构，它包含 BMP 图像文件的类型、显示内容等信息；位图信息数据结构，它包含有 BMP 图像的宽、高、压缩方法；定义颜色等信息。

（4）GIF 格式　图形交换格式 GIF（Graphics Interchange Format），美国一家著名的在线信息服务机构 CompuServe 针对当时网络传输带宽的限制，开发出了这种 GIF 图像格式。

GIF 格式的特点是压缩比高，磁盘空间占用较少，所以这种图像格式迅速得到了广泛的应用。最初的 GIF 只是简单地用来存储单幅静止图像（称为 GIF87a），后来随着技术的发展，可以同时存储若干幅静止图像进而形成连续的动画，使之成为当时支持 2D 动画为数不多的格式之一（称为 GIF89a）。

（5）PNG 格式　便携式网络图形 PNG（Portable Network Graphics）是一种新兴的网络图像格式。在 1994 年年底，由于 Unysis 公司宣布 GIF 拥有专利的压缩方法，要求开发 GIF 软件的作者必须缴纳一定费用，由此促使免费的 PNG 图像格式的诞生。PNG 是一种无损压缩格式，也就是说，经过 PNG 编码后的图像解码后可以保留源文件全部信息。当然，这个只是理论的，在实际算法中，与 PNG 支持的色度有关。比如，PNG 表示一个颜色值使用 8bit，则可以表示 256 种颜色。也就是说，编码及解码可以达到 256 种颜色的还原，24bit 的 PNG 和 RGB 的精确度是一致的。PNG 算法压缩原理利用的是图像相邻的色值有大面积重复部分，比如说，拍摄的蓝天白云，其蓝天部分的色值重复率就很高。PNG 算法中首先按图像从左到右、从上到下获得各像素点的色值，然后在表示色值 M 之前会加一个重复个数的值 N，表示该 M 色值往后 N 位全都是 M 色值，N 最大可表示的值取决于重复个数的二进制位，比如 8bit，最多可表示 256 个重复值，超过 256，即使仍然是相同颜色，也需要新起色值表示，这样重复色块就合并成数量＋色值的表示，从而达到压缩效果。图像重合块越多，PNG 的压缩效果就越好。

6. 数字图像的处理过程

数字图像处理是指对已有数字图像进行再编辑，以此形成新的数字组合和描述，从而改变图像视觉效果的过程。早期图像处理的目的是改善图像的质量，它以人为对象，以改善人的视觉效果为目的。图像处理中，输入的是质量低的图像，输出的是改善质量后的图像。常用的图像处理方法有图像增强、复原、编码、压缩等。随着计算机技术的发展，加上人们对图像处理需求的增加，当前，数字图像处理内容包括图像数字化、变换、图像增强与恢复、图像压缩编码、图像分割、图像分析与描述、图像的识别分类等。

从模拟图像到数字图像要经过的步骤有：图像信息的获取—图像信息的存储—图像信息的处理—图像信息的传输—图像信息的输出和显示。但数字图像的处理过程除以上步骤外，还要考虑用图需求、图像主题构图、艺术创作等方面的内容。

（1）确定主题及构图　针对图像进行的设计和处理都是围绕着构想和主题进行的，因此，必须首先确定主题和目标，即到底想制作什么样的图片，表达什么样的情感。主题可以帮助限定基本素材的选择范围和画面基调，构图决定了各素材的搭配位置，有助于形成初步的视觉效果。

（2）确定成品图的尺寸及画面基调　根据设计目标，确定图像的图纸大小，也为以后各要素的尺寸和大小排布确定一个可供比较的基准。在确定基图尺寸后，还应确定预想的主题反映在图像中是什么样的基调（如主要色彩倾向、图像的风格等）。如果希望建立一幅新图，为了保证成品图效果，需要选择真彩色/灰度模式。

（3）获取图像素材　通常一幅成品图是由多个素材合成的，在开始着手制作成品图前，应该首先准备好相关素材。数字图像可以来源于本地硬盘，也可以通过实时采集。如果原始图像是照片或印刷纸制品，则需要通过扫描仪输入计算机。需要注意的是，为了保证数字图像的原始色彩/灰度效果以及清晰度，使用扫描仪时一般用真彩色/灰度模式，而且图像尺寸要与需要的成品图基本一致或稍大一些。

（4）对素材进行处理　首先，在各基本素材图像中定义所需素材的选择区，把各种素材从基本素材图像中"抠出"，并置于基图的不同图层当中。然后，确定各个素材的大小、显示位置和显示顺序，这一步可能需要反复操作才能达到比较理想的构图效果。

（5）使用文字或绘制图形　如果设计中需要绘制一部分图或者叠加文字，这些新添加的内容都可分别生成新的内容，以便于在后期对各图层进行编辑及调整图层间的前后关系，而且各个图层在基图中的位置也可随意调整以达到设计要求。

（6）整体效果调整　根据设定的主题及预期的整体效果，对全部素材进行最后调整，以完成最终的成品图像。在图层窗口中可仅显示当前需编辑的图层。对图层中的图像、图形进行处理的工作包括调整图像的色调、边缘形状与效果及其他特效处理。需要注意的是，在处理图像的过程中，已完成的图层应及时保存。

（7）输出图像　在网络上或其他文件中使用的一般是 JPEG 等数据量较小格式的图，但是图像处理开始时应该首先保存成 PSD 格式文件，从而保存各图层信息，以便将来做进一步处理。处理完毕后应该合并图层，根据需要对合并后的图像进行转换及压缩处理：如果需要缩减占用的存储空间，则可将真彩色图像变为 256 色图像；如果需要用于针式打印，则可以将彩色图像变为黑白图像；如果需要用于出版印刷，则需要变换为分色图等，转换方式和保存类型根据需要而定。需要注意的是，如果预计图像将在网络或通过硬盘广泛流通，那么图像的存储格式需要保证一定的通用性，可选择 JPEG、TIFF 等格式进行保存。

训练任务

1. 使用手机、单反相机拍摄一组校园风光的图片，做到拍摄时不抖动，图像清晰，完成后传至计算机中加以保存。

2. 搜集以往迎新晚会中的现场图片，使用 Photoshop 进行素材整理，调整亮度，适当剪裁和抠图。

3. 根据海报构思，将准备好的素材按照一定的布局、结构、色彩搭配等进行设计，配上必要的文字说明，整合成一张海报。

任务 4　多媒体视频处理

任务描述

小智希望本次迎新晚会还可以使用视频形式进行宣传。前期已经有了相关活动素材，为契合更多人的喜好，小智调研后认为使用视频进行信息传播比单纯使用图片、文字等效果要更好，于是他决定尝试进行视频制作。

任务分析

视频的出现让生活变得更加丰富多彩。它不同于文字的含蓄表达，而是更直白的展示，不管是什么群体，都能够从中获得乐趣，为个人感情的传播带来了更多不一样的展现方式，也成为人的一种感情寄托。要完成本任务，小智听取了学长们的建议，增加迎新晚会视频资料的制作，增加活动的鲜活度，增强动感。

任务实现

1. 使用手机 APP 剪映制作短视频

剪映是一款手机视频编辑工具，带有全面的剪辑功能，支持变速，有多样滤镜和美颜的效果，有丰富的曲库资源。现在智能手机都具有拍照和录像的功能，当遇到一些有趣的、重要的、特殊的场景的时候，很多人都会拿出手机记录下来。

1）通过手机应用商店安装剪映 APP。

2）打开剪映，界面如图 6-104 所示。导入视频或者图片，单击"开始创作"。

图 6-104　打开剪映

3）选择好视频之后，在页面下方的选项栏中单击"剪辑"，如图 6-105 所示。

剪映最常用的几个工具分割、变速、音量、动画、删除、智能抠图、抖音玩法、音频分离、编辑、滤镜、调节、美颜美体、蒙版、色度抠图、切画中画、替换、防抖、不透明度、变声、降噪、复制、倒放和定格，通过从右到左滑动——呈现。选择工具即可在编辑区域操作。

计算机技术与计算思维

图 6-105　剪辑视频

4）选择剪辑选项下的"分割"工具，将视频分割成小段，方便不同效果编辑或者删除多余的视频，如图 6-106 所示。

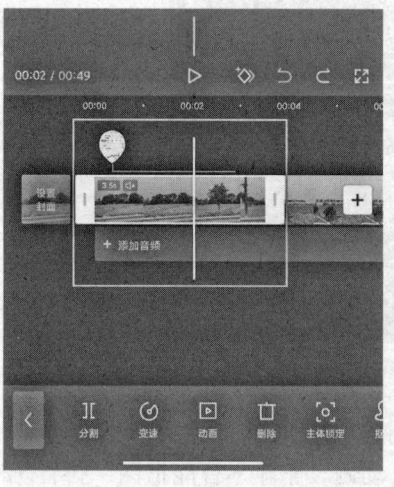

图 6-106　分割视频

分割后，一段 3.5s 视频被分割成的 2s 和 1.5s 两个视频。

168

5）选择其中一段视频，滑动页面底部工具，选择"滤镜"，根据视频场景及结合期望表达的效果，选择风景滤镜"香松"，单击右下角√符号，即可完成滤镜设置，如图 6-107 所示。

6）单击"音频"，选择背景音乐、解说词，拖动导轨到适当位置，确保在正确的时间点开始和结束，如图 6-108 所示。

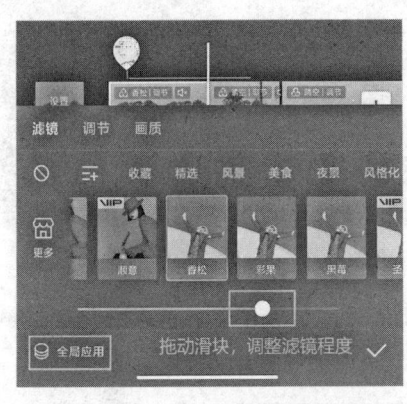

图 6-107　选择滤镜

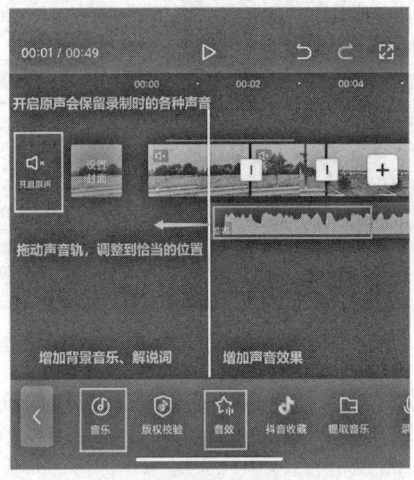

图 6-108　设置背景音乐和音效

7）将视频剪辑好之后，单击页面右上角的"导出"，或者直接通过手机中的抖音发布，如图 6-109 所示。

导出的时候，需要设置分辨率和帧率。分辨率影响清晰度，帧率影响连贯性。一般情况下，分辨率设置成1080p，帧率设置成30。剪映视频导出后，需要用数据线复制到计算机上才不会模糊，用其他软件传输会对视频进行重新编码，视频变得模糊。如果视频源文件清晰度高，导出的视频清晰度肯定就比较高，但文件会很大；因此要分情况而定，选择合适的分辨率和帧率导出，不能仅关注视频的清晰度，而忽略其他方面的影响。

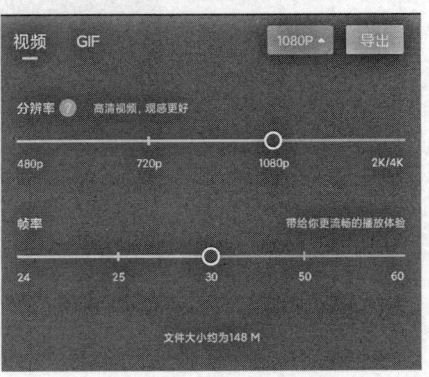

图 6-109　导出视频

2. 使用爱拍剪辑软件制作视频

1）通过官网 https://jianji.aipai.com/ 下载安装爱拍剪辑软件，如图 6-110 所示。

图 6-110　下载安装爱拍

2）打开爱拍剪辑软件，单击"导入"，选择并打开单个或多个素材（图片、视频、音频）。也可以用鼠标将素材拖入素材库，如图 6-111 所示。

图 6-111　增加素材

3）素材导入软件后，需要将素材添加到下方的轨道才能进行编辑。可以选择视频单击"+"添加到轨道上，也可以直接用鼠标将其拖至下方的编辑轨道上，如图 6-112 所示。

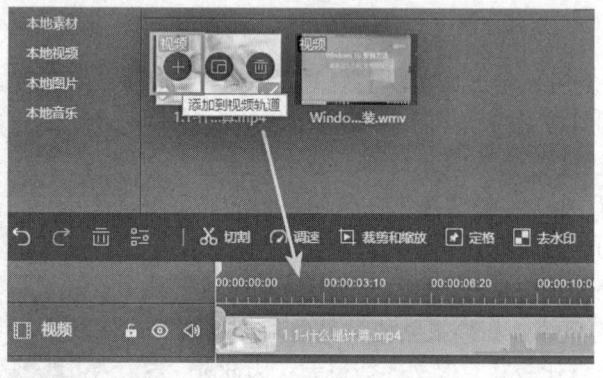

图 6-112　将素材添加到轨道

4）把多个视频素材拼接在一起，将素材区的视频片段全部拖入视频轨道。拖入轨道后，选中视频后左右拖动可以调整它们播放的顺序，如图 6-113 所示。

图 6-113　调整播放顺序

5）把校徽图片拖进素材库，然后添加到画中画轨道上，调整在画面中的位置以及大小，如图 6-114 所示。

6）打开转场素材区，选中喜欢的转场样式，用鼠标直接拖到两个视频片段之间，如图 6-115 所示。双击转场，进入转场编辑，可以编辑转场时长、效果以及声音，如图 6-116 所示。

7）打开文字工具栏，选中喜欢的文字样式，用鼠标直接拖入下方文字轨道。双击轨道上的文字，直接在文本框输入内容，并对文字样式、字体、文字颜色以及文字动效进行设置，如图 6-117 所示。

多媒体技术与新媒体应用   项目6

图 6-114   将素材添加到画中画轨道

图 6-115   设置转场

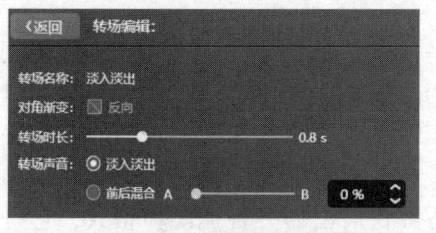

图 6-116   转场编辑

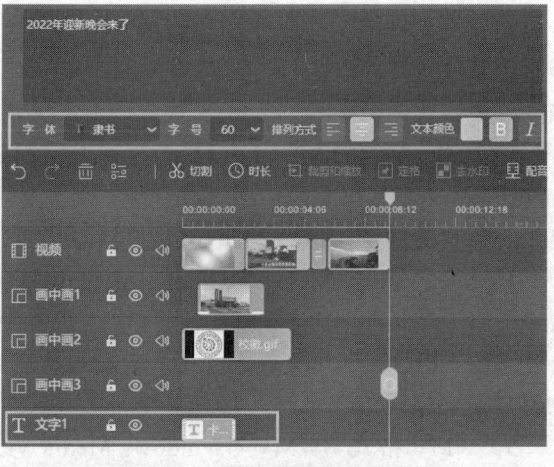

图 6-117   文字轨道上添加文字

8）导出视频的时候设置视频格式、视频尺寸和视频码率，如图 6-118 所示。

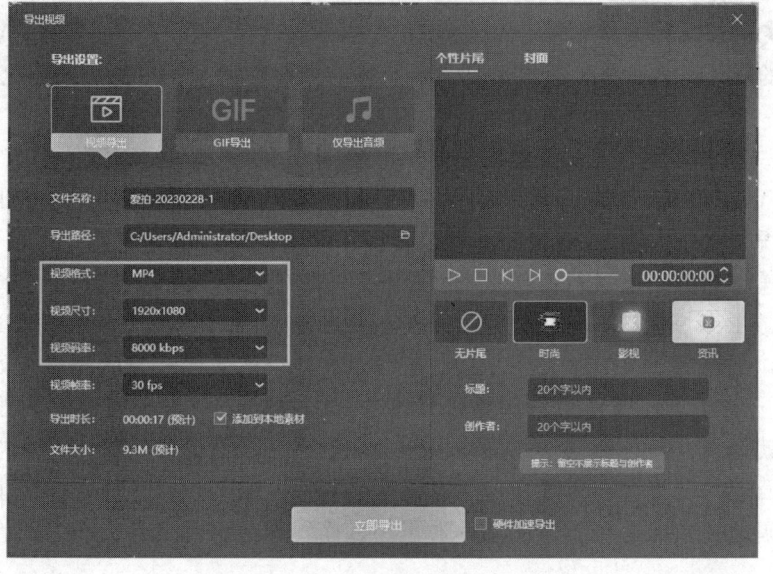

图 6-118   导出视频时设置视频参数

171

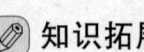

知识拓展

1. 视频基础知识

（1）常见视频格式　视频格式实质是视频编码方式，可以分为适合本地播放的本地影像视频和适合在网络中播放的网络流媒体影像视频两大类。尽管后者在播放的稳定性和播放画面质量上可能没有前者优秀，但网络流媒体影像视频的广泛传播性使之正被广泛应用于视频点播、网络演示、远程教育、网络视频广告等互联网信息服务领域。

研究视频编码的主要目的是，在保证一定视频清晰度的前提下缩小视频文件的存储空间。这样才利于网络传播，提高其服务质量。

常见的视频格式如下：

1）MPEG 格式。MPEG 的英文全称为 Moving Picture Experts Group，即运动图像专家组格式，传统的 VCD、SVCD、DVD 就是这种格式。MPEG 文件格式是运动图像压缩算法的国际标准，它采用了有损压缩方法，从而减少运动图像中的冗余信息。

2）AVI 格式。AVI（Audio Video Interleaved）是音频视频交错的英文缩写，将视频和音频封装在一个文件里，且允许音频同步于视频播放。它于 1992 年被 Microsoft 公司推出，这种视频格式的优点是图像质量好，可以跨多个平台使用；其缺点是体积过大，而且更糟糕的是压缩标准不统一。

3）ASF 格式。ASF（Advanced Streaming Format）高级流格式，是 Microsoft 为了和 Real Player 竞争而发展出来的一种可以直接在网上观看视频节目的文件压缩格式。用户可以直接使用 Windows 自带的 Windows Media Player 对其进行播放。

4）MOV 格式。MOV 即 QuickTime 影片格式，它是 Apple 公司开发的一种音频、视频文件格式，用于存储常用数字媒体类型。QuickTime 提供了两种标准图像和数字视频格式，即可以支持静态的 *.PIC 和 *.JPG 图像格式，动态的基于 Indeo 压缩法的 *.MOV 和基于 MPEG 压缩法的 *.MPG 视频格式。

5）WMV 格式。WMV（Windows Media Video）是微软推出的一种流媒体格式，它是在 ASF 格式升级延伸而来的。在同等视频质量下，WMV 格式的体积非常小，因此很适合在网上播放和传输。

WMV 是一种独立于编码方式的在 Internet 上实时传播多媒体的技术标准，Microsoft 公司希望用其取代 QuickTime 之类的技术标准以及 WAV、AVI 之类的文件扩展名。WMV 的主要优点包括可扩充的媒体类型、本地或网络回放、可伸缩的媒体类型、流的优先级化、多语言支持、扩展性等。

6）RM 格式。RM 格式是 RealNetworks 公司制定的音频视频压缩规范，全称为 Real Media。用户可以使用 RealPlayer 或 RealOne Player 对符合 Real Media 技术规范的网络音频 / 视频资源进行实况转播，并且 Real Media 可以根据不同的网络传输速率制定出不同的压缩比率，从而实现在低速率的网络上进行影像数据实时传送和播放。这种格式的另一个特点是，用户使用 Real Player 或 RealOne Player 播放器可以在不下载音频 / 视频内容的条件下实现在线播放。

7）RMVB 格式。RMVB 格式是由 RM 视频格式升级而来的。它的先进之处在于，RMVB 视频格式打破了 RM 格式那种平均压缩采样的方式，在保证平均压缩比的基础上合理利用比特率资源。也就是说，静止和动作场面少的画面场景采用较低的编码速率，这样可以留出更多的带宽空间，而这些带宽会在出现快速运动的画面场景时被利用。这样在保证了静止画面质量的前提下，大幅地提高了运动图像的画面质量，从而图像质量和文件大小之间就达到了微妙的平衡。

8）FLV 格式。FLV 是 Flash Video 的简称，也是一种视频流媒体格式。由于它形成的文件较小，加载速度很快，使得网络观看视频文件成为可能。它的出现有效地解决了视频文件导入 Flash 后，使导出的 SWF 文件体积庞大，不能在网络上很好地使用等缺点，应用较为广泛。

（2）像素与像素比

1）像素：像素是构成数字图像的基本单元，每个像素显示一个颜色，在视频中没有透明的像素。图像中的像素越多，图像就越清晰；反之，不清晰。

2）像素比：一个像素的高度与宽度的比值。正方形像素比为 1∶1。计算机的像素比为正方形，电视机的像素比为长方形。

（3）线性编辑与非线性编辑

1）线性编辑：以时间顺序进行编辑，按照时间流进行操作。

2）非线性编辑：打破传统时间顺序编辑的限制，根据需求自由排列组合。

（4）帧和帧速率

1）帧：动态影像中的单幅静态画面，是动态影像的基本单位。帧也被称为一格。

2）帧速率：每秒钟显示的静止图像数，又称为 fps。帧速率越高，画面越流畅；反之，不连贯，影响观看。

（5）码率 把每秒显示的图片进行压缩后的数据量。码率影响体积，与体积成正比：码率越大，体积越大；码率越小，体积越小。即体积＝码率 × 时间。

（6）剪辑和剪辑序列

1）剪辑：拍摄的大量镜头素材，利用非线性编辑软件，遵循一定的镜头语言和剪辑规律，经过取舍、选择、分解和组接，最终完成一个连续流畅、主体明确的作品。

2）剪辑序列：组成剪辑的时间线，可在时间线上安排和放置视频，也可把序列进行组合。

（7）时间码 视频在记录时为每一个图像设置的时间编码，格式为小时：分钟：秒：帧。

（8）场和奇偶场 图像的形成是从左上角开始一行像素一行像素地进行显示。一幅图像完成后再开始另一幅。按照行的扫描形式，单数的行数合起来叫作奇数场（上场）；偶数的叫作偶数场（下场）。整张图像显示称为无场。

每秒传送 25 幅（帧）图像画面，用每秒传送 50 次的方法来消除闪烁感，即一面传送两次，第一次扫描奇数行，第二次扫描偶数行，因而称为隔行扫描。采用这一制式的缺点是画面清晰度稍差，而且有轻微的闪烁感，如图 6-119 所示。

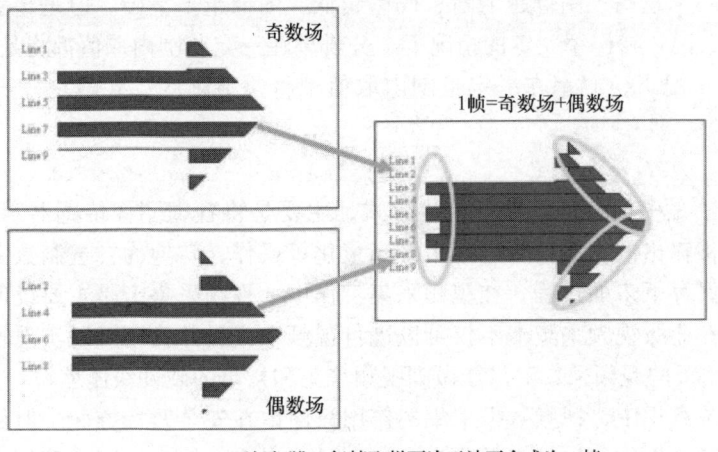

隔行扫描—每帧取样两次无法再合成为一帧

图 6-119 视频隔行扫描

逐行扫描就是每幅画面按 1、2、3⋯行的顺序扫描方式完成一幅画面，消除闪烁感，提高了画面的清晰度。

（9）长宽比与画面大小

1）长宽比：视频图像长度与宽度的数值比，常见的数值比是 4 : 3 和 16 : 9。目前较多都在使用 16 : 9。

2）画面大小：以像素为单位测量长度和宽度，即图片的分辨率。

2. 视频信号显示格式与清晰度

（1）视频信号显示格式

1）标清 SD。

① 480i，隔行扫描，60Hz，分辨率 720×480 像素。

② 480p，逐行扫描，60Hz，分辨率 720×480 像素。

③ 576i，隔行扫描，50Hz，分辨率 720×576 像素。

④ 576p，逐行扫描，50Hz，分辨率 720×576 像素。

2）高清 HD。720p，逐行扫描，60Hz，分辨率 1280×720 像素。

3）全高清 FullHD。

① 1080i，隔行扫描，60（50）Hz，分辨率 1920×1080 像素。

② 1080p，逐行扫描，60（50）Hz，分辨率 1920×1080 像素。

4）四重高清 QHD。2K，逐行扫描，60Hz，分辨率 2560×1440 像素，HD 也会被说成是 2K。

5）超高清 UHD。4K，逐行扫描，60Hz，分辨率 4096×2160 像素。

各显示格式对比如图 6-120 所示。

（2）清晰度　清晰是指画面十分细腻，没有马赛克。

1）在码率一定的情况下，分辨率与清晰度呈反比例关系。分辨率越高，图像越不清晰；分辨率越低，图像越清晰。

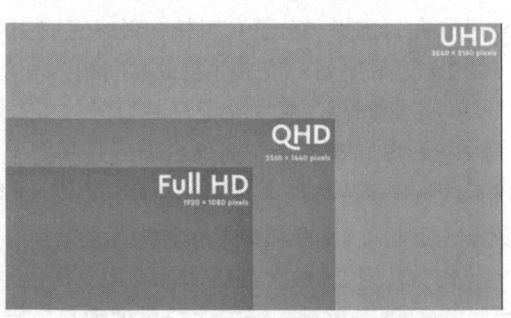

图 6-120　各显示格式对比

2）在分辨率一定的情况下，码率与清晰度呈正比例关系，码率越高，图像越清晰；码率越低，图像越不清晰。但是，事实情况却不是这么简单。可以这么说：在码率一定的情况下，分辨率在一定范围内取值都将是清晰的；同样地，在分辨率一定的情况下，码率在一定范围内取值都将是清晰的，并不是分辨率越高图像就越清晰。

3. 视频采集

视频数据采集是一类特殊的数据采集方式，主要是将各类图像传感器、摄像机、录像机、电视机等视频设备输出的视频信号进行采样、量化等操作，转换为二进制数字信息，并按数字视频文件的格式保存下来的过程。在视频采集工作中，视频采集卡是主要设备，它分为专业和家用两个级别。专业级视频采集卡不仅可以进行视频采集，并且还可以实现硬件级的视频压缩和视频编辑。家用级的视频采集卡只能做到视频采集和初步的硬件级压缩。

在人们的传统意识中，视频数据采集的作用只停留在安全监控方面。但是随着视频数据采集技术的发展，其应用的领域越来越广泛。特别是在安全、体育、医务等领域的广泛应用，使得视频数据采集系统越来越受到人们的重视。

多媒体技术与新媒体应用　项目6

随着计算机、无线网络、数字技术等新技术的出现，视频数据采集系统的发展趋势表现为高容量、远距离、低成本、高清晰。这些新技术的出现带动了视频数据采集系统的技术发展，为该技术的前进提供了发展的空间。

4. 常用视频剪辑软件

视频剪辑软件是对视频源进行非线性编辑的软件。软件通过对加入的图片、背景音乐、特效、场景等素材与视频进行重混合，对视频源进行切割、合并，通过二次编码，生成具有不同表现力的新视频。视频剪辑软件实现对视频的剪辑，主要有两种方式：一种是通过转换实现，多媒体领域称之为剪辑转换；另一种是直接剪辑，不进行转换。除剪辑外，还可以对视频进行编辑，编辑器对图片、视频、源音频等素材进行重组编码并转换成新的格式。

常用的视频剪辑软件如下：

（1）蜜蜂剪辑　蜜蜂剪辑是由深圳市网旭科技有限公司开发，针对视频剪辑初学者专门打造的视频剪辑软件，计算机配置 Windows 7 以上即可，视频剪辑新手可以快速掌握。软件包含了常用的视频剪切、视频合并、裁剪视频画面，视频加字幕、音乐和特效等，特色功能如语音文字互转、绿幕抠图、录屏等。

（2）快剪辑　快剪辑是 360 公司推出的国内首款在线视频剪辑软件。"快剪辑"支持本地视频剪辑和全网视频在线录制剪辑，边看边剪的功能方便了自媒体人快速抓取素材完成短视频制作。

（3）超级转换秀　超级转换秀是梦幻科技品牌旗下的影音转换工具，集成视频转换、音视频混合转换、音视频切割/驳接转换、叠加视频水印、叠加滚动字幕/个性文字/图片等于一体的优秀影音转换工具。其内置音视频解压、转换技术，同时支持各种 CPU 的多核技术等指令系统。

（4）迅捷视频剪辑软件　迅捷视频剪辑软件是国内研发的一款多功能视频剪辑软件，基础的视频剪辑功能有文字、滤镜、叠附、转场、动画、配乐等功能。

（5）剪映　剪映是一款手机视频编辑工具，带有全面的剪辑功能，支持变速，有多样滤镜和美颜的效果，有丰富的曲库资源。自 2021 年 2 月起，剪映支持在手机移动端、Pad 端、Mac 系统、Windows 系统全终端使用。

5. 常见视频播放软件

无论是手机还是计算机在观看视频时都离不开视频播放器，人们都希望能有一款功能强大、运行流畅、内存占用小的播放器。能否播放视频，取决于对该格式视频的解码。目前大多数视频播放软件都具有强大的兼容性，对某种格式视频需要专用视频软件的情况已经比较少见。

（1）迅雷影音播放器　迅雷影音播放器是迅雷公司旗下的一款媒体播放器，在推出到 3.0 版后正式更名为"迅雷看看播放器"。该软件更好地整合了迅雷网页看看的特性，支持本地播放与在线视频点播，不断完善的用户交互和在线产品体验。

（2）QQ 影音　QQ 影音是由腾讯公司推出的一款支持任何格式影片和音乐文件的本地播放器，于 2008 年 9 月上线。QQ 影音首创轻量级多播放内核技术，深入挖掘和发挥新一代显卡的硬件加速能力，软件追求更小、更快、更流畅的视听享受。

（3）芒果 TV　芒果 TV 上线于 2014 年 4 月，是以视听互动为核心，融网络特色与电视特色于一体，实现"多屏合一"独播、跨屏、自制的新媒体视听综合传播服务平台，同时也是湖南广电旗下唯一的互联网视频平台。

（4）爱奇艺　爱奇艺是由龚宇于 2010 年 4 月 22 日创立的在线视频网站，2011 年 11 月 26 日启动"爱奇艺"品牌并推出全新标志。爱奇艺成立伊始，坚持"悦享品质"的公司理念，以"用户体验"为使命，通过持续不断的技术投入、产品创新，为用户提供清晰、流畅、界面友好的观影体验。

175

（5）腾讯视频 腾讯视频是一款在线视频媒体平台，拥有丰富的优质流行内容和专业的媒体运营能力，是聚合热播影视、综艺娱乐、体育赛事、新闻资讯等为一体的综合视频内容平台；通过 PC 端、移动端及客厅产品等多种形态为用户提供高清、流畅的视频娱乐体验，满足用户不同的需求。

（6）优酷视频 优酷视频是阿里巴巴文化娱乐集团下的视频平台，于 2006 年 6 月 21 日创立，12 月 21 日正式上线。优酷现为阿里巴巴数字媒体及娱乐板块的核心业务之一，也是阿里巴巴集团"Double H（健康与快乐）"战略的组成部分。优酷现支持 PC、电视、移动、车载四大终端，兼具版权、合制、自制、用户生成内容（UGC）、专业生成内容（PGC）及直播等多种内容形态。

（7）暴风影音 暴风影音是北京暴风科技有限公司推出的一款视频播放器，该播放器兼容大多数的视频和音频格式。暴风影音播放的文件清晰，当有文件不可播时，右上角的"播"起到了切换视频解码器和音频解码器的作用，会切换视频的最佳三种解码方式，播放功能强大，连续获得权威 IT 专业媒体评选的消费者最喜爱的互联网软件荣誉以及编辑推荐的优秀互联网软件荣誉。

（8）PPTV PPTV 又名 PPLive，是由上海聚力传媒技术有限公司开发运营的在线视频软件。它是全球华人领先的、规模最大、拥有巨大影响力的视频媒体，全面聚合和精编影视、体育、娱乐、资讯等各种热点视频内容，并以视频直播和专业制作为特色，基于互联网视频云平台 PPCLOUD，通过包括 PC 网页端和客户端、手机和 PAD 移动终端，以及与牌照方合作的互联网电视和机顶盒等多种终端，向用户提供新鲜、及时、高清和互动的网络电视媒体服务。

训练任务

1. 使用手机拍摄一些校园风光、同学们活动场景、晚会彩排等短视频，使用剪映软件进行编辑，添加必要的文字、背景音乐和解说词，调整出现顺序和增加场景切换效果。

2. 将计算机中前期处理好的宣传海报、往年晚会花絮、精彩节目、师生贺词等内容，使用计算机中的视频处理软件进行编辑，添加必要的文字、背景音乐和解说词等，增强显示效果的设置。

3. 对比两种视频处理方式的优劣。

任务 5 新媒体与自媒体技术应用

任务描述

为了更好地宣传本次迎新晚会，让更多同学和其他兄弟院校知道这次活动，小智提出应该利用媒体平台，把制作好的活动宣传视频等利用媒体平台强有力的推广力加以宣传和推广。

任务分析

在如今互联网快速发展的世界，新媒体的平台层出不穷，目前主流的新媒体平台类型主要有视频、音频、直播、社交平台、问答平台、自媒体平台等。要完成本任务，首先应该了解学生、青年人常用的媒体平台，其次适当地利用转发等营销手段扩大影响，引起更多人关注。

任务实现

经过多方面调研小智发现，当前学生、青年人很喜欢使用抖音、快手等短视频平台，学校也有官方微信公众号、微博和抖音号等。因此，小智提出多平台同步发布迎新晚会宣传资料，共同营造氛围的构思。本次小智选择抖音平台发布活动宣传视频，同时在晚会现场及时拍摄并发布活动现场场景。

抖音，是由字节跳动孵化的一款音乐创意短视频社交软件，是一个面向全年龄的短视频社区平台，用户可以通过这款软件选择歌曲，拍摄音乐作品，形成自己的作品。

1. 相册选择短视频发布

1）打开抖音主页面，单击页面底部的"+"标识，如图 6-121 所示。切换到下一个页面之后，单击页面右下角的"相册"，如图 6-122 所示。

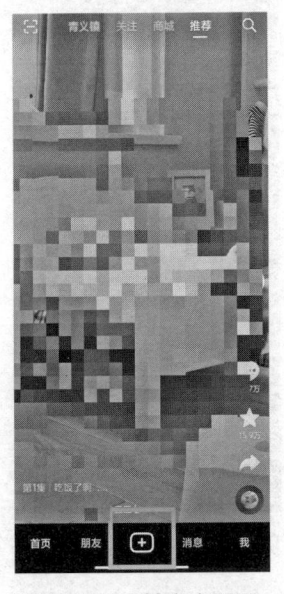

图 6-121　抖音主页面

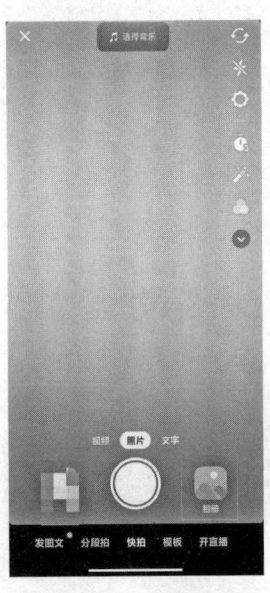

图 6-122　选择相册

2）从相册中选择拍摄好的短视频，单击页面右下角的"下一步"，如图 6-123 所示。

3）填写短视频的文案，单击底部的"发布"即可，如图 6-124 所示。

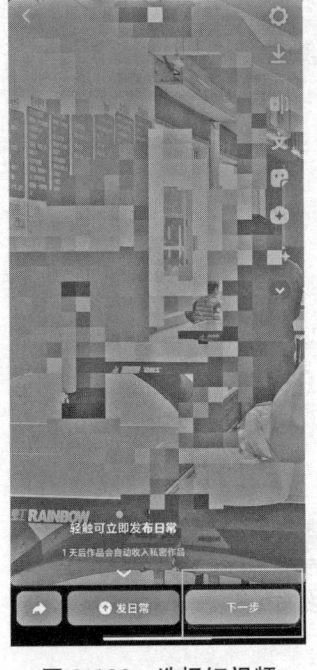

图 6-123　选择短视频

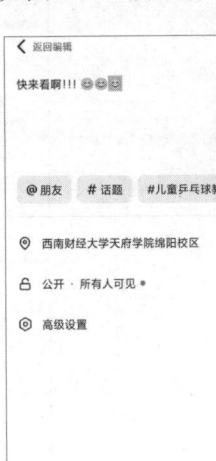

图 6-124　编辑文案后发布

2.分段拍短视频发布

1）打开抖音主页面，单击页面底部的"+"图标。

2）切换到作品拍摄页面之后，单击页面底部的"分段拍"，在分段拍中选择"15秒"，如图 6-125 所示。长按下方的拍摄按钮拍摄短视频，拍好之后单击右下角的"勾选"图标，如图 6-126 所示。

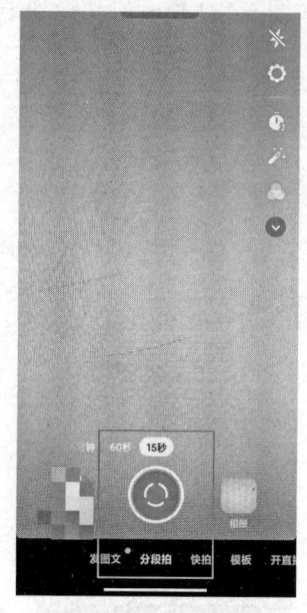

图 6-125 分段拍

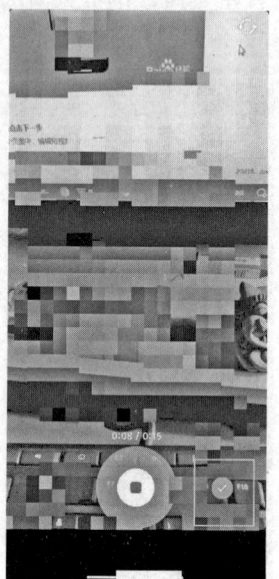

图 6-126 长按拍摄按钮

3）在下一个页面中编辑短视频，并单击右下角的"下一步"按钮。

4）跳转到发布页面之后，输入短视频的文案，单击下方的"发布"即可，如图 6-127 所示。

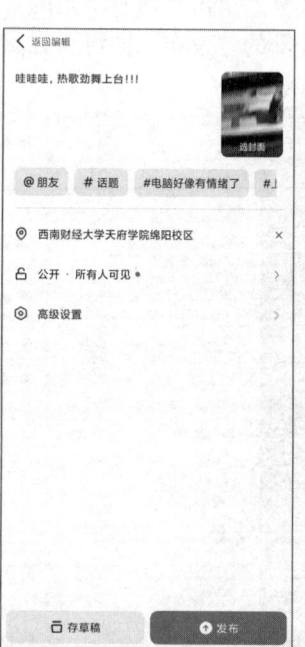

图 6-127 编辑文案后发布

知识拓展

1. 新媒体基本概念

（1）新媒体定义　新媒体是利用数字技术，通过计算机网络、无线通信网、卫星等渠道，以及计算机、手机、数字电视机等终端，向用户提供信息和服务的传播形态。从空间上来看，"新媒体"特指当下与"传统媒体"相对应的，以数字压缩和无线网络技术为支撑，利用其大容量、实时性和交互性，可以跨越地理界线最终得以实现全球化的媒体。

广义的新媒体包括两大类：一是基于技术进步引起的媒体形态的变革，尤其是基于无线通信技术和网络技术出现的媒体形态，如数字电视、IPTV（交互式网络电视）、手机终端等；二是随着人们生活方式的转变，以前已经存在，现在才被应用于信息传播的载体，例如楼宇电视、车载电视等。狭义的新媒体仅指第一类，基于技术进步而产生的媒体形态。

实际上，新媒体可以被视为新技术的产物，数字化、多媒体、网络等最新技术均是新媒体出现的必备条件。新媒体诞生以后，媒介传播的形态发生着翻天覆地的变化。

可以从以下四个层面理解新媒体的概念：

1）技术层面，是利用数字技术、网络技术和移动通信技术。

2）渠道层面，通过互联网、宽带局域网、无线通信网和卫星等渠道。

3）终端层面，以电视、计算机和手机等作为主要输出终端。

4）服务层面，向用户提供视频、音频、语音数据服务、连线游戏、远程教育等集成信息和娱乐服务。

（2）新媒体特点　以数字技术为代表的新媒体，其最大特点是打破了媒介之间的壁垒，消融了媒体介质之间，地域和行政之间，甚至传播者与接受者之间的边界。新媒体还表现出以下几个特征：

1）媒体个性化突出。由于技术的原因，以往所有的媒体几乎都是大众化的；而新媒体却可以做到面向更加细分的受众，可以面向个人，个人可以通过新媒体定制自己需要的新闻。这与传统媒体受众只能被动地阅读或者观看毫无差别的内容有很大不同。

2）受众选择性增多。从技术层面上讲，在新媒体中人人都可以接受信息，人人也都可以充当信息发布者，用户可以一边看电视节目，一边播放音乐；同时还参与对节目的投票，还可以对信息进行检索。这就打破了只有新闻机构才能发布新闻的局限，充分满足了信息消费者的细分需求。与传统媒体的"主导受众型"不同，新媒体是"受众主导型"。受众有更大的选择，可以自由阅读，可以放大信息。

3）表现形式多样。新媒体形式多样，各种形式的表现过程比较丰富，可融文字、音频、画面为一体，做到即时地、无限地扩展内容，从而使内容产生"活力"。理论上讲，只要满足计算机条件，一个新媒体即可满足全世界的信息存储需要。

4）信息发布实时。与广播、电视相比，只有新媒体才真正具备无时间限制，随时可以加工发布。新媒体用强大的软件和网页呈现内容，可以轻松地实现24h在线。

新媒体交互性极强，独特的网络介质使得信息传播者与接受者的关系走向平等。受众不再轻易受媒体牵制，而是可以通过与新媒体的互动，传递出更多的信息。

（3）新媒体类型

1）手机媒体。手机媒体是借助手机进行信息传播的工具。随着计算机网络通信技术的发展与普及，手机逐渐成为具有通信功能的迷你型计算机。手机媒体是网络媒体的延伸，它除了具有网络媒体的优势之外，还具有携带方便的特点，真正跨越了地域和计算机终端的限制；接受方式由静态向动态演变，受众的自主地位得到提高，可以自主选择和发布信息，信息的及时互动或暂时延宕得以自主实现，实现人际交往与大众传播的完美结合。

2）数字电视。数字电视就是指从演播室到发射、传输、接收的所有环节都是使用数字电视信号或对该系统所有的信号传播都是通过数字流来传播的电视类型。数字信号的传播速率高，保证了数字电视的高清晰度，克服了模拟电视的先天不足。

3）互联网新媒体。互联网新媒体包括网络电视、博客/播客、视频、电子杂志等。

网络电视（Internet Protocol Television，IPTV）是以宽带网络为载体，通过电视服务器将传统的卫星电视节目经重新编码成流媒体的形式，经网络传输给用户收看的一种视讯服务。网络电视具有互动个性化、节目丰富多样、收视方便快捷等特点。

博客又称为网络日记，是用户在公开的博客平台上围绕某一主题出版、发表和张贴个人文章、图片、视频等内容的一种社交网络应用。博客上的博文通常以网络形式出现，并根据发表时间，以倒序排列，具备订阅功能。一个典型的博客一般结合文字、图像、其他博客或网站的链接及其他与主题相关的媒体，能够让读者评论互动。

视频泛指将一系列的静态影像以电信号方式加以捕捉、纪录、处理、储存、传送与重现的各种技术，也指新兴的交流、沟通工具，用户可通过视频看到对方的仪容、听到对方的声音，是可视电话的雏形。视频技术最早是为了电视系统而发展，但是现在已经发展为各种不同的格式以利于消费者将视频记录下来。网络技术的发展也促使视频的纪录片段以串流媒体的形式存在于因特网之上并可被计算机接收与播放。

电子杂志一般是指用 Flash 的方式将音频、视频、图片、文字及动画等集成展示的一种新媒体，因展示形式又如传统杂志，具有翻页效果，故名电子杂志。一般一本电子杂志的体积都较大，小则几兆，多则几十兆上百兆，因此，一般电子杂志网站都提供客户端订阅器，供杂志的下载与订阅；而订阅器多采用流行的 P2P 技术，以提高下载速度。电子杂志是 Web 2.0 的代表性应用之一，它具有发行方便、发行量大等特点。

4）户外新媒体。户外新媒体是新近产生的，有别于传统的户外媒体形式（广告牌、灯箱、车体等）的新型户外媒体。户外新媒体以液晶电视为载体，如楼宇电视、公交电视、地铁电视、列车电视、航空电视、大型 LED 屏等，主要是新材料、新技术、新媒体、新设备的应用，或与传统的户外媒体形式相结合，使传统的户外媒体形式有质的提升。

2. 新媒体技术应用

（1）新媒体技术　　新媒体技术是指基于互联网技术下的新媒体，具有先天的技术优势与作为媒体的信息服务功能；能够向用户提供需要的信息服务的媒介手段，包括图像与图形信息处理技术、声音信息处理技术、视频信息处理技术、流媒体技术、新媒体信息显示技术、新媒体信息存储技术、新媒体信息安全技术、虚拟现实等全新技术，是网络经济与传媒产业实现对接的最佳选择。

1）图像与图形信息处理技术。对从现实世界中通过数字化设备获取的图像，实时进行信息采集、抽取、挖掘、处理，将获取的图像和计算机合成的图形进行处理的技术。

2）声音信息处理技术。声音的本质是一种机械振动。声音信息处理技术就是把在时间和幅度上都是连续的声音信号进行采样、量化、编码的技术。

3）视频信息处理技术。视频信息处理技术包括将客观的活动图像进行采样、量化、编码，也包括计算机动画创作的视频进行处理的技术。技术内容主要包含视频的获取、编辑处理、压缩等。

4）流媒体技术。流媒体（streaming media）是指将媒体文件，如音频、视频或多媒体文件，经过网上分段发送数据，在网上即时传输、即时播放的一种技术与过程，达到随时传送、随时播放的效果。

（2）新媒体应用　人类信息传播的发展是一个漫长的过程，经历了口语相传、文字传播、印刷传播、电子传播四个时代，而我们现在正处在电子传播时代。电子传播拥有的高效率极大地改变了人们的生产和生活，而新媒体传播作为电子传播时代新兴的传播形式，在移动互联网的推动下更是短短的几年之内便受到了人们的青睐，已经深深融入了人们的日常生活之中，几乎成为现代人的生活必需之物。在互联网技术不断革新的今天，新媒体的发展前景只会越来越广，今后还会出现更多、更新的新媒体形态，将会一直影响着人们的生产和生活。

3. 新媒体推广与运营

传统意义上的运营是指对生产和提供公司主要的产品和服务的系统进行设计、运行、评价和改进的管理工作。一切能够帮助产品进行推广、促进用户使用、提高用户认知的手段都是运营。与一般的运营相比，新媒体运营增加了新内容和新特征。新媒体推广与运营工作包含推广投放、活动策划、内容制作、数据监测、用户管理、客服等。

（1）新媒体运营要点　做好新媒体运营可以极大地赋能品牌营销，增强产品市场竞争价值。

1）扎实的运营能力。运营新媒体需要有发现热点的敏锐度，把握传播机遇。专业的文案、策划能力、素材收集能力，并具备一定的逻辑思维能力，从而产出更优秀的内容，才能让品牌在新媒体平台中被更多人发现。

2）懂消费者需求。新媒体平台是为消费者服务的，消费者只会从新媒体平台获取对自己有用的资讯。因此，新媒体运营要懂消费者的需求，从内容产出及营销手段上要贴合消费者。将消费者的需求与品牌卖点结合起来，让发布的品牌资讯对消费者产生价值。

3）形式多样化。新媒体平台内容表达的方式多种多样：短视频、图文、长图、长文等。因此，新媒体运营的内容产出方式及形式要多样化，需要针对不同平台的受众群体，产出这个平台受众更加偏爱的内容。

（2）新媒体运营关键环节

1）媒介强传播。传播企业品牌内容以树立品牌形象，刷新品牌特色，点亮消费品牌以聚拢人气。此环节适合媒介：微博、新闻端、知乎、快手、线下门店等。

2）内容强推荐。彰显产品功能，激活产品能量，丰富产品资讯，激活品牌口碑传播，启动品牌传播裂变。此环节适合媒介：小红书、抖音、社群等。

3）管道强交易。建设"强传播管道"，提升用户信任，主推明星产品，推动用户高效成交，建立"品牌私域电商运营体系"。此环节适合媒介：微信、阿里、京东等。

4. 自媒体发展概要

自媒体（we media）是指普通大众通过网络等途径向外发布他们本身的事实和新闻的传播方式；是普通大众经由数字科技与全球知识体系相连之后，一种提供与分享他们本身的事实和新闻的途径；是私人化、平民化、普泛化、自主化的传播者，以现代化、电子化的手段，向不特定的大多数或者特定的个人传递规范性及非规范性信息的新媒体的总称。

自媒体的发展经历了三个阶段：第一个阶段是自媒体初始化阶段，它以BBS为代表；第二个阶段是自媒体的雏形阶段，主要以博客、个人网站、微博为代表；第三个阶段是自媒体意识觉醒时代，主要是以微信公众平台、搜狐新闻客户端为代表。就目前来讲，自媒体的发展正处于由雏形阶段向自媒体觉醒时代的过渡时期。但是，由于自媒体的诞生至今也不过10多年，这三个阶段其实同时存在，只不过现阶段是以微博、微信公众平台为自媒体的主体，其他的就相对弱小。

在中国，自媒体的发展主要分为四个阶段：2009年新浪微博上线，引起社交平台自媒体风潮；2012 年微信公众号上线，自媒体向移动端发展；2012—2014 年门户网站、视频、电商平台等纷纷涉足自媒体领域，平台多元化；2015 年至今，直播、短视频等形式成为自媒体内容创业新热点。

5. 自媒体的作用与意义

自媒体以普通大众的视角制造、发布和传播资讯，分享心得，学习交流，寓教于乐，认识社会，同时向社会推广自己。自媒体的最主要作用就是品牌宣传和引流，通过自媒体进行宣传推广，能够在少投入或者不投入的情况下，使自己的产品或品牌让全国各地乃至全世界的人所知晓。

自媒体是社会发展的需求，也是社会发展的必然要求。它实现了全社会人人参与的愿望，带来了与传统媒体不一样的宣传和引流的效果，为老百姓生活的提高，经济建设的加速起到了积极的促进作用。

6. 自媒体监管法律法规

与自媒体平台迅速发展形成鲜明对比的是，我国目前尚未制定直接对自媒体监管的法律法规，也未建立起一套完善的条例制度规范自媒体平台。治理自媒体的法律建设步伐未能充分回应现实所提出的制度要求。当前，我国关于自媒体平台治理的法律文件包括《国家突发公共事件总体应急预案》《关于深化政务公开加强政务服务的意见》《互联网出版管理暂行规定》《互联网新闻信息服务管理规定》《互联网电子公告服务管理规定》《全国人大常委会关于维护互联网安全的决定》等。

我国对于自媒体的态度，多为管制态度，只对禁止性的行为做出了明确的规定，而并未就其发展做出合理规定，这使得该行业的发展缺乏一定的法律指引，使得自媒体没能被科学有效的利用。接下来，国家将重点完善"自媒体"账号内容生产和运营的行为规范，优化平台运行规则；强化技术治网能力建设，为规范管理提供支撑；建立健全正向激励机制，引导鼓励"自媒体"运营主体生产高质量信息内容。

训练任务

1. 选择一件符合个人人设的多媒体作品，在个人媒体社交平台上，将学校和在学校的生活和学习、感受等讲给大家。

2. 组建不同主题分类的多媒体 / 新媒体 / 自媒体学习小组，尝试在小组内部分工，分别在文案写作、作品设计构思、技术实现等方面展开学习和研究，定期地完成较高质量的内容生产并采取恰当、准确的方式进行传播。

项目 7
软 件 工 程

Project 7

我们处在信息时代，如何结合自己的专业，让计算机为我所用，提高工作效率，个性化地开发自己所需要的功能软件？了解软件开发技术，对开发适合自己个性化需求的软件迫在眉睫。本项目介绍如何用工程化方法开发软件等。

📖 教学目标

1. 了解软件工程基本概念，软件生命周期概念，软件工具与软件开发环境。
2. 了解结构化分析方法，数据流图，数据字典，软件需求规格说明书。
3. 了解结构化设计方法，总体设计与详细设计。
4. 了解软件测试的方法，白盒测试与黑盒测试，测试用例设计，软件测试的实施，单元测试、集成测试和系统测试。
5. 了解程序的调试，静态调试与动态调试。

🔔 教学重难点

1. 软件工程的结构化设计方法。
2. 软件的测试技术与方法。

任务　软件工程基础

面对浩如烟海的信息资源，掌握信息检索的基本方法，提高自己信息素养与检索能力，从而获得更多的资源及更大的信息量，可以更好地开展日常学习和各个领域的研究。广义的信息检索是指将信息按一定的方式组织和存储起来，根据用户需求，找出信息的过程。狭义的信息检索仅指信息查询，即用户根据需要，采用一定的方法，借助检索工具，从数据库中检索出所需要信息的查找过程，也就是信息查询。

📖 任务描述

小智对手机中的 APP、游戏等很感兴趣，梦想也开发一款自己的 APP，准备了解这些软件是如何开发的，并学习与软件开发相关的基础知识。

✍ 任务分析

软件看起来很神秘，通过代码就可以实现各种功能。那么，一款软件是如何从无到有的

183

呢？小智想到要做任何一件事情，首先要思考的是做什么？然后再思考怎么做？完成后还要思考做的效果如何？小智想软件开发也应该是这样，准备从这几个方面来了解软件开发的过程。

📖 任务实现

1. 软件生命周期

正如同任何事物一样，软件也有一个孕育、诞生、成长、成熟和衰亡的生存过程。我们把软件产品从提出、实现、使用、维护、停止使用到退役的过程称为软件生命周期。根据这一思想，把上述基本的过程活动进一步展开，可以得到软件生存周期的 6 个阶段，如图 7-1 所示。这些活动可以有重复，执行时也可以有迭代。

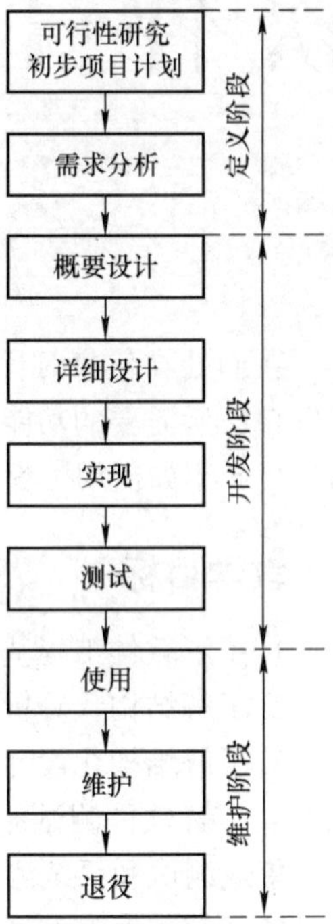

1）制定计划。确定要开发软件系统的总目标，给出它的功能、性能、可靠性以及接口等方面的要求；研究完成该项软件任务的可行性，探讨解决问题的可能方案；制定完成开发任务的实施计划。

2）需求分析。对开发软件提出的需求进行分析并给出详细的定义。编写出软件需求说明书及初步的用户手册，然后提交评审。

3）软件设计。把已确定了的各项需求转换成一个相应的体系结构，进而对每个模块要完成的工作进行具体描述，编写设计说明书并提交评审。

4）软件实现。把软件设计转换成计算机可以接受的程序代码。

5）软件测试。在设计测试用例的基础上检验软件的各个组成部分。

6）运行 / 维护。将已交付的软件投入运行，并在运行使用中不断地维护，根据新提出的需求进行必要而且可能的扩充和删改。

图 7-1　软件生命周期

有时，还可以将软件生命周期分为软件定义、软件开发及软件运行维护三个阶段。

2. 软件工具与软件开发环境

软件开发工具是协助开发人员进行软件开发活动所使用的软件或环境，它包括需求分析工具、设计工具、编码工具、排错工具和测试工具等。

软件开发环境（或称为软件工程环境）是全面支持软件开发全过程的软件工具的集合。计算机辅助软件工程（Computer Aided Software Engineering，CASE）将各种软件工具、开发机器和一个存放开发过程信息的中心数据库组合起来，形成软件工程环境。它将极大地降低软件开发的技术难度并保证软件开发的质量。

✏️ 知识拓展

1. 软件工程概述

随着计算机硬件技术的进步，要求软件能与之相适应。然而软件技术的进步一直未能满足形势发展提出的要求，致使问题积累起来，形成了日益尖锐的矛盾，这就导致了软件危机。主要表现在软件需求的增长得不到满足，软件开发成本和进度无法控制，软件质量难以保证，软件不可维护或维护程度非常低，软件成本不断提高，软件开发生产效率的提高赶不上硬件的发展和应用需求的增长。

为了消除软件危机，通过认真研究，找出解决软件危机的方法，认识到软件工程是使计算机软件走向科学的途径，逐渐形成了软件工程的概念，并开辟了工程学的新兴领域——软件工程学。软件工程就是试图用工程、科学和数学的原理与方法，研制、维护计算机软件的有关技术及管理方法。

软件工程包括 3 个要素，即方法、工具和过程。方法为软件开发提供了"如何做"的技术；工具指支持软件开发、管理、文档生成的自动或半自动软件支撑环境；过程指软件开发各个环节的控制与管理。

软件工程的核心思想是把软件产品（就像其他工业产品一样）看作是一个工程产品来处理，把需求计划、可行性研究、工程审核、质量监督等工程化的概念引入到软件生产当中，以期达到工程项目的 3 个基本要素：进度、经费和质量目标。同时，软件工程也注重研究不同于其他工业产品的一些独特特性，并针对软件的特点提出了许多有别于一般工业工程技术的一些技术方法，代表性的结构化方法、面向对象方法和软件开发模型及软件开发过程等。

2. 结构化分析方法

软件开发方法是软件开发过程所遵循的方法和步骤，其目的在于有效地得到一些工作产品，即程序和文档，并且满足质量要求。软件开发方法包括分析方法、设计方法和程序设计方法。结构化方法经过多年的发展，已经成为系统、成熟的软件开发方法之一。结构化方法包括已形成配套的结构化分析方法、结构化设计方法和结构化编程方法，其核心和基础是结构化程序设计理论。

（1）需求分析　软件需求分析是指用户对目标软件系统在功能、行为、性能、设计约束等方面的期望。其目标是深入描述软件的功能和性能，确定软件设计的约束和软件同其他系统元素的接口细节，定义软件的其他有效性需求。

需求分析阶段研究的对象是软件项目的用户要求。一方面，必须全面理解用户的各项要求，但又不能全盘接受所有的要求；另一方面，要准确地表达被接受的用户要求。只有经过确切描述的软件需求才能成为软件设计的基础。

需求分析一般分 4 个步骤进行，即需求获取、需求分析、编写需求规格说明书和需求评审。

1）需求获取。首先系统分析人员要确定对目标系统的综合要求，即软件的需求，并提出这些需求实现的条件，以及需求应达到的标准。这些需求包括功能需求、性能需求、环境需求、可靠性需求、安全保密需求、用户界面需求、资源使用需求、软件成本消耗与开发进度需求，并预先估计以后系统可能达到的目标。此外，还需要注意其他非功能性的需求。如针对采用某种开发模式，确定质量控制标准、里程碑和评审、验收标准、各种质量要求的优先级等，以及可维护性方面的需求。

2）需求分析。分析员必须从信息流和信息结构出发，逐步细化所有的软件功能，找出系统各元素之间的联系、接口特性和设计上的限制，判断是否存在因片面性或短期行为而导致的不合理的用户要求，是否有用户尚未提出的真正有价值的潜在要求。剔除其不合理的部分，增加其需要部分。最终形成系统的解决方案，给出目标系统的详细逻辑模型。

3）编写需求规格说明书。已经确定下来的需求应当得到清晰、准确的描述，通常我们把描述需求的文档称为软件需求说明书。同时，为了确切表达用户对软件的输入输出要求，还需要制定数据要求说明书及编写初步的用户手册。

4）需求评审。作为需求分析阶段的复查手段，应该对功能的正确性、文档的一致性、完备性、准确性和清晰性，以及其他需求给予评价。

（2）结构化分析方法　常见的需求分析方法是结构化分析方法和面向对象分析方法。其中结构化分析方法主要包括：面向数据流的结构化分析（Structured Analysis，SA）方法、面向数据结构的 Jackson 系统开发（Jackson System Development，JSD）方法和面向数据结构的结构化数据系统开发（Data Structured System Development，DSSD）方法。面向对象分析（Object-

Oriented Analysis，OOA）方法从需求分析建立的模型的特点来分，需求分析方法分为静态分析方法和动态分析方法。

（3）结构化分析方法的常用工具　结构化分析方法的常用工具包括数据流图、数据字典、判定树和判定表。其中最为常用的是数据流图和数据字典。

数据流图是用来描述数据处理过程的工具。它用图形来表示需求模型，是用户与软件设计人员进行交流的主要工具。数据流图中的主要图形元素及说明见表 7-1。

表 7-1　数据流图中的主要图形元素及说明

名称	图例	说　明
起点（或终点）	▭	数据流的起点或终点，表示数据源
加工或处理	◯	表示对流到此处的数据进行加工或处理，即对数据的算法分析与科学计算
输入 / 输出文件	=	表示输入 / 输出文件，说明加工 / 处理前的输入文件，记录加工 / 处理后的输出文件，也可单线
数据流连线	→	表示数据流的流动方向

数据字典是结构化分析方法的核心。它是对所有系统相关的数据元素的一个有组织的列表，以及精确的定义，使用户与系统分析员对输入、输出、存储和中间计算结果有共同的理解。数据词典有 4 类条目：数据流、数据项、文件及基本加工。在定义数据流或文件时，使用表 7-2 给出的符号。将这些条目按照一定的规则组织，构成数据词典。

表 7-2　数据字典的符号及说明

符　号	说　明
=	表示被定义为，由什么构成
+	表示与或和
[… | …]	表示或
（…）	表示可选
m{…}n 或 {…}nm	表示重复，即重复若干次花括号内的项
**	表示注释
…	基本数据元素
..	连接符

（4）软件需求规格说明书　软件需求规格说明书是软件需求分析的主要成果，也是软件开发的重要文档之一，同时也是软件测试及软件交付的依据。软件需求规格说明书的主要内容包括：

概述：从系统角度描述软件的目标和任务。数据描述：对软件系统所必须解决的问题做出详细说明，主要包括数据流图、数据字典、系统接口说明和内部接口。功能描述：描述为解决用户问题所需要的每一项功能的过程细节，主要包括功能、处理说明和设计的限制等。性能描述：说明系统应达到的性能和应该满足的限制条件，检测的方法和标准，预期的软件响应和可能需要考虑的特殊问题；以及参考文献及附录等。

需求规格说明书要求具有正确性、无歧义性、完整性、可验证性、一致性，以及可理解、修改、追踪等特性。

3. 结构化设计方法

在软件需求分析阶段已经完全弄清楚了软件的各种需求，较好地解决了要让所开发的软件"做什么"的问题，并已在软件需求规格说明和数据要求规格说明中详尽和充分地阐明了这些需求。下一步就要着手实现软件的需求，即着手解决"怎么做"的问题。

（1）软件设计的基本原理　经过多年的实践，逐步形成了一些基本的软件设计思想和策略，它们是各种设计方法的基础。软件设计的基本原理包括抽象、模块化、信息隐蔽和模块独立性。

1）抽象。抽象是一种思维工具，就是抽出事物本质的共同特点而不考虑它的细节，是认识复杂现象过程中使用的思维工具。随着软件规模的不断增大，设计的复杂性不断增加，抽象便成了控制复杂性的基本策略之一。

2）模块化。模块是一个具有明确定义的输入、输出和特性的程序实体。模块化是指解决一个复杂问题时自顶向下逐层把软件系统划分成一个个较小的、相对独立但又相互关联的模块的过程。每个模块完成一个特定的子功能。所有的模块按某种方法组合起来，成为一个整体，完成整个系统所要求的功能。

开发一个大型、复杂的软件系统时，对它进行适当的分解，可降低其复杂性，减少开发工作量，降低开发成本，提高开发效率。这也是对系统进行模块划分的依据。

3）信息隐蔽。如何分解一个软件才能得到最佳的模块组合？为了明确怎样去做，需要了解什么是"信息隐蔽"。信息隐蔽就是指，每个模块的实现细节对于其他模块来说是隐蔽的，即模块中所包含的信息（包括数据和过程）不允许其他不需要这些信息的模块使用。

4）模块独立性。所谓模块独立性，是指软件系统中每个模块只涉及软件要求的具体的子功能，它和软件系统中其他模块的接口是简单的。例如，若一个模块只是具有单一的功能且与其他模块没有太多的联系，那么，称此模块具有模块独立性。

模块的独立程度是评价设计好坏的重要度量标准。衡量软件的模块独立性，可以使用耦合性和内聚性两个定性的度量标准。内聚性是度量模块功能强度的一个相对指标。一个内聚程序高的模块（在理想情况下）应当只做一件事情。耦合性则用来度量模块之间的相互联系程度，它取决于各个模块之间接口的复杂程度、调用模块的方式，以及哪些信息通过接口。一般较优秀的软件设计，应尽量做到高内聚、低耦合，即减弱模块之间的耦合性和提高模块内的内聚性，有利于提高模块的独立性。

（2）概要设计　概要设计包括系统结构设计、数据结构和数据库设计、编写概要设计文档、概要设计的评审等。

在概要设计任务中，系统结构设计得到的软件系统模块层次结构称为软件结构。软件结构反映了整个系统的功能实现，一般采用树状或网状结构的图形表示。结构图的形态特征包括深度、宽度、扇出和扇入，如图 7-2 所示。

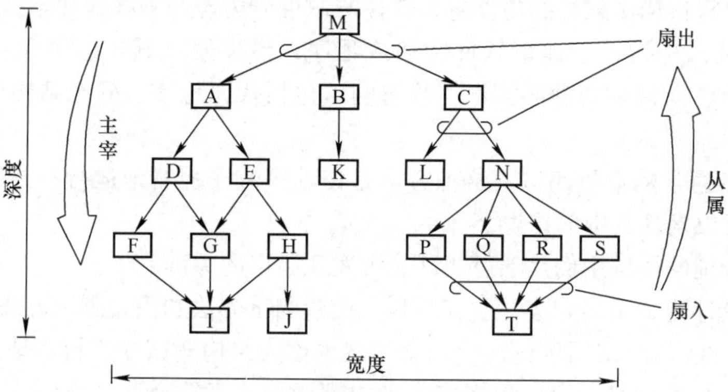

图 7-2　程序层次结构图示例

● 深度：程序结构的层次数称为结构的深度。结构的深度在一定意义上反映了程序结构的规模和复杂程度。

● 宽度：层次结构中同一层模块的最大模块个数。

● 模块的扇入和扇出：扇出表示一个模块直接调用（或控制）其他模块的数目。扇入则定义为调用（或控制）一个给定模块的模块个数。多扇出意味着需要控制和协调许多下属模块，而多扇入的模块通常是公用模块。

（3）面向数据流的设计方法　在需求分析阶段，分析了信息在系统中加工和流动的情况，并绘出了数据流图。面向数据流的设计方法定义了一些不同的映射方法，利用这些映射方法可以把数据流图转换成结构图表示的软件结构。数据流图的信息流分为变换流和事务流两个类型。相应地，变换型和事务型也是数据流图的两个典型结构形式。

变换型数据流图主要由输入、中心变换和输出三部分组成。信息沿着输入通路进入系统，由外部形式变换成内部形式，然后通过中心变换，经过一系列的加工处理后，最后沿着输出通路变换成外部形式离开系统。

事务型数据流图有明显的事务处理中心，每个事务经过事务处理中心接收数据并加以分析，确认事务的类型从而选取一条活动通路。某种数据流可以引发一个或多个处理，这些处理能够实现作业要求的功能。我们将这种数据流称为事务。

（4）详细设计　详细设计是软件设计的第二阶段，主要确定每个模块的具体执行过程，因此也称为过程设计。其主要任务是为软件结构图中的每一个模块确定实现算法和局部数据结构，用某种选定的表达工具表示算法和数据结构的细节。

详细设计的常用工具有：

1）图形工具：程序流程图、N-S、PAD 和 HIPO。

2）表格工具：判定表。

3）语言工具：PDL（伪码）。

4. 软件测试

软件测试是为了发现错误而执行程序的过程。或者说，软件测试是根据软件开发各阶段的规格说明和程序的内部结构而精心设计一批测试用例（即输入数据及其预期的输出结果），并利用这些测试用例去运行程序，以发现程序错误的过程。

（1）软件测试的目的　软件测试是指使用人工或自动手段来运行或测定某个系统的过程。其目的在于检验它是否满足规定的需求或弄清预期结果与实际结果之间的差别。

（2）测试技术及测试用例设计

从是否需要执行被测试软件的角度看，软件测试可分为静态测试和动态测试。

所谓静态测试，是指人工评审软件文档或程序，借以发现其中的错误。由于被评审的文档或程序不必运行，所以称为静态测试。静态测试包括代码检查、静态结构分析和代码质量度量等。

动态测试是指通常的上机测试。这种方法是使程序有序控制地运行，并从多种角度观察程序运行时的行为，以发现其中的错误。

设计高效、合理的测试用例是动态测试能否发现错误的关键。

动态测试的设计测试实例方法一般有两类：白盒测试方法和黑盒测试方法。

① 白盒测试方法与测试用例设计。白盒测试也称为结构测试或逻辑驱动测试。它根据软件产品的内部过程，检查内部成分，以确定每种内部操作是否符合设计规格要求。使用白盒测试法需要了解程序内部的结构，测试用例是根据程序的内部逻辑来设计的。

白盒测试的基本原则是：保证所测模块中每一个独立路径至少执行一次；保证所测模块所

有判断的每一个分支至少执行一次；保证所测模块每一个循环都在边界条件和一般条件下至少执行一次；验证所有内部数据结构的有效性。

常用的白盒测试方法是逻辑覆盖测试和基本路径测试：

逻辑覆盖测试是泛指一系列以程序内部的逻辑结构为基础的测试用例设计技术。通常所指的程序中的逻辑表示有判断、分支和条件等几种表示方式。逻辑覆盖是以程序内部的逻辑结构为基础的设计测试用例的技术。这一方法要求测试人员对程序的逻辑结构有清楚的了解，甚至要能掌握源程序的所有细节。由于覆盖测试的目标不同，逻辑覆盖又分为：语句覆盖、路径覆盖、判定覆盖、条件覆盖和判定 - 条件覆盖。

基本路径测试，如果把覆盖的路径数压缩到一定限度内，例如，程序中的循环体只执行 0 次和 1 次，就成为基本路径测试。基本路径测试的思想和步骤是：根据软件过程性描述中的控制流程，确定程序的环路复杂性度量，用此度量定义基本路径集合，并由此导出一组测试用例，以对每一条独立执行路径进行测试。

② 黑盒测试方法与测试用例设计。黑盒测试也称为功能测试或数据驱动测试，是对软件已经实现的功能是否满足需求进行测试和验证。黑盒测试不关心程序内部的逻辑，只根据程序的功能说明来设计测试用例。黑盒测试是对程序功能的测试，主要用于软件的确认测试，主要方法有等价类划分法、边界值分析法和错误推测法。

a. 等价类划分法是一种典型的黑盒测试方法。使用这一方法时，完全不用考虑程序的内部结构，只依据程序的规格说明来设计测试用例。用户不可能用所有可以输入的数据来测试程序，而只能从全部可供输入的数据中选择一个子集进行测试。要选择适当的子集，使其尽可能多地发现错误，办法之一就是等价类划分：首先把数目极多的输入数据（有效的和无效的）划分为若干等价类。所谓等价类是指某个输入域的子集合。在该子集合中，各个输入数据对于发现程序中的错误都是等效的。可以合理地假定：测试某等价类的代表值就等价于对这一类其他值的测试。因此，用户可以把全部输入数据合理划分为若干等价类，在每一个等价类中取一个数据作为输入条件，这样就可以用少量代表性测试数据取得较好的测试效果。

等价类的划分有两种不同的情况：

有效等价类：对于程序规格说明来说是合理的、有意义的输入数据构成的集合。利用它，可以检验程序是否实现了规格说明预先规定的功能和性能。

无效等价类：对于程序规格说明来说是不合理的、无意义的输入数据构成的集合。利用它，可以检查程序中功能和性能的实现是否有不符合规格说明要求的地方。

b. 边界值分析法也是一种典型的黑盒测试方法。从长期的测试工作经验可以得知：大量的错误是发生在输入或输出范围的边界上，而不是在输入范围的内部。因此针对各种边界情况设计测试用例，可以查出更多的错误。比如，在做三角形计算时，要输入三角形的三个边长：A、B 和 C，应注意这 3 个数值要满足 $A > 0$、$B > 0$、$C > 0$、$A + B > C$、$A + C > B$、$B + C > A$，才能构成三角形。但如果把 6 个不等式中的任何一个大于号 " > " 错写成大于或等于号 " ≥ "，那就不能构成三角形，即问题常出现在容易被疏忽的边界附近。这里所说的边界是指，相对于输入等价类和输出等价类而言，稍高于其边界值及稍低于其边界值的一些特定情况。

使用边界值分析方法设计测试用例，首先应确定边界情况。通常输入等价类与输出等价类的边界，即应当选取正好等于，刚刚大于，或刚刚小于边界的值作为测试数据，而不是选取等价类中的典型值或任意值作为测试数据。

边界值分析方法是最有效的黑盒测试方法，但当边界情况很复杂的时候，要找出适当的测试用例还需针对问题的输入域、输出域边界，耐心细致地逐个考虑。

c.错误推测法也是一种常用的黑盒测试方法。测试人员可以通过经验或直觉推测程序中可能存在的各种错误，从而有针对性地编写检查这些错误的例子。这就是错误推测法。

错误推测法的基本思路是：列举出程序中所有可能的错误和容易发生错误的特殊情况，根据它们选择测试用例。例如，在介绍单元测试时曾列出许多在模块中常见的错误，这些是单元测试经验的总结。此外，对于在程序中容易出错的情况，也有一些经验总结出来。例如，输入数据为0，或输出数据为0，是容易发生错误的情形，因此可选择输入数据为0，或输出数据为0的例子作为测试用例。又例如，输入表格为空或输入表格只有一行，也是容易发生错误的情况，可选择表示这种情况的例子作为测试用例。再例如，可以针对一个排序程序，输入空的值（没有数据）、输入一个数据、让所有的输入数据都相等、让所有输入数据有序排列、让所有输入数据逆序排列等，进行错误推测。

（3）软件测试的实施 软件测试过程按4个步骤进行，即单元测试、集成测试、确认测试和系统测试，如图7-3所示。

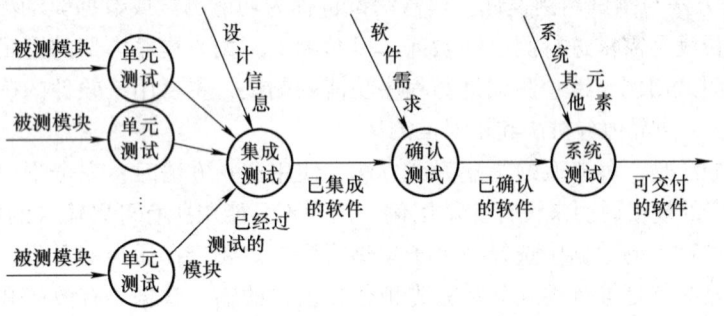

图7-3 软件测试的过程

单元测试集中对用源代码实现的每一个程序单元进行测试，检查各个程序模块是否正确地实现了规定的功能。然后进行集成测试，根据设计规定的软件体系结构，把已测试过的模块组装起来，在组装过程中，检查程序结构组装的正确性。确认测试则要检查已实现的软件，是否满足了需求规格说明中确定的各种需求，以及软件配置是否完全、正确。最后是系统测试，把已经经过确认的软件纳入实际运行环境中，与其他系统成分组合在一起进行测试。严格地说，系统测试已超出了软件工程的范围。

单元测试是针对程序模块进行正确性检验的测试，其目的在于发现各模块内部可能存在的各种差错。单元测试需要从程序的内部结构出发设计测试用例，其依据是详细的设计说明书和源程序。单元测试通常以白盒测试为主，辅以黑盒测试。

集成测试是测试和组装软件的过程。它把模块在按照设计要求组装起来的同时进行测试，主要目的是发现与接口有关的错误，集成测试的依据是概要设计说明书。集成测试所涉及的内容包括：软件单元的接口测试、全局数据结构测试、边界条件和非法输入的测试等。集成测试时将模块组装成程序，通常采用两种方式：非增量方式组装与增量方式组装。

确认测试又称为有效性测试。它的任务是验证软件的有效性，即验证软件的功能和性能及其他特性是否与用户的要求一致。在软件需求规格说明书中描述了全部用户可见的软件属性，其中有一节称为有效性准则，它包含的信息就是软件确认测试的基础。确认测试主要运用黑盒测试法。

所谓系统测试，是将通过确认测试的软件作为整个基于计算机系统的一个元素，与计算机硬件、外设、某些支持软件、数据和人员等其他系统元素结合在一起，在实际运行（使用）环境下，对计算机系统进行一系列的组装测试和确认测试。系统测试的具体实施一般包括：功能测试、性能测试、操作测试、配置测试、外部接口测试和安全性测试等。

5. 程序调试

在对程序进行了成功的测试后，进入程序调试阶段。程序调试的目的是诊断和改正程序中的错误，它主要在开发阶段进行。程序调试主要由两部分组成：一是根据错误的迹象来确定程序中错误的确切性质、原因和位置；二是对程序进行修改，排除这个错误。

调试的关键是推断程序内部的错误位置和原因，一般将其分为静态调试和动态调试。静态分析法同样也适用于静态调试。静态调试主要利用人的思维来分析源程序代码和排错，它是主要的调试手段。动态调试是用来辅助静态调试的。

调试的方法主要有强行排错法、回溯法和原因排除法三种。强行排错法是比较传统的调试方法，也是目前使用较多但效率较低的调试方法；回溯法比较适用于规模较小的程序排错，如果程序规模过大，会导致回溯变得很困难；具体排除法是通过演绎、归纳和二分法来实现的。

训练任务

1. 软件的生命周期包含哪些？每部分主要工作有哪些？
2. 软件测试的方法有哪些？分别有哪些特点？

Project 项目 8

前沿技术

第三次科技革命推动人类科技和文明实现巨大飞跃，全球由此迎来信息大爆炸和数字化时代。在第三次科技革命的整个进程中，信息技术的迭代发展不仅为社会经济提供了驱动力，也为新材料、生物和能源等技术的进步提供了有力支撑。信息技术成为整个社会前行不可或缺的底层力量。掌握最前沿的信息技术已成为国家之间竞争角逐的第一目标。

☞ 教学目标

1. 人工智能的理解与认知。
2. 大数据的理解与认知。
3. 云计算的理解与认知。
4. 物联网的理解与认知。
5. 增强现实与虚拟现实的理解与认知。

🔔 教学重难点

1. 人工智能的层次结构。
2. 大数据、云计算、物联网的应用。
3. AR、VR、MR 的区别。

任务　前沿技术应用

信息技术作为前沿技术的一个方向是对国家未来新兴产业的形成和发展具有引领作用的。社会在经历互联网时代和移动互联网时代的洗礼后，以 5G、大数据、物联网、人工智能和混合现实为依托，逐渐向万物互联时代迈进。

📖 任务描述

经过了一段时间的学习，小智掌握了计算机基础、计算思维、新媒体等相关知识。现在想了解人工智能、大数据、云计算、物联网、虚拟现实和增强现实等新技术，并了解这些技术在身边是如何应用的。

✍ 任务分析

要想列举人工智能、大数据、云计算、物联网、增强现实和虚拟现实这些技术的应用，就要先了解这些技术的定义、背景以及发展。

📖 任务实现

1. 理解什么是人工智能

从广义上来说，人工智能（Artificial Intelligence，AI）是指机器或系统所呈现的任何模拟人类的行为。最基本的 AI 形式是对计算机进行编程，使它们能够根据从过去类似行为中收集的海量数据来"模拟"人类行为。从识别猫与鸟的差异到在生产设施中进行复杂作业，都属于这一范畴。提到人工智能，你首先想到了什么？"阿尔法狗（AlphaGo）""机器人""自动驾驶""终结者""Siri"还是"大数据"？在谈论人工智能时，人们常常把它和机器人的概念混淆起来。人工智能利用计算机和机器模仿人类思维的问题解决和决策制定方案。简单来说，让机器像人一样去感知、思考甚至决策。以前是人类学习机器语言，例如 JAVA、C# 语言等，通过编写代码，指挥机器做事。随着技术的发展，人类希望机器不依赖这种指挥，就可以根据人的要求自动察觉应该做什么。让机器带入人类的视角，进而总结经验，揣测人类的行为。当机器拥有了这种智慧，我们可以理解它具备了人工智能。

2016 年 3 月 9 日，DeepMind 公司开发 AlphaGo 程序在同世界围棋冠军、韩国职业九段棋手李世石的对局中，以 4∶1 获胜成为第一个战胜围棋世界冠军的机器人，如图 8-1 所示。这是继 1997 年 IBM 研发的"深蓝"计算机战胜国际象棋棋王卡斯帕罗夫后，人类在机器智能领域取得的又一个里程碑性质的胜利。AlphaGo 的成就要归功于"深度学习"算法，该算法是一种能够基于海量数据完成自主学习的软件技术。现在的深度学习主要是从大数据进行学习，与人的学习方式不同。人对图像的学习可以通过几个样本就可以分析出苹果和香蕉的图像。在 ImageNet 比赛里，需要千万张图像进行充分的训练才可以得到较为准确的结果。近几年人工智能技术得到迅猛发展，主要得益于计算能力、大数据和算法上的突破，推动 AI 技术广泛应用至各行各业。例如，在仓储物流、工业制造行业由人工作业模式向自动化转变；在医疗领域可以用于疾病诊断；在交通领域，自动驾驶汽车分阶段落地等。

图 8-1　AlphaGo 同李世石的对局

AI+ 产业如今已成为热词。阿里巴巴达摩院提出，AI 将成为科学家的新生产工具，催生科研新范式。人工智能将从变革产业到变革科学，从 AI+ 产业走向 AI+ 科学。2021 年 7 月，DeepMind 公司在 *Nature* 上开源了利用 AI 对蛋白质结构进行预测的 AlphaFold 2，随后发布了来自人类和 20 种其他生物共 350 000 种蛋白质结构的预测结果。确定蛋白质的结构能为理解生物学过程提供宝贵信息，并且有望指导药物研发。12 月，DeepMind 公司首次利用 AI 帮助数学家提出了两个全新的数学猜想，登上 *Nature* 封面，如图 8-2 所示。阿里巴巴达摩院预测，在未来的几年内，人工智能技术在应用科学中将得到普遍应用，在部分基础科学中开始成为研究工具。

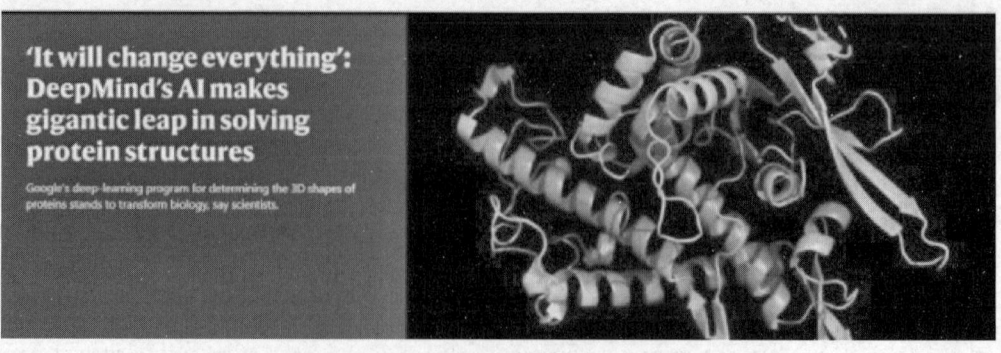

图 8-2 *Nature* 杂志封面

人工智能的层次结构如下：

1）基础层：基础层包括大数据和计算能力，像自身能够不断产生数据的 AlphaGo 一样，会自己不断地产生数据和进化它的模型，硬件发展的加速则提供了计算能力的提升。

2）技术层：在基础层上面是技术层，它又分为框架层（像 IOS 这些框架和操作系统）和算法层（比如机器学习、深度学习这些增强的这一类学习的算法）。机器学习是指利用算法使计算机能够像人一样从数据中挖掘出信息；而深度学习作为机器学习的一个子集，相比于其他学习方法，使用了更多的参数、模型，也更复杂，从而使得模型对数据的理解更加深入，也更加智能。

3）应用层：应用层中的技术方向包括语音处理、计算机视觉、自然语言处理、规划决策处理等，每个技术方向下又有多个具体子技术；其中行业应用包括自动驾驶、医疗、教育、金融等这一类的应用。

人工智能一直处于计算机技术的前沿，人工智能研究的理论和发现在很大程度上将决定计算机技术的发展方向。现在，已经有很多人工智能研究的成果进入人们的日常生活。将来，人工智能技术的发展将会给人们的生活、工作和教育等带来更大的影响。

2. 理解什么是大数据

大数据（big data）到底有多大？ 2021 年云计算软件公司 Domo 的一张新信息图真正地将这种情况纳入视野。为了能对数据的存储量有一个大体的概念，我们可以先了解一下存储器容量单位的换算关系：

1B（Byte，字节）= 8b（bit，位）

1KB（Kilobyte 千字节）= 1024B

1MB（Megabyte 兆字节，简称"兆"）= 1024KB

1GB（Gigabyte 吉字节，又称"千兆"）= 1024MB

1TB（Trillionbyte 万亿字节，太字节）= 1024GB

1PB（Petabyte 千万亿字节，拍字节）= 1024TB

1EB（Exabyte 百亿亿字节，艾字节）= 1024PB

1ZB（Zettabyte 十万亿亿字节，泽字节）= 1024EB

1YB（Yottabyte 一亿亿亿字节，尧字节）= 1024ZB

根据该公司的调查结果，每 60s 就有 570 万次搜索。更重要的是，Facebook 用户在这同样长的一分钟内分享 24 万张照片，Instagram 用户一分钟发布 6.5 万张照片。数据的指数增长是无可争议的，但是由物联网和使用互联设备推动的爆炸式增长背后的数字很难被感知，尤其是仅在一天的时间维度下。2021 年互联网上的一分钟如图 8-3 所示。

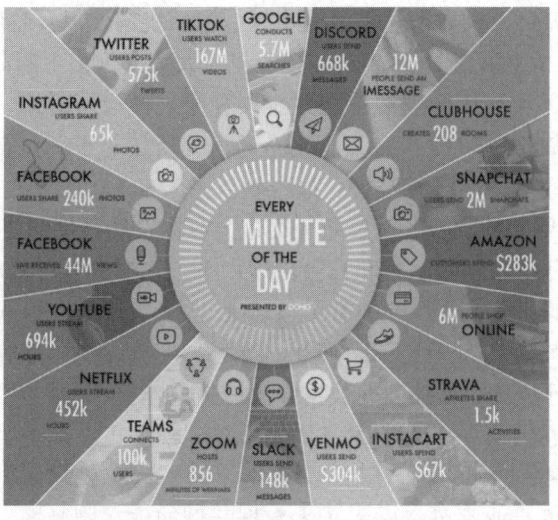

图 8-3 2021 年互联网上的一分钟

大数据不仅仅是指海量数据，更多的是指这些数据都是非结构化的、残缺的、无法用传统方法进行处理的。大数据是具有海量、高增长率和多样化的信息资产，它需要全新的处理模式来增强决策力、洞察发现力和流程优化能力。简而言之，大数据指非常庞大、复杂的数据集，特别是来自新数据源的数据集，其规模之大令传统数据处理软件束手无策，但却能帮助人们解决以往非常棘手的难题。IBM 公司总结了大数据的 5 大特征：大量（volume）、高速（velocity）、多样（variety）、低价值密度（value）和真实性（veracity）。数据具有内在价值，但在挖掘出其中的价值之前，它们并没有什么用处。另外，数据的真实性和可靠性非常重要。

一个大规模生产、分享和应用数据的时代正在开启。大数据是信息技术发展的必然产物，更是信息化进程的新阶段，其发展推动了数字经济的形成与繁荣。信息化经历了两次高速发展的时期，第一次始于 20 世纪 80 年代，是以个人计算机普及和应用为主要特征的数字化时代；第二次始于 20 世纪 90 年代中期，是以互联网大规模商业应用为主要特征的网络化时代。当前，正在进入以数据的深度挖掘和融合应用为主要特征的大数据时代。大数据时代的到来标志着一场深刻的变革，数据正以生产资料要素的形式参与到生产之中，它取之不尽、用之不竭，并在不断循环中交互作用，创造出难以估量的价值。2010 年以后，信息爆炸，信息的量级呈几何级增长。随着物联网、人工智能、云计算、大数据等技术的发展，人们逐渐拥有了对海量数据的处理能力，于是就迈入了第三次高速发展的时期，即数据智能时代。

回顾大数据的发展历程，大数据总体上可以划分为以下三个阶段：萌芽期、成熟期和大规模应用期。

1）萌芽期：虽然大数据这个概念是最近才提出的，但大型数据集的起源却可追溯至 1960—1970 年。当时数据世界正处于萌芽阶段，全球第一批数据中心和首个关系数据库便是在那个时代出现的。同一时期，随着数据挖掘理论和数据库技术的逐步成熟，一批商业智能工具和知识管理技术开始被应用，如数据仓库、专家系统、知识管理系统等。1980 年，未来学家托夫勒在其所著的《第三次浪潮》一书中，首次提出"大数据"一词，将大数据称赞为"第三次浪潮的华彩乐章"。

2）成熟期：大数据市场迅速成长，互联网数据呈爆发式增长，大数据技术逐渐被大众熟悉和使用。2010 年 2 月，肯尼斯·库克尔在《经济学人》上发表了长达 14 页的大数据专题报告《数据，无所不在的数据》。Web2.0 应用迅速发展，非结构化数据大量产生，形成并行计算与分布式两大核心技术。维克托·迈尔·舍恩伯格的著作《大数据时代》中提到大数据是人们获得新的认知、创造新的价值的源泉；大数据还是改变市场、组织机构，以及政府与公民关系的方法。

3）大规模应用期：大数据应用渗透到各行各业，大数据价值不断凸显，数据驱动决策和社会智能化程度大幅提高，大数据产业迎来快速发展和大规模应用时期，包括我国在内的世界各个国家纷纷布局大数据战略。2013年，麦肯锡全球研究所发布了一份名为《颠覆性技术：技术改进生活、商业和全球经济》的研究报告，报告确认了未来12种新兴技术，而大数据是这其中需求技术的基石。2015年9月，国务院发布《促进大数据发展行动纲要》，全面推进我国大数据发展和应用，进一步提升创业创新活力和社会治理水平。《2018年全球大数据发展分析报告》显示，中国大数据产业发展和技术创新能力有了显著提升。

随着我国大数据战略谋篇布局的不断展开，国家高度重视并不断完善大数据政策支撑，大数据产业加速发展，正逐步从数据大国向数据强国迈进。

维克托·迈尔·舍恩伯格在《大数据时代》中提到数据正在改变甚至颠覆我们所处的整个时代。发展至今，大数据已经"无处不在"，包括金融、汽车、零售、餐饮、电信、能源、政务、医疗、体育及娱乐等行业都已经融入了大数据。例如你在刷微博、逛淘宝时，APP总是能推荐你想看的内容。你在网络上的每一次搜索，每一笔交易，每一个单击都会产生数据。据统计，人类每天要创建至少250万兆字节的数据。但是在用户没有明确需求的情况下，各种APP不能有效地筛选信息。此时推荐系统就应运而生，推荐系统是大数据在互联网领域的典型应用。通过分析用户的历史纪录来了解用户的喜好，从而主动为用户推荐感兴趣的信息、帮助用户个性化推荐需求。推荐引擎更倾向于人们没有明确的目的，或者说他们的目的是模糊的，通俗来讲，用户连自己都不知道想要什么。推荐系统通过用户的历史行为、用户的兴趣偏好或者用户的人口统计学特征来使用推荐算法，产生用户可能感兴趣的项目列表，并根据实际的反馈信息实时调整推荐策略，产生更符合用户需求的推荐结果。

2019年，习近平总书记在十九届中共中央政治局第二次集体学习时的重要讲话中指出"大数据是信息化发展的新阶段"。大数据的价值本质上体现为：提供了一种人类认识复杂系统的新思维和新手段。就理论上而言，在足够小的时间和空间尺度上，对现实世界数字化，可以构造一个现实世界的数字虚拟映像，这个映像承载了现实世界的运行规律。在拥有充足的计算能力和高效的数据分析方法的前提下，对这个数字虚拟映像的深度分析，将有可能理解和发现现实复杂系统的运行行为、状态和规律。应该说大数据为人类提供了全新的思维方式和探知客观规律、改造自然和社会的新手段，这也是大数据引发经济社会变革最根本性的原因。

3. 理解什么是云计算

云计算是一种基于互联网的计算方式，通过这种方式共享软硬件资源。美国国家标准与技术研究院（NIST）定义云计算是一种模型，它可以实现随时随地、便捷地、随需应变地从可配置计算资源共享池中获取所需的资源（例如，网络、服务器、存储、应用及服务），资源能够快速供应并释放，使管理资源的工作量与与服务提供商的交互减小到最低限度。与云计算相对应的，是传统计算。传统计算的特点之一是资源固化。例如，公司项目组A临时接到一个项目，同时项目组B也有项目在开发中。公司现有的软硬件资源不足，公司为按期完成项目，只能购买新资源。但是当项目完成后，又存在资源过剩的现象，大大增加了公司的运营成本。正因为传统计算在资源分配上缺乏足够的灵活度，所以才有了"云计算"概念的提出。简单来说，相比传统计算，云计算的资源获取方式，从"买"变成了"租"。所有前面提到的软硬件计算资源，全部都能租。提供资源租用服务的，就是云服务提供商。

云计算有多个特点：第一，"云"具有相当的规模，在我国，云计算市场从最初的十几亿增长至目前的千亿规模，行业发展迅速。第二，"云"赋予用户前所未有的计算能力，支持用户在任意位置、使用各种终端获取应用服务。第三，"云"使用了数据多副本容错、计算节点同构可互换等措施，使用云计算比使用本地计算机可靠。第四，"云"的规模可以动态伸缩，满足应用和用户的需要。通俗来讲，云计算就是让计算变成像水、电、煤气一样的基础设施，人们可以像购买水、电、煤气一样购买计算服务。因此可以说，云计算重新定义了软硬件资源的设计和购买的方式，引发ICT产业的深刻变革。

1）软件方面，云计算的应用使软件开发具备分布式特征，用户的使用模式由购买转为租赁。

2）硬件方面，体现在硬件要求更强性能，同时具有更低功耗，可管可控性更高。

3）网络架构方面，要求网络能够以更灵活的方式，支撑未来的创新型业务。

4）终端方面，要求使用便捷，更富有个性，并专注于提升用户体验。

云计算的诞生消除了传统IT基础架构存在的弊端，如价格昂贵、结构复杂、难以惠及社会大众、资源分布不均和封闭、计算能力不对称等。同时，云计算具有超大规模、虚拟化、可靠性高、通用性强、可伸缩性强和成本低的优点，是ICT产业的发展趋势。

当前，我国云计算的主要用户集中在互联网、金融、政府等领域。数据显示，政务、教育、制造等行业的云计算规模在2015—2019年间保持双位数增长。其中，互联网相关行业仍然是云计算产业的主流应用行业，占比约为1/3；在政策驱动下，我国的政务云近年来实现高增长，政务云规模目前占比约为29%；交通物流、金融、制造等行业领域的云计算应用水平正在快速提高，占据更重要的市场地位。

云计算的部署模式有三种，公共云、私有云及混合云。公共云是利用互联网，面向公众提供云计算服务；私有云是利用企业内网和专网，面向单一企业或组织提供云计算服务，这些服务是不提供给公众使用的；混合云是上述两种云的组合。

云计算的服务类型如图8-4所示。在详细说明云计算的服务类型之前，举一个简单的例子。你和几个朋友去露营想吃烧烤，此时你需要场地、烧烤炉、木炭、火、烤架、各种烧烤食材等。倘若你只想租用场地，最终想吃到烤肉需要你自备工具、食材及付出自己的努力。这种情况可以类比基础设施即服务（IaaS），服务商只出租硬件设施，如服务器、硬盘或者网络等。第二种情况，有人可以提供烧烤炉以及烧烤工具、食材，你只需要想吃什么自己烤。这种情况可以类比平台即服务（PaaS），服务商提供框架和基础功能。第三种情况，你可以直接买烤好的食物。这就相当于云计算中的软件即服务（SaaS），如各种云储存、云文档等。不需要自己开发，直接可以使用。

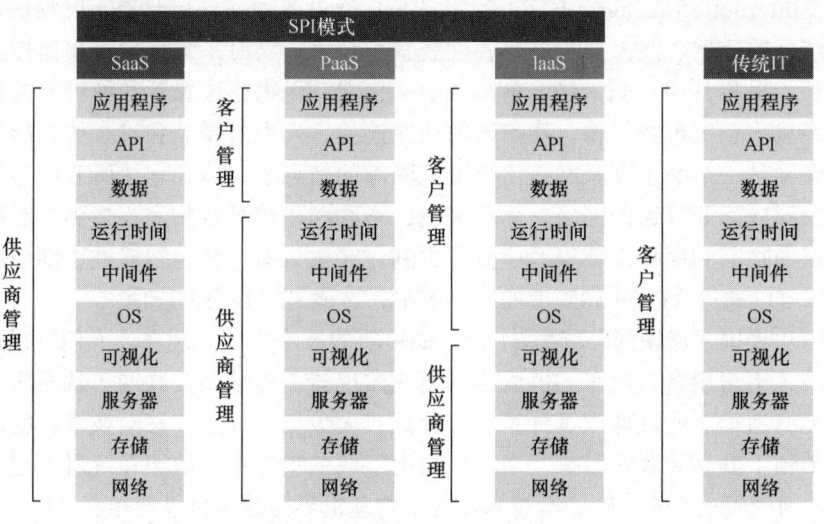

图8-4 云计算的服务类型

1）软件即服务（SaaS）。软件即服务（Software as a Service，SaaS）为用户提供了一个完整的软件功能服务。用户通过订阅的方式随时随地在云上使用这些现成的软件，无须下载和安装，也不需要关心软件的授权、升级和维护等问题。也就是对于用户来说，不需要购买硬件设备和软件许可证，也不需要管理和维护网络设备、服务器、操作系统和存储等基础设施，只需要通过网络在各种设备上访问客户端界面，从而减轻了软件搭建和维护的负担，但被迫放弃了对软件版本和个性化需求的控制。对于服务商来说，由于只需要托管和维护单个应用程序，所以降低了成本。SaaS采用灵活租赁的收费方式，一方面，企业可以按需增减使用账号；另一方面，企业按实际使用账户和使用时间付费。由于降低了成本，SaaS的租赁费用较之传统软件许可模式更加低廉。

2）平台即服务（PaaS）。平台即服务（Platform as a Service，PaaS）实际上是将软件研发的平台作为一种服务，提供超过基础设施的服务，用于在集成环境中开发、部署、运行和维护应用程序，帮助用户快速实现更多应用功能。也就是说，PaaS是将一层软件或开发环境封装并作为一项服务提供，在这种服务上可以构建其他更高级别的服务。即软件开发者可以直接在PaaS上自由构建自己的应用程序，或开发新应用，这些应用程序部署在服务商的基础设施上，而不需要购买和部署服务器、操作系统、数据库和Web中间件等即可运行客户自己的应用程序。

PaaS能将现有的各种业务能力进行整合，具体可以归类为应用服务器、业务能力接入、业务引擎、业务开放平台等。向下根据业务能力的需要测算基础服务能力，通过IaaS提供的API调用硬件资源；向上提供业务调度中心服务，实时监控平台的各种资源，并将这些资源通过API开放给SaaS用户。

3）基础设施即服务（IaaS）。基础设施即服务（Infrastructure as a Service，IaaS）把比较底层的服务器、虚拟机、存储空间、网络设备等基础设施作为一项服务提供给用户使用。用户可以通过Web网页的方式注册账号，然后申请CPU、内存、磁盘、存储、路由器、防火墙、负载均衡和数据中心空间等基础资源。申请成功后就可部署和运行任意软件，包括操作系统、数据库、中间件和应用程序。用户不需要管理或控制任何硬件基础设施，但能控制CPU核数、内存大小和磁盘大小，还能选择操作系统、部署应用，也能获得有限制的路由器、防火墙、负载均衡器等网络组件的控制。

4. 理解什么是物联网

物联网（Internet of Things，IOT）的定义是指通过各种信息传感器、射频识别技术、全球定位系统、红外感应器、激光扫描器等各种装置与技术，实时采集任何需要监控、连接、互动的物体的过程，采集其声、光、热、电、力学、化学、生物、位置等各种需要的信息，通过各类可能的网络接入，实现物与物、物与人的泛在连接，实现对物品和过程的智能化感知、识别和管理。物联网是一个基于互联网、传统电信网等的信息承载体，它让所有能够被独立寻址的普通物理对象形成互联互通的网络。简单来说，物联网是将日常物品连接到互联网的过程，从灯泡等常见家用物品到医疗设备等医疗资产再到可穿戴设备，甚至智能城市都可以连接到互联网。例如，你可以通过APP找到附近的共享单车，这就是物联网的应用。

在过去的几年里，物联网已成为21世纪最重要的技术之一。现在，人们可以通过嵌入式设备将日常物品（厨房用具、汽车、恒温器、婴儿监视器）连接到互联网，从而实现人、流程和事物之间的无缝通信。通过低成本计算、云计算、大数据、分析和移动技术，物理设备可以在最少的人为干预下共享和收集数据。在这个高度互联的世界中，数字系统可以记录、监控和调整互联事物之间的每次交互。物联网技术实现了物理世界与数字世界的相互合作。

虽然物联网的概念已经存在了很长时间，但一系列不同技术的更新发展使其变得更加实用。例如，通过低成本、低功耗且可靠的传感器技术使物联网技术成为可能；互联网的大量网络将传感器连接到云和其他"物"以实现高效数据传输；云平台可用性的提高使企业和消费者能够按需购买服务；随着机器学习和分析技术的进步，以及实现对存储在云中的各种大量数据的访问，企业可以更快、更轻松地收集反馈信息。这些联合技术的出现继续推动物联网的发展，物联网产生的数据也为这些技术提供了动力；神经网络的进步为物联网设备（如数字个人助理Alexa，Cortana 和 Siri）带来了自然语言处理（NLP），并使它们具有吸引力，价格合理且适合普通家庭使用。想象一下，早晨被智能闹钟叫醒后，准备开车去上班，此时发现发动机灯亮起。如果有紧急的事情就会因为车辆故障而受到影响。但在联网汽车中，触发检查发动机灯的传感器会反馈信息到汽车制造商。制造商可以使用汽车中的数据为你提供预约以修复零件，并将路线发送给最近的经销商，并确保订购了正确的需要更换的零件，以便在你出现时为你提前准备好。未来，物联网将改变人类的生活方式。

"十四五"时期有三大领域将成为带动国民经济发展的"引擎式"新增长点，其中一个领域是互联网 - 物联网线上线下融合对生产生活方式的变革。近几年来，物联网概念加快与产业应用融合，成为智慧城市和信息化整体方案的主导性技术思维。当前，物联网已由概念炒作、碎片化应用、闭环式发展进入跨界融合、集成创新和规模化发展的新阶段，与我国新型工业化、城镇化、信息化、农业现代化建设深度交汇，在传统产业转型升级、新型城镇化和智慧城市建设、人民生活质量不断改善方面发挥了重要作用，取得了明显的成果。

物联网的结构如图 8-5 所示。

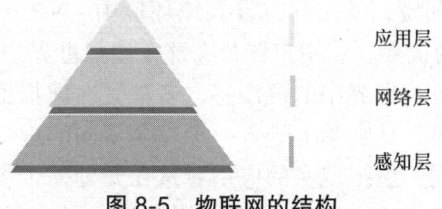

图 8-5　物联网的结构

1）感知层：是物联网的皮肤和五官，用于识别物体，采集信息。感知层包括二维码标签和识读器、RFID 标签和读写器、摄像头和 GPS 等，主要作用是识别物体，采集信息，与人体结构中皮肤和五官的作用相似。

2）网络层：是物联网的神经中枢和大脑，用于信息传递和处理。网络层包括信息交换的通信网络、网络管理中心和信息处理中心等。网络层将感知层获取的信息进行传递和处理，类似于人体结构中的神经中枢和大脑。

3）应用层：是物联网的"社会分工"，与行业需求结合，实现广泛智能化。应用层是构建在物联网技术架构之上的应用系统，包括商业贸易、物流、农业、军事等不同的应用系统。这类似于人的社会分工，最终构成人类社会。

5. 理解什么是增强现实（AR）

增强现实（Augment Reality，AR）技术是一种将虚拟信息与真实世界巧妙融合的技术，广泛运用了多媒体、三维建模、实时跟踪及注册、智能交互、传感等多种技术手段，将计算机生成的文字、图像、三维模型、音乐、视频等虚拟信息模拟仿真后，应用到真实世界中，两种信息互为补充，从而实现对真实世界的"增强"。其将原本在现实世界的空间范围中比较难以进行体验的实体信息经过计算机实施模拟仿真处理，将虚拟信息内容在真实世界中加以有效应用，并且在这一过程中能够被人类感官所感知，从而实现超越现实的感官体验。真实环境和虚拟物体之间重叠之后，能够在同一个画面以及空间中同时存在。最简单的理解方式，就是想象在真实场景上增添各种虚拟信息。如宜家的一款 APP "IKEA Place" 就是通过智能手机的相机拍摄真实的室内影像，接着经由 APP 将宜家各种家具放置在手机屏幕上，让用户更容易在家里做出购买决定。在现实生活中，手指轻轻一点，就能获得灵感，尝试不同的产品、风格和色彩，如图 8-6 所示。因此 AR 增强现实的应用，最主要都是基于在真实世界上增添信息，都是希望用户在看到眼前影像之余，额外再获得导航、游戏物件、产品信息等附加信息。

图 8-6　IKEA Place

6. 理解什么是虚拟现实（VR）

虚拟现实（Virtual Reality，VR）技术是一种可以创建和体验虚拟世界的计算机仿真系统，它利用计算机生成一种模拟环境，使用户沉浸到该环境中。VR 的概念在于通过封闭式的影像空间，创造出一个完全虚拟的世界，让用户置身在这个虚拟世界中。通过追踪用户的肢体动作，让用户可以产生一种仿佛置身该世界中的沉浸感，来享受在虚拟世界中的种种乐趣。最重要的就是让用户从真实世界中脱离，从视觉上进入一个完全不同的虚拟世界。这与增强现实是基于真实世界增添信息的方式不同，虚拟现实的应用着重在开创一个主题更明确的体验。最早由美国的乔·拉尼尔在 20 世纪 80 年代初提出。虚拟现实技术是集计算机技术、传感器技术、人类心理学及生理学于一体的综合技术，其是通过利用计算机仿真系统模拟外界环境，主要模拟对象有环境、技能、传感设备和感知等，为用户提供多信息、三维动态、交互式的仿真体验。PicoVR 宣传图如图 8-7 所示。

图 8-7　PicoVR 宣传图

虚拟现实主要有三个特点：沉浸感（immersion）、交互性（interactive）、想象性（imagination）。沉浸感是指计算机仿真系统模拟的外界环境十分逼真，用户完全投入三维虚拟环境中，对模拟环境难分真假，虚拟环境里面的一切看起来像真的，听起来像真的，甚至闻起来都像真的，与现实世界感觉一模一样，令人沉浸其中。交互性是指用户可对虚拟世界物体进行操作并得到反馈，如用户可在虚拟世界中用手去抓某物体，眼睛可以感知到物体的形状，手可以感知到物体的重量，物体也能随手的操控而移动。想象性是指虚拟世界极大地拓宽了人在现实世界的想象力，不仅可想象现实世界真实存在的情景，也可以构想客观世界不存在或不可发生的情形。根据用户沉浸程度和参与方式的不同，虚拟现实可分为四类：非沉浸式虚拟现实、沉浸式虚拟现实、分布虚拟现实系统及增强虚拟现实系统。

7. 理解什么是混合现实（MR）

混合现实（Mixed Reality，MR）是一种利用计算机图像技术、传感技术与可视化穿戴技术，实现数字虚拟对象与现实世界对象共存的可视化环境，能够使用户在对现实世界正常感知的基础上，构建虚拟与现实世界交互的反馈回路，达到虚拟世界与现实世界及时的深度互动。混合现实是物理世界和数字世界的混合，是介于 AR（增强现实）和 VR（虚拟现实）之间的一种形态。这两种现实定义了称作"虚拟连续体"范围的两个极端。我们将这一系列的现实称作"混合现实范围"。一端是人类所在的物理现实，另一端是相对应的数字现实。在物理世界中叠加图形、视频流或全息影像的体验称为"增强现实"。遮挡视线以呈现全沉浸式数字体验的体验是"虚拟现实"。在增强现实和虚拟现实之间转换的体验形成了混合现实，通过它可以在物理世界中放置一个数字对象（如全息影像），就如同它真实存在一样。在物理世界中以个人的数字形式（虚拟形象）出现，以在不同的时间点与他人异步协作。当用户处于虚拟现实中时，他们周围的物理障碍物（如墙和家具）在体验过程中以数字方式呈现，以免用户与这些物理障碍物发生碰撞。

 知识拓展

1. 人工智能的应用

人工智能已经逐渐走进我们的生活，并应用于各个领域，它不仅给许多行业带来了巨大的经济效益，也为人们的生活带来了许多改变和便利。下面将分别介绍人工智能的一些主要应用场景。

（1）人工智能在医疗领域的应用　AI 在医疗领域造成了深远影响。医疗人工智能的应用基本涵盖了从发现病情、分析诊断到治疗全流程，以及医院管理等内容，广泛应用在各个医疗细分领域，如医疗影像、辅助诊断、药物研发、健康管理、疾病预测、医院管理、虚拟助理、医疗机器人和医学研究平台等。医学影像率先落地、率先应用、率先实现商业化，是应用最为广泛的场景；AI 医疗已被用于预测 ICU 转移、改进临床工作流程，甚至确定患者发生院内感染的风险。手术机器人、药物研发、精准医疗等领域已有部分落地应用，未来增长空间较大。例如 HUAWEI WATCH D 设备会收集大量数据，如个人的睡眠情况、燃烧的卡路里、心率等，这些数据可以帮助用户进行早期检测、个性化甚至疾病诊断。该设备可以轻松监控和通知异常趋势。提供健康管理服务，可以在线解答健康问题，甚至可以自行安排就近的医生就诊，监测的数据帮助医生进行更准确有效的决策。也可以定制个性化健康管理计划，配合智能手表的提醒功能，管理日常健康。

（2）人工智能在无人驾驶汽车技术中的应用　近年来，伴随着人工智能浪潮的兴起，自动驾驶成为人们热议的话题，国内外许多公司都纷纷投入到自动驾驶和无人驾驶的研究中。自动驾驶汽车（self driving car）也称为无人驾驶汽车，是指车辆能够依据自身对周围环境条件的感知、理解，自行进行运动控制，且能达到人类的驾驶水平。

无人驾驶系统包含的技术范畴很广，是一门交叉学科，包含多传感器融合技术、信号处理技术、通信技术、人工智能技术，计算机技术等。若用一句话来概述无人驾驶系统技术，即"通过多种车载传感器（如摄像头、激光雷达、毫米波雷达、GPS、惯性传感器等）来识别车辆所处的周边环境和状态，并根据所获得的环境信息（包括道路信息、交通信息、车辆位置和障碍物信息等）自主作出分析和判断，从而自主地控制车辆运动，最终实现无人驾驶"。2018年，百度apollo无人车亮相央视春晚，在港珠澳大桥开跑，并在无人驾驶模式下完成"8"字交叉跑的高难度动作，如图8-8所示。

图8-8　百度apollo无人车

（3）人工智能在金融领域的应用　人工智能在金融领域的应用场景非常多，比如智能客服、无人柜台、智能投顾、反欺诈等。

近年来，借助由自然语言处理（NLG）和机器学习算法驱动的智能客服为用户提供个性化对话体验开始变得越来越普及。而智能客服在金融业的应用也是比较常见的，比如帮助用户理财。举个例子，当用户单击银行APP的聊天窗口时，就可以启动聊天机器人，从而进行小额分期存款的操作。在注册时，用户只需要其银行账户关联，之后，人工智能系统就会分析用户的收入水平和消费习惯，并在此基础上预测其能接受的存款金额。然后适时分期向用户的储蓄账户中存储小笔金额，并定期通知用户。此外，智能客服还可以跟踪多个账户的收入与支出，像私人会计师一样和客户交流，回答客户的问题；同时还可以提供理财指导，帮助用户作未来的资金规划和管理。

（4）人工智能在农业领域的应用　通过对近年农业科技领域的融投资情况的跟踪分析和研究，该行业的AI应用目前主要有以下场景：

1）天气跟踪和预报是AI在农业中的重要应用，因为它有助于收集天气条件的最新信息，如温度、雨水、风速和风向以及太阳辐射。根据一项研究，90%的农作物损失是由于天气事件造成的，其中25%的损失可以通过使用预测天气模型来预防。

2）田间管理和农艺决策精准度。利用大数据、AI和预测分析为农民提供日常农场问题的解决方案，比如精确农艺、作物管理、风险管理等。通过将农业服务和技术提供连接在一个平台上，AI提供关于农地现场的深刻见解，为农民和农学顾问提供有关农场运营的"深层"信息。可协助农民调整耕作计划，甚至更换作物；重新考虑施肥计划以达到提升耕地土壤肥沃度的目标；随时掌握天候的变化与预报，并据以审视种子的选择；根据土壤样本分析的水分与氮含量调整春耕的时程；监控作物的长势和病虫情况，优化土地利用，做出产量预测。

3）室内农业已成近年来农业发展的趋势，室内农业方面的融投资越来越多。其主要优势大致可归纳为三个方面：用水量、土地面积、化学安全性。然而，发展室内农业依然面临许多挑战，所以室内农业在自动化的同时也更具智能化。

4）农作物保值与采摘。杂草是农田管理中的重头戏，而现代农业严重依赖化学除草剂，造成的后果是大量农药残留、额外的成本投入与抗除草剂的杂草。利用 AI 图像辨识技术，开发出能辨识杂草的智慧型农药喷雾器或除草机器人，可以准确地判断"杂草"和"作物"，再进行除草剂的喷洒。比过去传统喷洒农药的方式，不但减少了 90% 药剂的用量，降低了生产成本，也提高了效率，对于环境和作物也相对有较多适当的保护。

5）减少食物供应链浪费。人工食品质量检查需要相当长的时间，而且不够彻底。现有食品质量检查系统往往会侵入性破坏食物，导致大量的浪费和资源消耗。利用高光谱成像和 AI 学习软件可以纯粹通过从外部扫描食品来提供有关食品质量的信息，包括食品的新鲜程度、预期保质期以及可能存在的任何污染。

6）监控家畜和家禽健康。不同于农作物，家畜和家禽的个体经济价值更高，一旦受到疾病影响，损失更大，影响更远。在养殖过程中即便经验丰富的饲养员也无法做到对每一只动物的情况了如指掌。AI 技术的出现，则能解决这一问题。

2. 大数据的应用

大数据应用以大数据技术为基础。典型的应用包括电商领域、金融领域、交通领域和医疗领域等。

（1）电商领域　电商是最早利用大数据进行精准营销的行业。除了精准营销，电商可以依据客户消费习惯来提前为客户备货，并利用便利店作为货物中转点，在客户下单后将货物送上门，提高客户体验。由于电商的数据较为集中，数据量足够大，数据种类较多，因此未来电商数据应用将会有更多的想象空间，包括预测流行趋势、消费趋势、地域消费特点、客户消费习惯、各种消费行为的相关度、消费热点、影响消费的重要因素等。依托大数据分析，电商的消费报告将有利于品牌公司产品设计、生产企业的库存管理和计划生产、物流企业的资源配置、生产资料提供方产能安排等，有利于精细化社会化大生产，有利于精细化社会的出现。

（2）金融领域　大数据在金融行业应用范围较广。典型的案例有银行利用客户刷卡、存取款、电子银行转账等行为数据进行分析，每周给客户发送针对性广告信息，里面有顾客可能感兴趣的产品和优惠信息。大数据在金融行业的应用可以总结为以下五个方面：

1）精准营销：依据客户消费习惯、地理位置、消费时间进行推荐。

2）风险管控：依据客户消费和现金流提供信用评级或融资支持，利用客户社交行为记录实施信用卡反欺诈。

3）决策支持：利用决策树技术进行抵押贷款管理，利用数据分析报告实施产业信贷风险控制。

4）效率提升：利用金融行业全局数据了解业务运营薄弱点，利用大数据技术加快内部数据处理速度。

5）产品设计：利用大数据计算技术为财富客户推荐产品，利用客户行为数据设计满足客户需求的金融产品。

（3）交通领域　交通领域的大数据应用主要在两个方面：一方面，可以利用大数据传感器数据来了解车辆通行密度，合理进行道路规划，包括单行线路规划。另一方面，可以利用大数据来实现即时信号灯调度，提高已有线路运行能力。科学的安排信号灯是一个复杂的系统工程，利用大数据计算平台才能计算出一个较为合理的方案。

（4）医疗领域　医疗行业拥有大量的病例、病理报告、治愈方案、药物报告等数据。这些数据被整理和应用将会极大地帮助医生和病人。借助于大数据平台收集不同病例和治疗方案，以及病人的基本特征，建立针对疾病特点的数据库。基因技术发展成熟，可以根据病人的基因序列特点进行分类，建立医疗行业的病人分类数据库。在医生诊断病人时可以参考病人的疾病特征、化验报告和检测报告，参考疾病数据库来快速帮助病人确诊，明确定位疾病。在制定治疗方案时，医生可以依据病人的基因特点，调取相似基因、年龄、人种、身体情况相同的有效治疗方案，制定出适合病人的治疗方案，帮助更多人及时进行治疗。同时这些数据也有利于医药行业开发出更加有效的药物和医疗器械。

3. 云计算的应用

（1）云交通　随着科技的发展，智能化的推进，交通信息化也在国家布局之中。通过初步搭建起来的云资源，统一指挥，高效调度平台里的资源，处理交通堵塞，应对突发的事件处理等其他事件效力都能有显著提升。云交通中心，将全面负责各种交通工具的管制，并利用云计算中心，向个体的云终端提供全面的交通指引和指示标识等服务。

贵州公安交警云平台由省公安厅交警总队采用以阿里云为主的云计算技术搭建，可为公共服务、交通管理、警务实战提供云计算和大数据支持，有交通管理"最强大脑"之称。现在，云平台的建立使机器智能识别成为可能，通过对车辆图片进行结构化处理并与原有真实车辆图片进行对比，车辆分析智能云平台能瞬间判别路面上的某辆车是假牌还是套牌车。

（2）云教育　云教育是云技术在教育培训领域的应用。云教育打破了传统的教育信息化边界，推出了全新的教育信息化概念，集教学、管理、学习、娱乐、分享、互动交流于一体。让教育部门、学校、教师、学生、家长及其他教育工作者等不同身份的人群，可以在同一个平台上，根据权限去完成不同的工作。教育云是"云核算技术"的搬迁在教育范畴中的使用，包括了教育信息化所必需的一切硬件核算资源。这些资源经虚拟化之后，向教育机构、从业人员和学习者提供一个良好的云服务平台。

2015 年 5 月 11 日，华为云服务玉溪基地开通运行暨玉溪教育云上线仪式举行，这是华为云服务携手玉溪民生领域的首次成功运用。"玉溪教育云"是云南首个完全按照云计算技术框架搭建和设计开发的专业教育教学平台。平台依托华为云计算中心，以应用为导向，积极探索现代信息技术与教育的深度融合，以教育信息化促进教育理念和教育模式创新，充分发挥其在教育改革和发展中的支撑与引领作用。

4. 物联网的应用

随着科技的进步，物联网将会迎来一个高速发展期，它的发展会引起我国社会信息重大变革，整个社会的智能化、信息化水平将大幅提升。物联网技术如今具有广泛的应用，如智能仓库、智能物流、智能医疗、智能家居、智能农业和智能交通等。

（1）智能仓库　智能仓库能准确提供仓库管理各个环节的数据，保证其真实性。对于生产企业，可以根据这个数据合理地把控库存量，调整生产量。物联网中利用 SNHGES 系统的库位管理功能，可以准确提供货物库存位置，大大提高了仓库管理的效率。

（2）智能物流　智能物流运用条形码、传感器、射频识别技术、全球定位等先进的物联网通信技术，实现物流业运输、仓储、配送、装卸等各个环节的智能化。不仅货物运输更加的自动化，而且通过全面分析能及时地处理物流过程出现的问题及优化管理等，大大提高了物流行业的服务水平，同时降低了成本。

（3）智能医疗　智能医疗是利用物联网技术，实现患者和医务人员、医疗机构、医疗设备的互动，实现医疗智能化。例如，物联网医疗设备中的传感器与移动设备可以对患者的生理状态进行捕捉，把生命指数记录到电子文件中，实现远程的医疗看病。很好地解决了当前医疗资源分布不均，看病难的问题。

（4）智能家居　智能家居是以住宅为平台，利用综合布线技术、网络通信技术、安全防范技术、自动控制技术、音视频技术，将与家居生活有关的设施集成，构建高效的住宅设施与家庭日程事务的管理系统，提升家居安全性、便利性、舒适性和艺术性，并实现环保节能的居住环境。物联网的出现让人们的日常生活更加便捷。如今一台手机，就可以操作家里大多数的电器，查看它们的运行状态。寒冷的冬天，人们可以提前打开家里的空调，回到家就暖暖的。

（5）智能农业　智能农业通过实时采集温室内温度、土壤温度、CO_2浓度、湿度信号以及光照、叶面湿度、露点温度等环境参数，自动开启或者关闭指定设备。在这些数据的支持下，农户就可以合理进行科学评估，安排施肥、灌溉。监测到的天气情况比如降水、风力等又为抗灾、减灾提供了依据，提高了产量，降低了减产风险。

（6）智能交通　智能交通随着车联网以及物联网技术的发展，将对道路上的人、车、物实现全面感知，包括对道路的实时运行状况、道路交通流数据、外场设备的运行状况、各类的交通违法行为、交通设施的现状的监测与掌控等。这些信息都为各项交通应用和信息服务提供基础支撑。例如，以图像识别为核心技术，可以准确地收集到交通车流量信息，通过信号灯等设备进行流量的控制。管理人员能将道路、车辆的情况掌握得一清二楚，驾驶违章无处可逃，交通事故也能及时得到处理，人们的出行得到了很大的方便。

5. 增强现实和虚拟现实的应用

虚拟现实技术和增强现实技术的应用领域日益广泛。5G+AR 远程会诊系统、AR 查房、VR 监护室、远程观察及指导系统等解决方案，能有效提升诊疗效率；非接触式 AR 测温、AR 车辆管控系统等，能有效避免人流、车流"扎堆"，降低交叉感染风险；VR 教育、VR 协同办公、VR/AR 远程巡检等新场景，能改变人们的学习和工作方式，提升信息共享效率；VR 看房、VR 旅游等新业态，能让线下业务走向线上，带来全新的服务体验。

（1）医疗健康　虚拟现实技术与医疗健康领域的联系越来越紧密，推动医疗准确性、安全性和高效性持续进阶。VR 在医学领域的应用主要有三大领域：一是在临床各个专科中的应用。比如，通过 VR 技术指导脊柱手术，引导医生准确打钉、定位。再比如，将 VR 技术和 5G 技术相结合，可以进行远程的专家指导。二是在医学教育领域。在避免伤害的同时，年轻医生如何快速获得技能是一个大问题，VR 技术可以起到很好的作用。例如，通过 VR 技术培训年轻的血管介入医生，医生戴上 VR 眼镜可以看到虚拟解剖的场景，以及操作导师的仪器在血管里的运动轨迹，使年轻医生可以更快地掌握血管介入技术。三是 VR 技术可以应用于各种疾病的治疗。患者借助 VR 技术可以进行很好的运动康复治疗，VR 技术还可以用于治疗视力障碍，以及改善恐高症等。耐德佳公司和北京理工大学参与了全球首个心理舒缓太空虚拟现实眼镜的研发。研发这套虚拟现实眼镜的初衷在于，宇航员在心理压抑的情况下，有可能关闭太空舱设备，与地面失去联系。该系统可以在训练中心以及家庭等场景中，缓解宇航员心理压力。如今虚拟现实设备已经开始介入 5G+ 远程医疗，帮助患者快速获得医疗服务。视力障碍是 VR/AR 应用领域中特别重要的场景，全球有视力障碍的人有数亿，需要虚拟现实设备提供帮助。希望通过 VR 头戴显示产品的方式，增加视力方面的感知。

（2）文化旅游　《虚拟现实与行业应用融合发展行动计划 2022—2026》指出，要推动文化展馆、旅游场所、特色街区开发虚拟现实数字化体验产品，让优秀文化和旅游资源借助虚拟现实技术"活起来"。开展行前预览、虚实融合导航、导游导览、艺术品展陈、文物古迹复原等虚拟现实创新应用。同时，要支持虚拟现实技术在旅游领域落地应用，推动景区、度假区、街区等开发交互式、沉浸式数字化体验产品，发展沉浸式互动体验、虚拟展示、智慧导览等新型旅游服务。培育云旅游、云直播、云展览等新业态，推出一批沉浸式旅游体验新场景。

百度于 2020 年 12 月正式启动中国首个元宇宙项目《希壤》，城市设计融入了大量中国元素，中国山水、中国文化、中国历史都将融入城市建设和互动体验中。在这里，不仅可以偶遇擎天柱、大黄蜂，还可以寻访千年古刹少林寺，与三宝和尚切磋武艺；也可以探索三星堆，挖掘千年国宝；探访三体博物馆，看三体舰队在头顶来往穿梭，如图 8-9 所示。

图 8-9 《希壤》元宇宙目的地"西子·元杭州"

训练任务

说出身边人工智能、大数据、云计算、物联网、增强现实和虚拟现实的应用。

参 考 文 献

[1] 宋莹. 思维导图从入门到精通 [M]. 北京：北京大学出版社，2018.

[2] 战德臣，张丽杰. 大学计算机——计算机思维与信息素养 [M]. 3 版. 北京：高等教育出版社，2019.

[3] 吴伟民. 数据结构 [M]. 北京：高等教育出版社，2017.

[4] 刘金玲，肖绍章，宗慧. 计算机导论 [M]. 2 版. 北京：人民邮电出版社，2020.

[5] 刘小伟，徐新爱. 大学计算机基础 [M]. 哈尔滨：哈尔滨工程大学出版社，2021.

[6] 申晓改. 计算思维与计算机基础教学研究 [M]. 成都：电子科技大学出版社，2018.

[7] 杨文静，唐玮嘉，侯俊松. 大学计算机基础 [M]. 北京：北京理工大学出版社，2019.

[8] 史巧硕，柴欣. 大学计算机基础与计算思维 [M]. 北京：中国铁道出版社，2015.

[9] 饶兴明，李石友. 计算机应用基础项目化教程 [M]. 北京：北京邮电大学出版社，2016.

[10] 吕峻闽，张诗雨. 数据可视化分析 [M]. 北京：电子工业出版社，2017.

[11] 杨丽凤. 计算思维与智能计算基础 [M]. 北京：人民邮电出版社，2021.

[12] 丁云聪，李曦，王钰鹭. 密码学综述 [J]. 研究探讨，2017（03）：372.

[13] 任华新. 数据加密算法的综述 [J]. 电子世界，2016（18）：95-97.

[14] Jake VanderPlas. Python 数据科学手册 [M]. 陶俊杰，陈小莉，译. 北京：人民邮电出版社，2017.

[15] 黑马程序员. Python 数据分析与应用：从数据获取到可视化 [M]. 北京：中国铁道出版社，2019.

[16] 石勇. 大数据治理（高级）[M]. 成都：西南财经大学出版社，2022.

[17] 杨海霞. 数据库原理与设计 [M]. 2 版. 北京：人民邮电出版社，2019.

[18] 卢雪松，周彩英. 大学计算机教程 [M]. 2 版. 南京：南京大学出版社，2020.

[19] 段文清，段剑峰，杨静文，等. 5G+ 智慧医疗应用场景设计 [J]. 电子技术与软件工程，2021（18）：8-9.

[20] 尉梅芳. 大数据信息背景下计算机科学应用 [J]. 电子技术与软件工程，2021（13）.

[21] 袁野，吴超楠，李秋莹. 人工智能产业核心技术的国际竞争态势分析 [J]. 中国电子科学研究院学报，2020（11）.

[22] 北京百度网讯科技有限公司. 产业平台的元宇宙先行实践——百度希壤的创新方向及应用展望 [J]. 全媒体探索，2023（01）.